Georg Bauer

Faszination
Traktoren & Ernte

Impressum

Bibliografische Information der Deutschen Bibliothek

Die Deutsche Bibliothek verzeichnet diese Publikation in der Deutschen Nationalbibliografie:
detaillierte bibliografische Daten sind im Internet über <http://dnb.ddb.de> abrufbar.

© 2007   DLG-Verlags-GmbH
Eschborner Landstraße 122
60489 Frankfurt am Main
Telefon (069) 2 47 88-451
Telefax (069) 2 47 88-484
Internet: www.dlg-verlag.de

Gedruckt auf chlorfrei gebleichtem Papier.
ISBN 978-3-7690-0691-9

Herstellung: Martina Scharmann, DLG-Verlag, Frankfurt am Main
Gesamtgestaltung: PixelMission®, Amorbach
Druck: GREISERDRUCK GmbH & Co. KG
Printed in Germany

Vorwort

Die Landtechnik ist weltweit einer der spannendsten Industriezweige: klein, fein, vielschichtig und hocheffizient. An ihrem Beispiel lässt sich so deutlich wie fast nirgends beobachten, wie Jahrtausende währende schwere Handarbeit durch vollständige Mechanisierung und teilweise Automatisierung der Arbeitsvorgänge abgelöst wurde. Dabei wurde gleichzeitig die Effektivität der einzelnen Arbeitskraft unglaublich gesteigert.

Ernährten um 1800 vier Bauern einen Städter, so produziert heute ein Landwirt Nahrung für 143 Menschen.

Das Buch konzentriert sich auf den interessantesten Bereich – es beschreibt die Entwicklung der Traktoren und Erntemaschinen von ihrer Entstehung bis zur Gegenwart.

Mein Berufsleben in dieser Branche, das mit vielen Auslandsbesuchen verbunden war und eine umfangreiche Stoffsammlung aus vielen internationalen Quellen mit sich brachte, bildet die Basis für die chronologische Beschreibung.

Der Text ist mit zahlreichen Abbildungen bestückt, welche in der Regel jeweils die erste und damit prägende Maschine sowie unterschiedliche Maschinensysteme darstellen.

Zudem belegen umfangreiche Statistiken die Entwicklungen der Landwirtschaft und der einzelnen Landtechnikmärkte in den verschiedenen Ländern.

Mein herzlicher Dank gilt den Unternehmen und deren Mitarbeitern, die mich mit Informationen, Berichten und Bildmaterial bereitwillig unterstützt haben. Ebenso bedanke ich mich bei meiner Familie, die mir in den Jahren des Recherchierens und Schreibens mit Geduld, Rat und Tat zur Seite stand.

Sicher wird der interessierte Leser so manches Bekannte wieder finden, aber auch Neues entdecken. Ihnen wünsche ich eine spannende und bereichernde Lektüre und hoffe, dass das vorliegende Buch nicht nur eine flüchtige Faszination auslöst, sondern auch als bleibendes Nachschlagewerk dient.

Heßdorf, im November 2007
Georg Bauer

Geleitwort

Landwirtschaft und Landtechnik erleben heute einen Boom, wie ihn kaum jemand erwartet hat. Es gab zwar Indikatoren, wie eine wachsende Weltbevölkerung, mehr Wohlstand weltweit, zunehmende Energienachfrage, dramatische Klimaprobleme sowie sich weltweit öffnende und rasant entwickelnde Märkte. Doch fehlte die Phantasie, sich andere Szenarien als die gewohnten vorzustellen. So zeigt sich einmal mehr, dass es schwierig ist, das zu sehen, was man für nicht möglich hält.

Nur wenige haben die gewaltige Entwicklung der modernen Landtechnik in den vergangenen Jahrzehnten für denkbar gehalten. Wo dieses aber geschah, waren bahnbrechende Innovationen die Folge, welche die Landwirtschaft nachhaltig veränderten. Neuentwicklungen in der Landtechnik haben der Landwirtschaft zu ungeahnten Produktivitätsfortschritten verholfen. Dabei haben Traktoren und Erntemaschinen einen besonderen Anteil an dieser Entwicklung und verdienen daher eine gesonderte Betrachtung.

Sie haben viele Meilensteine in der landwirtschaftlichen Entwicklung gesetzt und sind ein besonders faszinierendes Kapitel der landtechnischen Geschichte.

„Faszination Traktoren und Ernte – Landtechnik im Wandel der Zeit" erscheint an einer spannenden Schnittstelle. Der Schnittstelle zwischen einer langen Zeit schwieriger und depressiver Bedingungen für die Landwirtschaft – und damit zusammenhängend starken Umbrüchen in der Landtechnik-Industrie – sowie einem, wie man allgemein liest, neuen und großartigen Zeitalter für die Landwirtschaft. Dieses Zeitalter ist durch Knappheiten bei Rohstoffen, auch landwirtschaftlichen, und durch die Erkenntnis, dass Klimaschutz bei wachsender Energienachfrage weltweit zu einem zentralen Thema werden muss, geprägt.

Georg Bauer hat sich der Mühe unterzogen, die Historie der Traktoren und Mähdrescher im Kontext der landwirtschaftlichen Entwicklungen der vergangenen Jahrhunderte zu recherchieren und niederzuschreiben. Oder war es vielleicht doch weniger eine Mühe als eine Lust für den Autor, angespornt durch den Erfolg seines Buches „Faszination Landtechnik", aber auch seine Passion für die Landtechnik und deren Geschichte selbst? Ich vermute, dass es eher letzteres war, denn nur so können Bücher entstehen, die den Leser bis zur letzten Seite fesseln. Dem Buch wünsche ich insbesondere deshalb einen großen Kreis interessierter Leser.

Dr. Bernd Scherer
VDMA Landtechnik

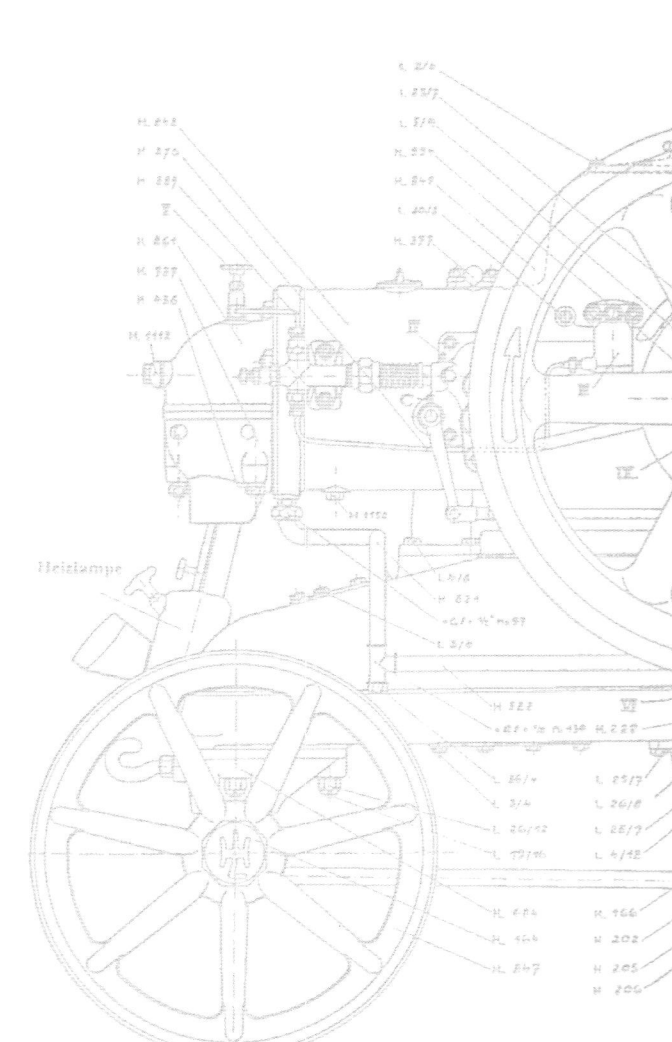

I. Nahrung und Energie für alle

II. Bedeutung und Entwicklung der Technik 27

III. Traktoren

IV. Erntemaschinen

Inhalt

V. Landmaschinenindustrie international

Statistische Angaben zu den Märkten in den jeweiligen Kapiteln.

I. Nahrung und Energie für alle

71 % der 510 Millionen qkm Erdoberfläche sind Wasserfläche. Hiervon entfallen 97,4 % auf die Ozeane, und sind somit als Trinkwasser ungeeignet. Von den verbleibenden 2,6 % Süßwasser, sind etwa 2 % im Polarkreis und den Gletschern gebunden. Nur auf die restlichen 0,6 % des vorhandenen Wassers der Erde, das sich aus dem Grundwasser, der Bodenfeuchte, den Flüssen und Seen sowie aus dem in der Atmosphäre, vorhandenen Wasserdampf zusammensetzt, haben die Menschen Zugriff. Soviel zunächst zur lebenswichtigen Wasserversorgung.

Nicht viel besser sieht es bei der Landmasse aus, die knapp 30 % der Erdoberfläche bedeckt, wovon gut ein Drittel auf reine Wüstengebiete entfällt. Hinzu kommen die nicht nutzbaren Flächen von Gebirgen, Tundren, Urwäldern, Gewässern, Siedlungs- und Verkehrsflächen. Mühsam neu gewonnenen Agrarflächen – durch Rodung oder sonstige Urbarmachung – stehen der Verlust durch unsachgemäße Landnutzung wie Erosionen oder anderswo benötigte Siedlungs- und Verkehrsflächen gegenüber. Die landwirtschaftliche Nutzfläche ist also eigentlich nicht mehr vermehrbar. Sie ist seit 1950 mit rund 1,4 Milliarden ha in etwa gleich geblieben.
Von dieser landwirtschaftlich genutzten Fläche ernähren sich derzeit rund 6,5 Milliarden Menschen. Nach neueren Berechnungen der FAO wird die Menschheit bis 2050 auf etwa 9,0 Milliarden angewachsen sein. Das ist etwas langsamer als vorausgesagt. Das bedeutet, dass jeder Mensch mit weniger Agrarfläche auskommen muss und pro Flächeneinheit mehr Nahrungsmittel erzeugt werden müssen.

Derzeit hungern über 800 Millionen Menschen, 1,2 Milliarden haben keinen Zugang zu sauberen Trinkwasser, 2,5 Milliarden sind ohne ausreichend Wasser, mit der Aussicht, dass in 50 Jahren für etwa 4 Milliarden Menschen eine Wasserknappheit bestehen wird. Den Hunger der Weltbevölkerung zu stillen und gleichzeitig den Lebensstandard anzuheben ist eine globale Herausforderung. Sie wird nur durch erhebliche Produktivitätssteigerungen bei der Ernte und durch pfleglichen Umgang mit dem sensiblen System Boden gelingen. Die Welternährungsorganisation FAO spricht daher vom „Wettlauf zwischen Storch und Pflug".

Derzeit leben 53 % der Weltbevölkerung in Städten – bis 2030 sollen es 60 % sein. Rund 80 % der städtischen Bevölkerung befinden sich in den Entwicklungsländern ohne ausreichende Abwasserversorgung und damit in einem Herd für Krankheiten Seuchen und Epidemien. Ein wesentlicher Grund für die Wasserknappheit ist auch der sorglose Umgang mit dem Wasser in Gebieten, in welchen Wasser nichts kostet. Hier muss ganz sicher eine Art neues „Wasserbewusstsein" entstehen mit den Maßnahmen sparen, schützen und sanieren.

Zugegeben: Es ist wirkungsvoller ein international finanziertes Staudammprojekt fernsehwirksam in Betrieb zu setzten als irgendwo auf dem flachen Land faustgroße Löcher in vorhandenen Wasserleitungen abzudichten.

Einer der großen Wasserverbraucher ist die Landwirtschaft. Gut 70 % des globalen Wasserverbrauches entfallen auf die Bewässerungslandwirtschaft. Da etwa 40 % der Nahrungsmittelproduktion der Erde auf der Bewässerungslandwirtschaft basieren, ist die Ernährung der Menschen ohne künstliche Bewässerung nicht möglich.

Hier eine kurze Übersicht mit Beispielen, wie viele Liter Wasser zur Erzeugung eines Kilo Lebensmittel nötig sind:

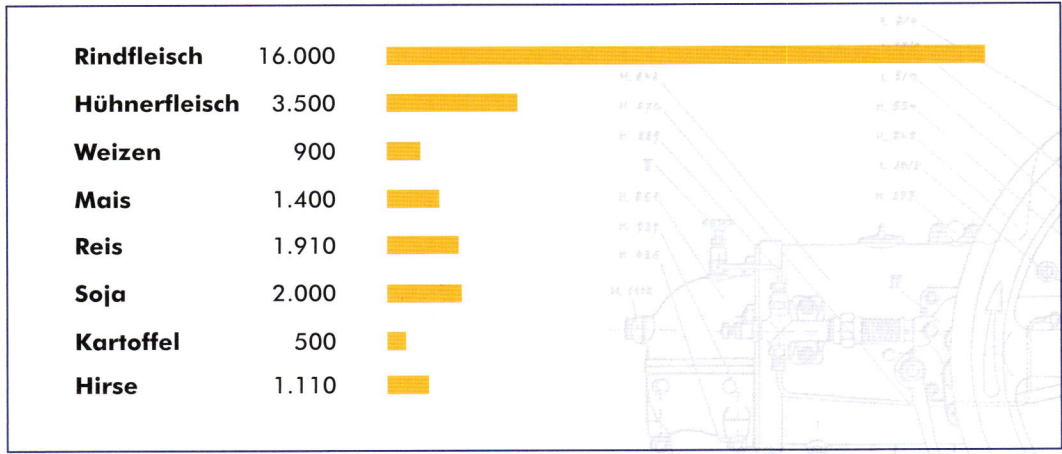

Rindfleisch	16.000
Hühnerfleisch	3.500
Weizen	900
Mais	1.400
Reis	1.910
Soja	2.000
Kartoffel	500
Hirse	1.110

Für die Landwirtschaft bedeutet das, die Flächenerträge nachhaltig bei größtmöglicher Umweltschonung zu steigern. Denn die Nachfrage nach Nahrungsgütern auf der Welt, wird wegen der wachsenden Zahl der Menschen und der steigenden Kaufkraft in den Schwellenländern stark zunehmen. In Zukunft ist auch der zusätzliche Flächenbedarf für die nachwachsenden Rohstoffe zu berücksichtigen.

1950 standen pro Kopf 5.100 qm zur Verfügung, 2000 nur noch 2.700 qm und für 2050 werden 1.800 qm erwartet.

In den Industrieländern hat sich die Landwirtschaft aufgrund der gestiegenen Arbeitsproduktivität verändert. Immer weniger Menschen, etwa nur 2 bis 5 % der Arbeitskräfte, produzieren auf wenigen Betrieben mit zurückgehenden Gesamtflächen immer höhere Erträge. Dagegen arbeiten in den Entwicklungsländern 60 bis 80 % der Beschäftigten in der Landwirtschaft.

Die durchorganisierte, mechanisierte und exportorientierte Landwirtschaft in Nordamerika, der EU, Australien und Neuseeland erreicht demnach mit einem Minimum an Arbeitskräften und hohem Kapitaleinsatz eine sehr große Flächenproduktivität.

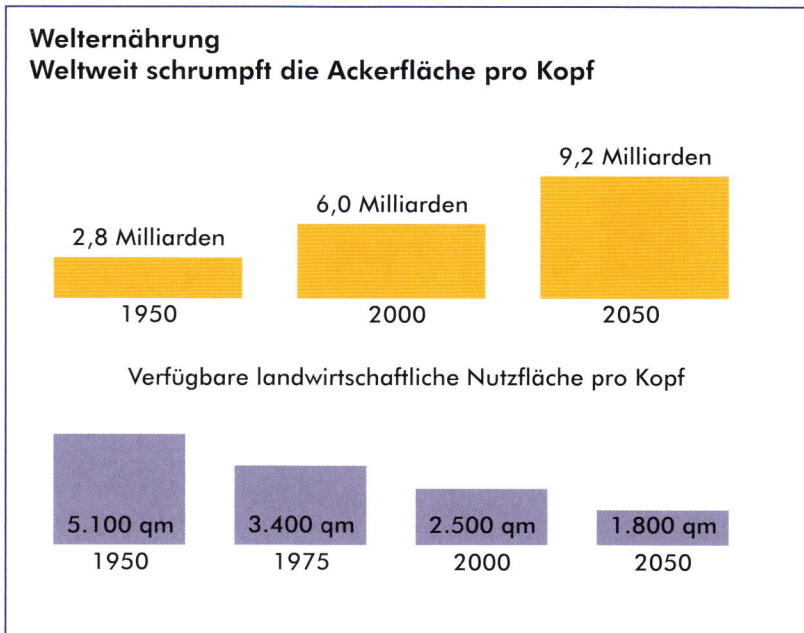

Welternährung
Weltweit schrumpft die Ackerfläche pro Kopf

2,8 Milliarden — 1950
6,0 Milliarden — 2000
9,2 Milliarden — 2050

Verfügbare landwirtschaftliche Nutzfläche pro Kopf

5.100 qm — 1950
3.400 qm — 1975
2.500 qm — 2000
1.800 qm — 2050

Deutschland

Die Landwirtschaft in Deutschland ist nach wie vor, trotz ihres rückläufigen Anteils am Bruttosozialprodukt von 1 % mit nur 2,2 % der Beschäftigten, ein wichtiger Wirtschaftsfaktor im Rahmen der gesamten Volkswirtschaft.

Die Bedeutung der Landwirtschaft wird erst verständlich, wenn man sie mit anderen ausgewählten Wirtschaftsbereichen vergleicht. 2003 erzielten die Land- und Forstwirtschaft sowie die Fischerei einen Produktionswert von 47,0 Milliarden €. Das ist erheblich mehr als beispielsweise der Bergbau mit 11,8 Milliarden und höher als der Umsatz des gesamten Textilgewerbes von 22,7 Milliarden €.

Neben der traditionellen Rolle als Nahrungsmittelproduzentin kommt heute der Landwirtschaft in unserem dicht besiedelten, hochindustrialisierten Land eine wachsende Bedeutung für folgende Bereiche zu:

• Erhaltung und Pflege der natürlichen Lebensgrundlagen,

• Sicherung und Pflege einer vielfältigen Landschaft als Siedlungs-, Wirtschafts- und Erholungsraum und

• Lieferung agrarischer Rohstoffe für Nichtnahrungszwecke.

Zudem erbringt die Landwirtschaft tagtäglich Leistungen, die nicht in die volkswirtschaftliche Berechnung eingehen.

Landwirte leisten vieles, was sich nicht oder kaum in Geld ausdrücken lässt. So kommen bei dem Vergleich der Umsatzzahlen die ökologischen und landschaftspflegerischen Leistungen der landwirtschaftlichen Betriebe nicht zum Ausdruck. Diese Leistungen werden zwar gerne und ganz selbstverständlich entgegengenommen, aber der Landwirtschaft nicht „gutgeschrieben".

Würde für landschaftsbezogene Freizeitaktivitäten ein Entgelt, wie zum Beispiel für einen Kinobesuch verlangt, könnte die deutsche Landwirtschaft nach Expertenansicht jährlich eine „Wertschöpfung" von 4 bis 5 Milliarden € mehr für sich verbuchen.

Nicht anders verhält es sich mit den Subventionen. Jeder Staat unterstützt in irgendeiner Form seine Landwirtschaft.

Nach Angaben der OECD beträgt der Subventionsanteil der EU 2003 38 % des Produktionswertes in der Landwirtschaft. In den USA liegen diese bei 18 %. Am höchsten sind die Subventionsquoten für die Landwirtschaft in Norwegen und in der Schweiz mit 72 % und 74 %. Den geringsten Subventionsanteil haben die Länder Neuseeland mit 2 % und Australien mit 4 %.

Die deutsche Land- und Forstwirtschaft sowie ihre vor- und nachgelagerten Wirtschaftsbereiche haben zusammen einen Anteil von etwa 11 % an allen, in der deutschen Wirtschaft erzielten Produktionswerten bzw. Verkaufserlösen. Außerdem sind in der Bundesrepublik Deutschland 4,3 Millionen Menschen direkt oder indirekt damit beschäftigt, die Bevölkerung mit Nahrungsmitteln und Getränken zu versorgen, sowie pflanzliche Rohstoffe für Nichtnahrungsmittel zu erzeugen. Das bedeutet, dass jeder neunte Arbeitsplatz direkt oder indirekt mit den Bereichen der Land-, Forst- und Fischwirtschaft in Verbindung steht oder davon sogar abhängig ist.

Der Bereich der gesamten Landwirtschaft ist aber auch zugleich ein sehr großer Kunde für die vorgelagerten Wirtschaftsbereiche in Industrie und Handwerk. An produktionsbedingten Ausgaben werden 2003 insgesamt 30,8 Milliarden € aufgewendet. Davon entfallen auf den Bereich Landtechnik im weitesten Sinne, wie Anschaffung von Traktoren, Landmaschinen sowie Ausgaben für Reparaturen, Instandhaltung und Betriebsstoffe, 10 Milliarden € oder ein Drittel aller produktionsbedingten Ausgaben.

Die Verkaufserlöse der Landwirtschaft betragen für 2005 36,9 Milliarden €, davon entfallen 48,5 % auf pflanzliche und 51,5 % auf tierische Erzeugnisse.

Am besten werden die Produktivitäts-Fortschritte der Landwirtschaft im Jahrhundertvergleich deutlich.

Ausgewählte Daten über die Entwicklung der Landwirtschaft in Deutschland					
	Deutsches Reich	Früheres Bundesgebiet		Deutschland	
Merkmal	1900	1949	1970	1990	1991	2005
Durchschnitl. Betriebsgr. ab 2 ha	12,8	8,0	11,7	22,1	31,3	46,4
Anteil d. LW am Gewerbstä.	38,2	24,3	7,8	2,8	3,9	2,2
AK Besatz/100ha LF	30,6	29,2	11,0	5,54	5,4	3,3
Hektoerträge in dt						
Getreide	16,3	23,2	33,4	62,4	59,9	67,3
Weizen	18,7	25,8	38,3	71,6	67,7	74,7
Raps/Rübsen	14,5	16,1	22,4	32,6	31,3	37,6
Kartoffeln	126,0	244,9	272,3	333,1	298,5	419,8
Zuckerrüben	265,0	361,6	440,1	512,5	467,9	601,8
Viehbestandsgrößen						
Rinder, Anzahl je Halter	8,3	7,3	10,0	42,2	51,7	71,1
Milchkühe -".	4,1	3,7	7,3	17,6	22,0	38,4
Schweine -"-	.	7,4	21,6	81,3	98,0	254,7
Milchleistung je Kuh	2.165	2.480	3.812	4.857	4.830	6.761
Legeleistung je Henne	.	120	216	259	259	278
Mechanisierung						
Traktorenbestand in LW	.		1.334,6	1.319,9	1.267,4	832,1
PS je Traktor	.	23,5	28,0	46,2	47,8	60,1
PS je 100 ha	.	23,1	280,0	536,4	373,3	293,9
Traktorzulassungen		16.223	65.876	30.020	32.822	23.498
bis 40 PS	.	29.104	2.210	2.770	3.229	
40 bis 100 PS	.	36.772	22.480	19.902	9.057	
100 und mehr PS	.	.	5.321	9.150	11.212	
Mähdrescherbestand	.	.	140,0	155,0	123,2	135,0[1]
Selbstversorgungsgrad	87	76	80	98	102	
LF je Einwohner	.	0,25	0,22	0,19	0,23	0,21
1 Landwirt ernährt ... Personen	4	10	27	53	73	119
[1] 2002						

Quelle: Stat. Bundesamt

Bei der Entwicklung der Betriebsgrößen und Flächen in den einzelnen Klassen ist der Trend zum größeren Betrieb klar festzustellen. Seit 1949 haben die Betriebe bis 10 ha laufend abgenommen. Die gleiche Entwicklung traf die Betriebe zwischen 10 und 15 ha ab 1965 und zwischen 15 und 20 ha ab 1970. Die Wachstumsgrenze war für die Betriebe mit 20 bis 30 ha bereits 1973 überschritten, und die Anzahl der Betriebe mit 30 bis 40 ha sind seit 1992 rückläufig. Die Betriebe von 50 ha an wuchsen noch bis 2004, jetzt wachsen nur noch Betriebe mit 75 und mehr ha.

Das hat dazu geführt, dass 2005 nur 49.234 Betriebe ab 75 ha oder 13 % aller Betriebe 10.196.1 Mio. ha bewirtschaften, das sind 60 % der Gesamt-Nutzfläche bei einer Durchschnittsgröße von 207 ha. Andererseits sind in den alten Bundesländern die Betriebe von 1.646.751 in 1949 auf 347.142 in 2005 zurückgegangen. Demnach sind 1.299.609 Betriebe ausgeschieden oder anders ausgedrückt, in den 56 Jahren haben täglich 63 Betriebe mit ihren Familienangehörigen aufgegeben. Hier hat eine stille, von vielen unbemerkte, Revolution stattgefunden.

1968 hatte das bereits der für Landwirtschaft zuständige EU-Kommissar Sicco Mansholt erkannt und in seinem Plan festgehalten. Danach sollten die Familienbetriebe, um sie menschenwürdig betreiben zu können, mechanisierungswürdige Größen erreichen. Das wären nach dem damaligen Stand der Technik 40 bis 60 Kühe, 400 bis 600 Mastschweine oder 10.000 Legehennen gewesen. Bei einer Flächenbindung der Tierhaltung damals also Betriebe mit einer Größe von 80 bis 100 ha.

Dafür wollte man diesen Mann steinigen. Im Rückblick hätte man sich bei Durchführung der vorgeschlagenen Maßnahmen die Anwerbung mehrerer hunderttausend ausländischer Gastarbeiter erspart.

Die stark wachsende Produktivität erlaubt es, dass 2004 – statistisch gesehen – ein Landwirt 143 Menschen mit Nahrungsmitteln versorgt, 1950 waren es erst zehn Einwohner. Eine derartige Leistungssteigerung hat es in keinem anderen Wirtschaftszweig gegeben.

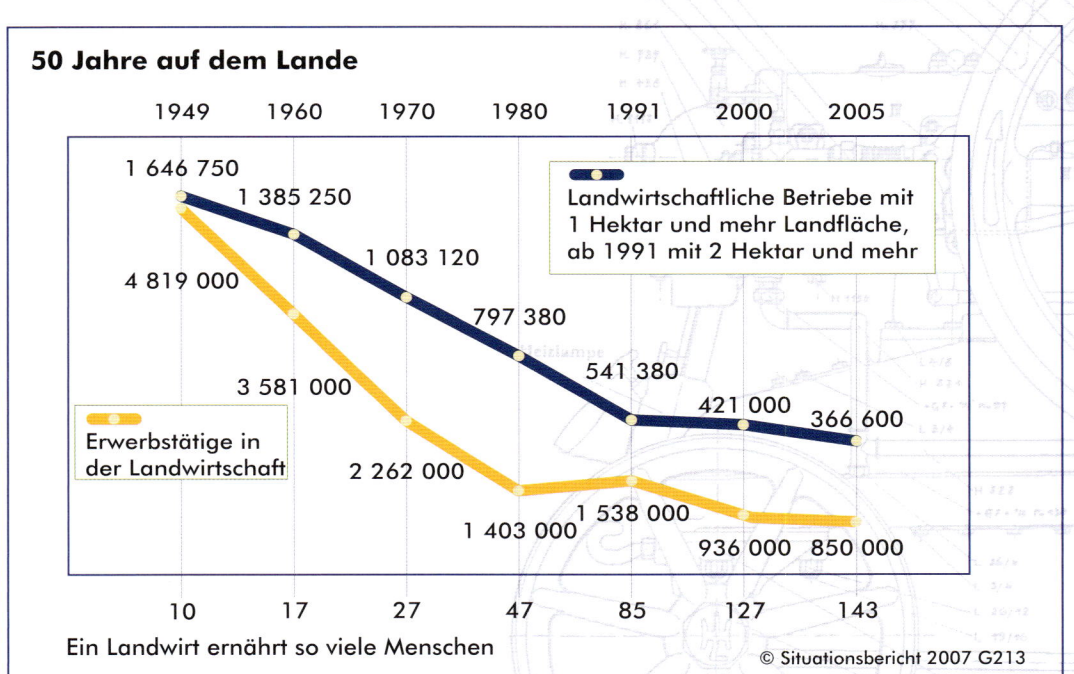

50 Jahre auf dem Lande

| 1949 | 1960 | 1970 | 1980 | 1991 | 2000 | 2005 |

1 646 750
1 385 250
4 819 000
1 083 120
797 380

Landwirtschaftliche Betriebe mit 1 Hektar und mehr Landfläche, ab 1991 mit 2 Hektar und mehr

541 380
3 581 000
421 000
366 600

Erwerbstätige in der Landwirtschaft

2 262 000
1 403 000
1 538 000
936 000   850 000

| 10 | 17 | 27 | 47 | 85 | 127 | 143 |

Ein Landwirt ernährt so viele Menschen

© Situationsbericht 2007 G213

Gemessen an der Bruttowertschöpfung je Erwerbstätigem ist der landwirtschaftliche Sektor in den alten Bundesländern heute 6,1 Mal so produktiv wie 1960. Der Anstieg der Produktivität in den übrigen Wirtschaftszweigen ist mit dem 2,4-fachen deutlich schwächer ausgefallen.

Gleichzeitig verringerten sich die Ausgaben für Nahrungsmittel deutlich. Heute gibt ein Vier-Personen-Arbeitnehmerhaushalt mit mittlerem Einkommen nur noch 16 Prozent des Einkommens, für Nahrungsmittel aus. 1950 wurde noch fast die Hälfte des Einkommens für Lebensmittel aufgebracht. Somit diente die Landwirtschaft gleichzeitig als Inflationsbremse.

Diese enorme Leistung und Steigerung der Arbeitsproduktivität war nur durch eine gewaltige Mechanisierungswelle in allen Bereichen möglich, was sich am Beispiel des Einsatzes von Traktoren ablesen lässt. Ebenso war daran natürlich auch die steigende Flächenproduktivität beteiligt, wobei die Ertragssteigerung noch keineswegs abgeschlossen ist.

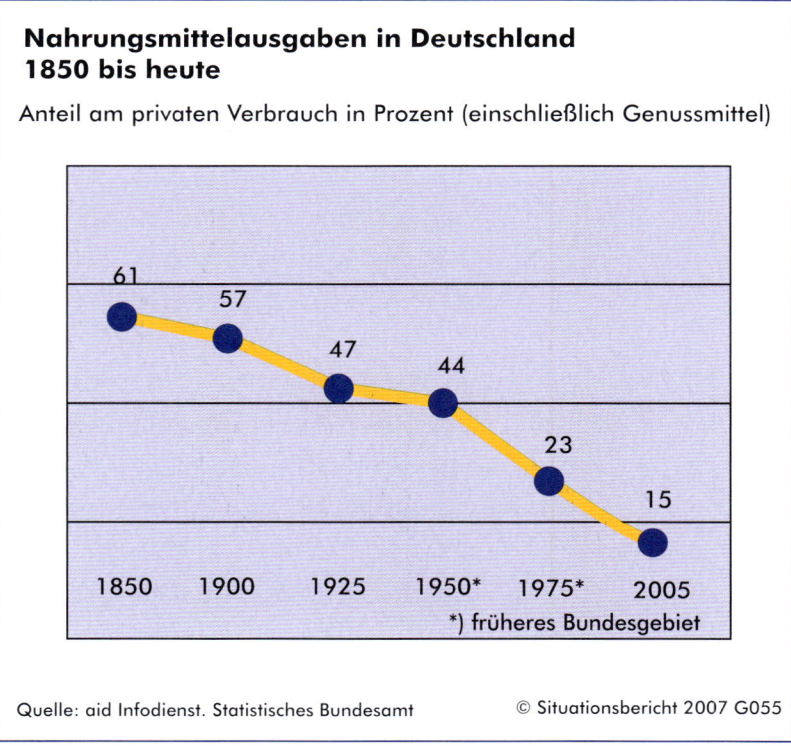

Experten erwarten sogar gegenüber der derzeit jährlichen Steigerung von 1,5 % künftig Zuwachsraten bis zu 3 %. Das würde in den nächsten zehn Jahren einen Anstieg der Flächenproduktivität um ein weiteres Drittel bedeutet.

In den letzten 45 Jahren hat die Anzahl landwirtschaftlicher Betriebe um 67 % abgenommen. Die landwirtschaftliche Nutzfläche dagegen hat sich, trotz des hohen Bedarfs an Flächen für den Wohnungsbau, Industriebauten, Straßen- und anderen Verkehrsflächen, im gleichen Zeitraum relativ wenig reduziert, nämlich von 13,3 Mio. ha auf 11,7 Mio. ha. Dies bedeutet jährlich 32.950 ha oder täglich etwa 90 ha. Von den knapp 1,5 Mio. ha für Bauten und Verkehrsflächen müssen jedoch die Flächen für Aufforstung und Sozialbrache in Abzug gebracht werden.

In den neuen Bundesländern erhöhte sich dagegen die Anzahl der landwirtschaftlichen Betriebe von 5.900 auf 27.632 ab 2 ha, insbesondere durch den Zuwachs bei Einzelunternehmen und Personengesellschaften.

Im Einzelnen sind an den 27.632 landwirtschaftlichen Betrieben 23.096 Einzelunternehmen mit einer durchschnittlichen Größe von 62 ha beteiligt. Auf diese Gruppe entfallen fast 26 % der Nutzfläche. 3.218 Personengesellschaften mit einer Durchschnittsgröße von 387 ha bewirtschaften gut 22 % der Nutzfläche. Die 3.336 Betriebe, die als Rechtsform die juristische Person gewählt haben, bearbeiten knapp 52 % der landwirtschaftlichen Fläche. Hier beträgt die Durchschnittsgröße 881 ha. Diese Angaben beziehen sich auf 2005.

Die Entwicklung der ostdeutschen Landwirtschaft nach 1945 verlief wegen der extremen politischen Einflüsse sehr spektakulär. So wurde etwa ein Drittel der Fläche der späteren DDR 1946 von der Bodenreform erfasst. Rund 14.000 Betriebsinhaber mit Flächen über 100 ha wurden enteignet. Etwa 2,2 Mio. ha, darunter 1,7 Mio. ha landwirtschaftliche Nutzfläche, wurden an 559.089 private Landempfänger (Landarbeiter, Kleinbauern, Umsiedler und Flüchtlinge) verteilt. Die mangelhafte landtechnische Versorgung sollte zunächst über staatlich geleitete Maschinenausleihstationen (MAS) bewerkstelligt werden. 1952 begann die Bildung der Landwirtschaftlichen Produktionsgenossenschaften (LPG). Sie wurde im Frühjahr 1960 mit einer Großkampagne abgeschlossen, bei der die restlichen 50 % der Bauern innerhalb von fünf Monaten zu einem LPG-Beitritt „überzeugt" wurden. Die Trennung von Pflanzen- und Tierproduktion und die Bildung spezialisierter Großbetriebe in den 70er-Jahren führten zu gewaltigen Flächenkonzentrationen. 1989 bestanden 5.110 Genossenschaften, volkseigene Güter und volkseigene Betriebe mit landwirtschaftlicher Produktion. Sie bewirtschafteten 1989 insgesamt 90 % der landwirtschaftlichen Nutzfläche und hielten 91 % des Tierbestandes.

In der Vorkriegszeit fielen die Flächenerträge im Gebiet der späteren DDR bis auf Zuckerrüben etwas höher aus als im Gebiet der späteren Bundesrepublik Deutschland. Das änderte sich im Laufe der Zeit. Trotz hoher Aufwandmengen bei Dünger und Pflanzenschutzmitteln, lagen die Flächenerträge in den letzten Jahren deutlich unter den Ergebnissen der Bundesrepublik Deutschland. Auch die tierischen Leistungen erreichten wegen Problemen in der Fütterung und Haltung nicht die westdeutschen Werte.

Die Bevölkerung der DDR wurde quantitativ gut mit Nahrungsmitteln versorgt. Der Selbstversorgungsgrad lag bei den meisten Produkten zwischen 90 und 100 %. Wegen der angestrebten Eigenversorgung und der Devisenknappheit, wurden allerdings immer weniger Importprodukte, wie beispielsweise Obst, Südfrüchte und Gemüse, zur Verfügung gestellt.

Für die geringe Produktivität der DDR-Landwirtschaft gab es vielfältige Ursachen. Eigenverantwortung und Initiative der Genossenschaftsbauern wurden durch das administrative Reglementierungs- und Befehlssystem weitgehend unterdrückt. Selbst die SED gab zu, dass eine Entfremdung der Bauern von Grund und Boden stattgefunden hat. Die Trennung von Pflanzen- und Tierproduktion führte zu einer Unterbrechung der natürlichen Stoffkreisläufe und zu erhöhten Verlusten.

2005 bewirtschaften im wiedervereinigten Deutschland 84.703 Betriebe, das sind rund 23 Prozent, mit jeweils 50 und mehr ha eine Fläche von 12.365.6 Mio. ha. Das waren zu diesem Zeitpunkt etwa 73 % der gesamten Nutzfläche. Oder anders ausgedrückt: 281.320 Betriebe – das sind 77 % – bewirtschaften 4,6 Mio. ha oder 27 % der Nutzfläche. Im ersten Fall beträgt die durchschnittliche Betriebsgröße 146,0 ha, im zweiten Fall lediglich 16,4 ha.

Nachwachsende Rohstoffe

Der Begriff „Nachwachsende Rohstoffe" umfasst pflanzliche und tierische Produkte, die der chemisch-technischen Nutzung dienen oder zur Energieerzeugung herangezogen werden können. Industriepflanzen sind solche, deren Inhaltsstoffe oder Fasern in industriellen Prozessen eingesetzt werden. Werden Pflanzen oder Pflanzenteile zur Energiegewinnung genutzt – das kann Verbrennen, Vergasen oder Vergären sein – spricht man von Energiepflanzen.

Nachwachsende Rohstoffe oder auch Industriepflanzen sind im Gegensatz zu den nur begrenzt verfügbaren fossilen Rohstoffen – wie Erdöl, Erdgas oder Kohle – ständig erneuerbar und wachsen Jahr für Jahr auf den Feldern neu heran. Die Menschen nutzen bereits seit über einem Jahrhundert die Möglichkeit aus fossilen Energieträgern Mineralöl zu gewinnen. Nach einer Periode bedenkenlosen Einsatzes der fossilen Ressourcen, weiß man heute, dass diese „billigen Energie-quellen" bei heutigem Verbrauch nur noch einen begrenzten Zeitraum zur Verfügung stehen werden. Für Öl und Gas rechnet man mit einer ernsten Verknappung in etwa 30 bis 60 Jahren. Kohle und Uranvor-kommen für Kernenergie dürften noch für einen Zeitraum bis zu 200 Jahren vorrätig sein.

Hinzu kommt die Gefährdung des Weltklimas durch das Verbren-nungsprodukt CO_2 aus fossilen Brennstoffen, das auch
für die zunehmende Erwärmung der Erdatmosphäre verantwortlich ist. Dagegen wird bei der Verwendung von nachwachsenden Rohstof-fen zur energetischen Nutzung lediglich die CO_2-Menge an die Umwelt abgegeben, die vorher von den Pflanzen gespeichert wurde.

Es geht hier aber nicht nur um einen teilweisen Ersatz von Kraftstof-fen, sondern auch um Fasern, pflanzliche Öle und tierische Fette für die Industrie.

Bereits in früheren Jahren produzierte die Landwirtschaft, neben Nahrungsmitteln, Rohstoffe für Gewerbe und Industrie zur Herstel-lung von Leichtölen, Schmierstoffen, Farben, Lacken und Seifen. Außerdem stellte sie Fasern für die Textilindustrie sowie Rohstoffe für Gewürze und Arzneien her. Ausschlaggebend für die rückläufige Nutzung der Industriepflanzen waren die Einführung von Kohle- und Erdölprodukten in der Energieerzeugung und der Chemie, sowie die Entdeckung der Kunstfaser.

Mit der ersten Ölkrise 1973, als das extrem billige Erdöl drastisch verteuert wurde, besann man sich wieder auf die Nutzung der Indus-triepflanzen. Es wurde ein breit angelegtes Forschungsprogramm gestartet, das sich auf Pflanzenarten, Züchtung, Nutzung von Ölpflan-zen, Stärkepflanzen, Pflanzen zur Erzeugung von Zuckerstoffen, Faserpflanzen, aber auch Energiepflanzen zur Erzeugung von Etha-nol, der Nutzung pflanzlicher Öle als Brenn- und Kraftstoffe und den Anbau von Biomasse zur energetischen Nutzung (Biogas) erstreckte.

Obwohl 2006 bereits wieder über 1.561.0 Mio. ha für Industriepflan-zen genutzt wurden, ist der Durchbruch zum großflächigen Anbau noch nicht geschafft.

Die anschließende Tabelle zeigt die Nutzanwendung nachwachsender Rohstoffe in Deutschland auf. Ob daraus einmal eine neue „Grüne Revolution" wird, bleibt abzuwarten. Der verstärkte Anbau von Industriepflanzen für Fabriken und Kraftwerke würde nicht nur der Landwirtschaft helfen, sondern auch unserem Klima. In Deutschland wurden 1993 nach Angaben der IER Stuttgart 9.203 Brd. Joule verbraucht. Mit dieser Energieerzeugung wurden gleichzeitig 903 Mio. Tonnen CO_2 ausgestoßen. Die verfügbare Biomasse könnte bis zu 13,5 % des Energieverbrauchs decken und dabei den CO_2-Ausstoß ebenfalls um bis zu 13,5 % verringern.

Sowohl Industrie als auch innovative Landwirte haben die Chancen nachwachsender Rohstoffe erkannt. Zum Beispiel wurde 1995 in Dorsten-Lembeck eine Produktionsanlage zur Herstellung von Verpackungsmaterialien aus Mais eröffnet. Nach Angaben des deutschen Maiskomitees könnte allein bei Verpackungen ein Bedarf von jährlich 500.000 Tonnen Stärke entstehen.

Die Verwendung für biologisch abbaubare Werkstoffe und Verpackungsmaterialien ist ein interessantes neues Einsatzgebiet.

Biodiesel aus Raps wurde schon 1994 zu einem „Renner". Wegen der großen Nachfrage wurden bundesweit 300 Zapfsäulen für Rapsmethylester (RME) eingerichtet.

2004 wurde Biodiesel bundesweit bereits in über 1.700 Tankstellen angeboten und die abgegebene Menge auf etwa 900.000 Tonnen angestiegen sein.

Unbehandeltes Rapsöl wird auch in kleinen Blockheizkraftwerken mit einer Leistung von 5,4 MW eingesetzt. Aber erst eine Verbesserung in der Pflanzenzüchtung und die Ausnutzung des gesamten Pflanzenpotentials wird die Energiebilanz noch weiter verbessern.

Eventuell wird der Biokraftstoff aus der zweiten Generation das Rennen machen obwohl auch er ökologische Kosten verursacht. Im Vergleich kann sich aber BTL (Biomass-to-Liquid) durchaus sehen lassen.

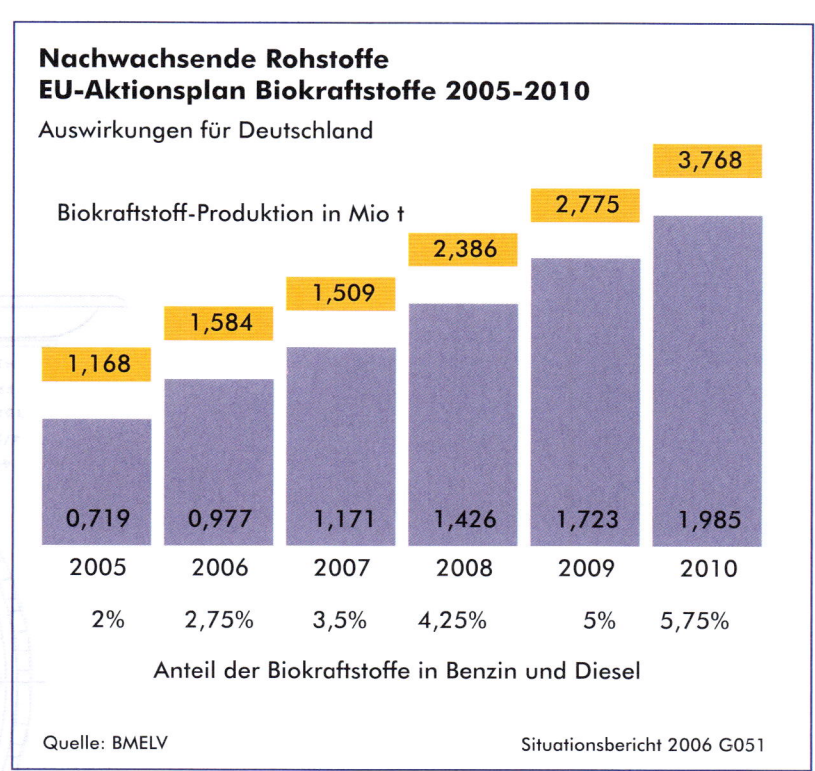

Nachwachsende Rohstoffe
EU-Aktionsplan Biokraftstoffe 2005-2010
Auswirkungen für Deutschland

Biokraftstoff-Produktion in Mio t

	2005	2006	2007	2008	2009	2010
	1,168	1,584	1,509	2,386	2,775	3,768
	0,719	0,977	1,171	1,426	1,723	1,985
Anteil	2%	2,75%	3,5%	4,25%	5%	5,75%

Anteil der Biokraftstoffe in Benzin und Diesel

Quelle: BMELV   Situationsbericht 2006 G051

Biokraftstoffe im Vergleich

So weit kommt ein PKW mit Biokraftstoffen
von einem Hektar Anbaufläche

Biomethan	67600 km
Btl (Biomass-to-Liquid)	64000 km
Pflanzenöl 23300 km + 17600 km*	
Biodiesel 23300 km + 17600 km*	
Bioethanoll 22400 km + 14400 km*	

Pkw-Kraftstoffverbrauch   Otto 7,4 l /100   Diesel 6,1 l/100km
*Biomethan aus Nebenproduktion (Rapskuchen, Schlempe, Strohl)

Quelle:Fachagentur Nachwachsende Rohstoffe e.V. (FNR)   FAZ Grafik Döring

Bioenergie: Was kann sie leisten?

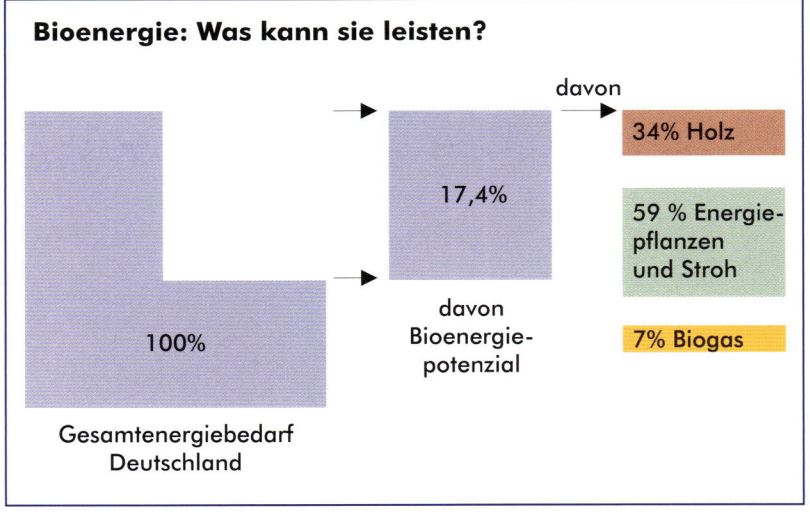

100%
Gesamtenergiebedarf
Deutschland

17,4%
davon
Bioenergie-
potenzial

davon

34% Holz

59 % Energie-
pflanzen
und Stroh

7% Biogas

Die größte Chance zur Wärmegewinnung oder Verstromung hat Biogas. Wegen der Speicherbarkeit und jederzeitigen Verfügbarkeit hat Biomasse den Vorteil, die Lücke zwischen der periodisch anfallenden Sonnen- und Windenergie zu füllen.

Das hat geradezu einen Boom bei der Einrichtung von Biogasanlagen ausgelöst. Dort werden neben Wirtschaftsdüngern und Nebenprodukten aus der Nahrungsmittelverarbeitung zunehmend Energiepflanzen wie Getreide oder Mais vergoren. Zu Beginn des Jahres 2004 wurden rund 2.000 landwirtschaftliche Biogasanlagen mit einer Leistung von etwa 260 Megawatt betrieben.

Eine andere Möglichkeit ist die Verwendung schnell wachsender Hölzer in Plantagen oder die Schwachholzverarbeitung zu Hackschnitzel oder Holzpellets. Auch ergiebige Ganzpflanzen, z. B. Miscanthus und andere, können hier eingesetzt werden. Dass die Landwirtschaft daraus ihren Nutzen ziehen kann, führt derzeit zu einer positiven Stimmung der Landwirte, die sich hier durchaus große Möglichkeiten ausrechnen.

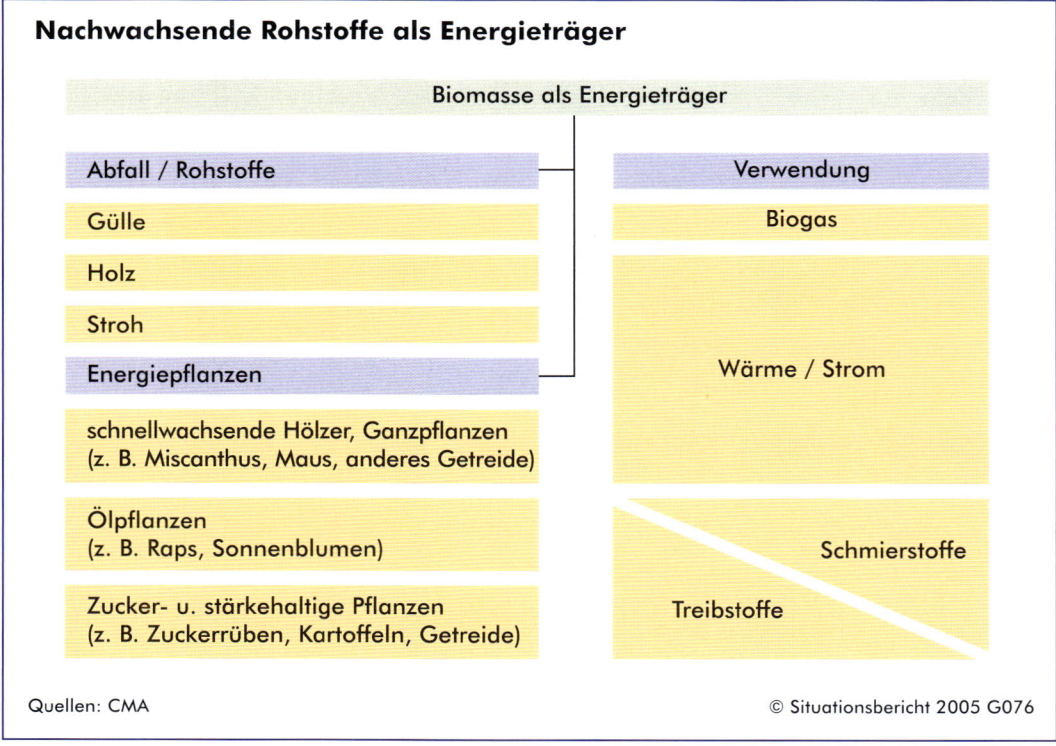

Nachwachsende Rohstoffe als Energieträger

Biomasse als Energieträger

Abfall / Rohstoffe	Verwendung
Gülle	Biogas
Holz	
Stroh	
Energiepflanzen	Wärme / Strom
schnellwachsende Hölzer, Ganzpflanzen (z. B. Miscanthus, Maus, anderes Getreide)	
Ölpflanzen (z. B. Raps, Sonnenblumen)	Schmierstoffe
Zucker- u. stärkehaltige Pflanzen (z. B. Zuckerrüben, Kartoffeln, Getreide)	Treibstoffe

Quellen: CMA

© Situationsbericht 2005 G076

Der Anschub für die Landwirtschaft kam von der EU. Weil jeder Landwirt nach dem damaligen Subventionssystem einen Teil seiner Anbaufläche stilllegen musste, ausgenommen er verwendete sie für den Industrie-Pflanzenanbau. Damit hat man gleichzeitig für den Abbau der hohen Lagerbestände gesorgt und zugleich das Interesse für den Anbau nachwachsender Rohstoffe gefördert. Mitte der 90er-Jahre griffen die Landwirte in Deutschland auf 11 % der stillgelegten Fläche zurück und nahmen sie wieder in Bewirtschaftung.

Landwirtschaft in der EU

Die europäische Landwirtschaft mit ihren 15 Ländern bewirtschaftete 2003, 126,1 Mio. ha mit 6.2 Mio. Betrieben deren Durchschnittsgröße 20,2 ha betrug. Durch die Erweiterung um die 10 Beitrittsländer in Mittelosteuropa kamen weitere 30.0 Mio. ha mit 3,6 Mio. Betrieben hinzu, sodass die Landwirtschaftliche Nutzfläche der nunmehr 25 EU-Länder auf insgesamt 156.0 Mio. ha angewachsen ist, die von 9,87 Mio. Betrieben mit einer durchschnittlichen Größe von 15,8 ha und 10,4 Mio. Erwerbstätigen bearbeitet werden. Dabei hat auch die Gesamtbevölkerung um 74,1 Mio. auf jetzt 461,507 Mio. zugenommen.

Zum Vergleich – die USA bewirtschaften 380,8 Mio. ha mit 3,5 Mio. Erwerbstätigen. Hier kann man noch große Reserven an Arbeitskräften erkennen. Überhaupt haben die USA viel weniger mit einem Strukturwandel zu kämpfen als die Europäische Union. Nach der jüngsten Landwirtschaftszählung gab es in den USA im Jahr 2002 insgesamt 2,129 Mio. Betriebe, das waren 3,2 % weniger als 1997. Die durchschnittliche Betriebsgröße erhöhte sich damit auf 178,6 ha. Nur etwa zwei Drittel der Farmer bewirtschafteten weniger als 72,5 ha. Andererseits setzten 70.800 Betriebe mehr als 500.000 $ um.

Ausgewählte Daten der EU- Landwirtschaft									
	2003		Landwirtschaftl. Betriebe			2003		2005	m²
Land	Einwohner	LW-Fläche	1970	1989/90	2003	Ab 50 ha	% der LW.	Anteil d. i. der LW. Erwerbstätigen	landwirtsch. genutzte FL je EW
D	82,5	17,0	1.083,2	653,6	412,3	83,6	71,0	2,2	2.065
F	61,6	27,8	1.421,0	923,6	614,0	202,4	79,2	3,6	4.751
GB	59,4	16,1	311,5	243,1	67,9	73,5	86,0	0,8	2.832
I	57,3	13,1	2.247,5	2.664,6	1.963,8	40,4	38,9	3,9	2.516
ES	41,7	25,2	.	1.593,6	1.140,7	99,5	69,2	5,5	5.969
NL	16,2	2,0	164,6	124,8	85,5	10,4	43,7	3,3	1.180
GR	11,0	4,0	812,8	850,2	824,5	6,5	15,5	.	3.433
P	10,4	3,7	.	598,7	359,3	9,8	61,1	.	3.552
B	10,4	1,4	130,5	85,0	54,9	8,2	49,2	1,9	1.326
S	8,9	3,1	.	96,6	67,9	19,3	72,3	2,3	3.350
A	8,1	3,3	.	278,0	173,8	10,2	38,8	.	3977
DK	5,4	2,6	143,5	81,3	48,6	17,2	77,2	3,1	5.012
FIN	5,2	2,2	.	129,1	75,0	12,4	44,4	5,0	4.329
IRE	4,0	4,4	266,8	170,6	135,3	24,4	47,1	6,1	10.482
L	0,5	0,1	6,9	4,0	2,5	1,1	83,7	1,3	2.838
EU 15	382,6	126,0	.	8.496,6	6238,6	620,5	66,4	3,0	3528
PL	38,2	14,4			2.172,2	17,9	24,3	19,3	4.167
CZ	10,2	3,6			45,8	6,2	93,1	3,9	3.528
H	10,1	4,3			77,3	10,7	68,1	4,8	5807
SK	5,4	2,1			71,1	2,5	44,4	3,6	3.605
Li	3,4	2,5			272,1	5,1	34,5	11,5	8.282
LE	2,3	1,5			126,6	3,7	39,9	13,8	7.519
SL	2,0	0,5			77,1	0,3	95,1	10,6	2.547
ESTL	1,4	0,8			36,9	2,2	65,8	5,4	5.710
CY	0,7	0,2			45,2	0,5	29,9	4,5	1.815
M	0,4	0,01			11,0	-	-	.	255
EU 25	456,8	156,0	.		9.870,7	669,3	62,6	4,9	3.698

Anbauflächen wichtiger Feldfrüchte 2005 in 10.000 ha (EU – 25 der 6 größten Anbauländer)

Weizen		Gerste		Raps		Kartoffeln		Zuckerrüben	
F	5.281	ES	3.144	D	1.344	PL	588	D	420
D	3.174	D	1.947	F	1.226	D	277	F	380
ES	2.250	F	1.602	GB	593	F	158	PL	286
PL	2.218	PL	1.113	PL	550	NL	156	GB	148
I	2.123	GB	944	CZ	267	GB	137	ES	102
GB	1.869	DK	705	HU	122	ES	95	NL	91
74%		**72%**		**86%**		**71%**		**65%**	

Größte Produzenten wichtiger Feldfrüchte 2005 in 1000 ha (EU-25)

Weizen		Gerste		Raps		Kartoffeln		Zuckerrüben	
F	36.841	D	11.614	D	5.052	D	11.624	F	31.243
D	23.693	F	10.317	F	4.534	PL	10.361	D	25.285
GB	14.877	GB	5.533	GB	1.706	NL	6.777	I	14.156
PL	8.771	ES	4.457	PL	1.450	F	6.681	PL	11.912
I	7.717	DK	3.797	CZ	769	GB	5.815	GB	8.500
HU	5.079	PL	3.581	DK	342	B	2.781	ES	7.267
78%		**74%**		**92%**		**75%**		**73%**	

Bestände an Traktoren und Mähdreschern in der EU

Traktoren	1970	1980	1990	2000	2002
Frankreich	1.265,0	1.503,7	1.440,0	1.264,0	1.264,0
Deutschland	1.356,0	1.465,3	1.567,5	989,5	948,2
Italien	614,7	1.072,2	1.429,8	1.646,0	1.660,0
Spanien	.	523,0	740,8	899,7	946,1
Großbritanien	511,0	512,5	505,0	500,0	500,0
Österreich	.	320,1	338,5	330,0	330,0
Finnland	.	212,0	244,0	194,0	194,0
Dänemark	175,0	189,4	162,6	123,2	123,0
Schweden	.	181,0	171,0	165,0	165,0
Niederlande	135,3	178,0	182,2	149,5	149,5
Griechenland	102,3	140,3	215,8	249,9	249,9
Irland	84,3	140,0	169,0	164,3	155,0
Belgien-Luxemburg	99,1	115,9	116,7	103,7	103,2
Portugal	.	71,0	1321,0	169,0	169,0
10	4.343				
EU 12		5913,0	7.414,8		
EU 15		6.626,1	7.264,4	6.947,9	6.953,4

Bestände an Traktoren und Mähdreschern in der EU					
Polen				1.306,5	1.364,6
Tschechien				96,7	94,4
Estland				50,6	52,4
Litauen				102,0	102,3
Lettland				55,8	56,4
Ungarn				113,0	113,0
Slowenien				23,5	22,0
Cypern				17,2	17,2
Malta				0,5	0,5
EU 25				**8.828,1**	**8.885,0**
Mähdrescher	**1970**	**1980**	**1990**	**2000**	**2007**
Frankreich	139,0	142,4	124,2	91,0	91,0
Deutschland	140,4	151,3	155,0	135,0	135,0
Italien	24,1	36,2	47,0	51,0	51,5
Spanien	.	41,6	48,2	51,1	51,1
Großbritanien	66,0	57,4	49,0	47,0	47,0
Österreich	.	31,7	27,0	13,5	13,5
Finnland	.	45,0	41,0	38,0	38,0
Dänemark	41,0	38,8	33,6	23,2	23,3
Schweden	.	51,0	42,2	40,0	40,0
Niederlande	7,5	6,0	5,6	5,6	5,6
Griechenland	4,1	6,1	6,2	5,2	5,2
Irland	6,3	4,5	5,1	5,7	7,5
Belgien-Luxemburg	10,1	9,5	7,8	7,4	7,3
Portugal	.	4,5	6,5	3,4	3,4
10	438,0				
EU 12		497,2	487,5		
EU 15		624,8	598,2	517,1	517,8
Polen				114,9	123,8
Tschechien				12,9	12,6
Estland				6,0	6,7
Litauen				8,2	8,0
Lettland				6,0	5,0
Ungarn				12,0	12,0
Slowenien				3,1	4,7
Cypern				4,1	3,9
Malta				0,7	0,7
EU 25				**685,1**	**696,1**

Eine zunehmende Bestandsentwicklung bei Traktoren kann man noch in den Mittelmeerländern Italien, Spanien, Portugal und Griechenland erkennen. Hier vor allem wegen der vorhandenen ungünstigen Struktur kleinerer Betriebe.

Bei den Mähdreschern dagegen nehmen nur noch die Bestände in Italien und Spanien zu.

Eine Veränderung ist in den zehn neuen Beitrittsländern zu erwarten. Hier sind noch sehr veraltete Traktoren und Mähdrescher anzutreffen. Außerdem wird noch weitläufig von tierischer Anspannung Gebrauch gemacht.

Die Eingliederung und Modernisierung der Landwirtschaften dieser zehn beigetretenen Mittel- und Osteuropäischen Länder in die Europäische Union ist nicht nur eine große Herausforderung, sondern wird noch mehrere Jahre in Anspruch nehmen.

Polen allein hat mit seinen fast 14,5 Mio. ha, 48 % der landwirtschaftlichen Nutzfläche der zehn beigetretenen Länder eingebracht.

Jetzt steht der nächste Schritt zur erneuten EU-Erweiterung an. Mit den Ländern Bulgarien und Rumänien kommen noch einmal 20,1 Mio. ha landwirtschaftliche Fläche hinzu. Dabei bringt Rumänien mit seinen 14,8 Mio. ha den Löwenanteil der Fläche, in die, dann auf 27 Länder angewachsene, Europäische Union.

Dagegen fällt der Anteil Bulgariens mit gerade mal 5,325 Mio. ha eher bescheiden aus. Die gesamte landwirtschaftliche Nutzfläche der 27-Länder EU beträgt dann 176.177 Mio. ha, sie rückt dann bis auf 28,5 Mio. ha an die amerikanische Nutzfläche heran.

Allerdings bringt die Erweiterung für den Binnenmarkt über 100 Mio. Menschen als Nahrungsmittelkonsumenten hinzu, wobei die durchschnittliche Pro-Kopf-Kaufkraft derzeit jedoch nur ein Drittel so hoch ist wie in den alten 15 EU-Ländern.

II. Bedeutung und Entwicklung der Technik

Die Technik in der Landwirtschaft ist so alt wie diese selbst und daher sehr eng mit der Entwicklung der Menschheit verbunden. Als die umherstreifenden Jäger und Sammler etwa 4.000 v. Chr. in Europa sesshaft werden – sie haben nur primitive Werkzeuge, die eigene Muskelkraft und die Energie des Feuers zur Verfügung – beginnen sie den Boden planmäßig zu bestellen und Vorratshaltung zu betreiben. Wie man heute weiß, unter Anleitung von Zuwanderern aus dem Zweistromland Mesopotamien. Gelegen zwischen den Flüssen Euphrat und Tigris, also dem Gebiet des heutigen Irak, wo man schon 5.000 Jahre zuvor Landwirtschaft betrieben hat.

Zuerst beschränkt sich der Ackerbau auf den Anbau früher Weizenformen wie Einkorn, Emmer und Gerste. Später kommen die Hülsenfrüchte Linsen, Erbsen und Bohnen hinzu.

Mit der Domestizierung von Ziegen, Schafen, Rindern und Schweinen, also den ersten Haustieren, beginnt die planmäßige Viehhaltung.

Drei große Erfindungen bzw. Entdeckungen werden damals gemacht:

Das ist erstens der Pflug, der zunächst nur als einfacher Hacken besteht, mit dem man den Boden aufritzt und in dessen Furchen die Samenkörner ablegt werden. Er wird noch von Menschen gezogen.

Zweitens werden Zugtiere als Ersatz und zur Steigerung der Zugleistung verwendet.

Von Menschen gezogener Hakenpflug.

Pflügen mit Zugtieren.

Die ältesten bisher bekannten Pflugspuren stammen aus dem Jahre 4.500 v. Chr. Man entdeckt sie im südlichen Mesopotamien (Chusistan) und an der unteren Donau in der Nähe des Mündungsgebietes, wo auch Rinderknochen auf die Verwendung von Zugtieren hinweisen.

Pflugspuren aus dem Jahre 3.500 v. Chr. findet man weiter nördlich auch in Polen bei Sarnow und in Südengland im Raum South Street sowie 500 Jahre jüngere in Spanien bei Almeria und in China bei Hangchou.

Der älteste in Deutschland gefundene Pflug wird im ostfriesischen Walle ausgegraben. Er stammt aus der älteren Bronzezeit, etwa 1.500 v. Chr. Es ist ein Hacken, der mit einem meißel- oder keilförmigen Werkzeug durch den Boden gezogen wird. Das Aufreißwerkzeug ist ein Bronzeschar ansonsten besteht der Pflug aus Holz.

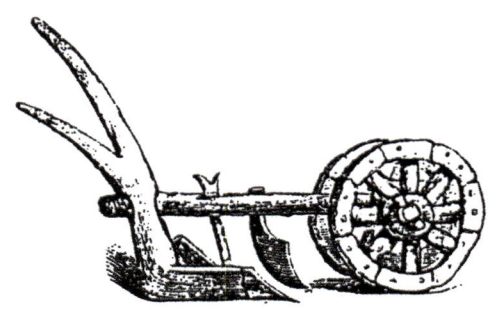

Pflug mit Rädervorgestell.

Pflug von Walle.

In diesem Zusammenhang beschreibt der römische Schriftsteller Plinius d. Ä. im ersten Jahrhundert nach Christus in seiner „Naturgeschichte" einen neu entwickelten schweren Beetpflug mit Rädervorgestell, den Vorläufer des mittelalterlichen Beetpfluges. Der Pflug sollte auf den schweren und nassen Böden Mittel- und Nordeuropas den vorhandenen Hackenpflug aufgrund seiner besseren Arbeit ablösen.

Die dritte und eine der ältesten und wichtigsten Erfindungen der Menschheit ist das Rad. Etwa 3.500 v. Chr. wird es vermutlich aus Rundhölzern zum Transportieren schwerer Lasten entwickelt. Vorläufer des Transportwagens ist die waagrecht angeordnete Achse mit zwei großen Rädern, auf die ein Rahmen aufgebaut werden kann. Möglicherweise stand die auf einer Senkrechtachse gelagerte Töpferscheibe hierfür Pate. Später verwendet man für das Rad eine Holzscheibe, die aus mehreren Teilen mit einem darüber liegenden Radkranz besteht, der aus einzelnen Segmenten gefertigt ist. Erst danach gibt es an den Radnaben Speichen, und an deren Ende wieder den Radkranz.

Das älteste Rad.

Geerntet wird mit der Sichel, die schon seit der Jungsteinzeit 4.000 v. Chr. zur Verfügung steht. Die Sense gibt es erst seit dem 9. Jahrhundert in der Getreideernte, früher hat man sie nur zum Grasmähen verwendet.

Dann erfolgt dies mit dem Dreschflegel, mit dem das Dreschen nicht nur erleichtert sondern auch gründlicher und damit wirtschaftlicher durchgeführt werden kann. Ihn kennt man seit der Völkerwanderung der germanischen Stämme etwa ab dem 4. Jahrhundert n. Chr.

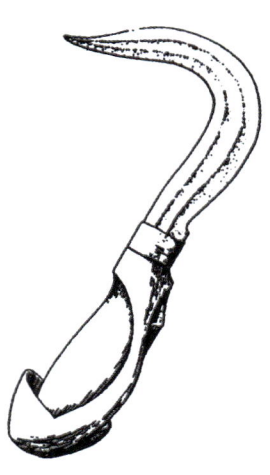

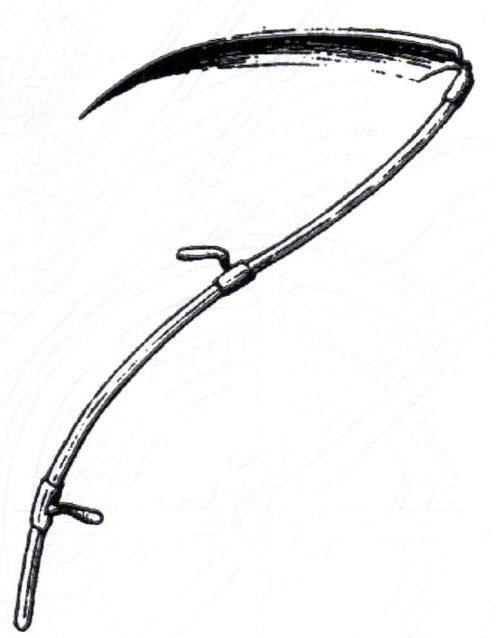

Anfangs werden die Körner aus den Ähren ausgeschlagen oder ausgerieben.

Maschinenantrieb mit Göpel.

Als es später einfache Maschinen zum Getreidemahlen und Wasserschöpfen gibt und hierzu die Muskelkraft und Ausdauer der Menschen nicht mehr ausreicht, benutzt man Tiere, die mit Hilfe eines Göpel oder Tretwerkes eine Vervielfachung der menschlichen Muskelkraft ermöglichen. Göpel haben an einer stehenden Welle einen oder mehrere Zugbäume, an dem die Tiere angespannt werden, die dann in einem Kreisumlauf ihre Kraft über ein Räderwerk abgeben.

Diese Einrichtung wird bereits im Altertum entwickelt und eingesetzt.

Erst im 18. Jahrhundert zeichnet sich ein neuer Innovationsschub ab. Er kommt vor allem aus England, wodurch die bis dahin führenden Niederlande abgelöst werden. Die bisher wenig veränderten Geräte erfahren erhebliche Verbesserungen, sie werden nun vorzugsweise aus Eisen hergestellt.

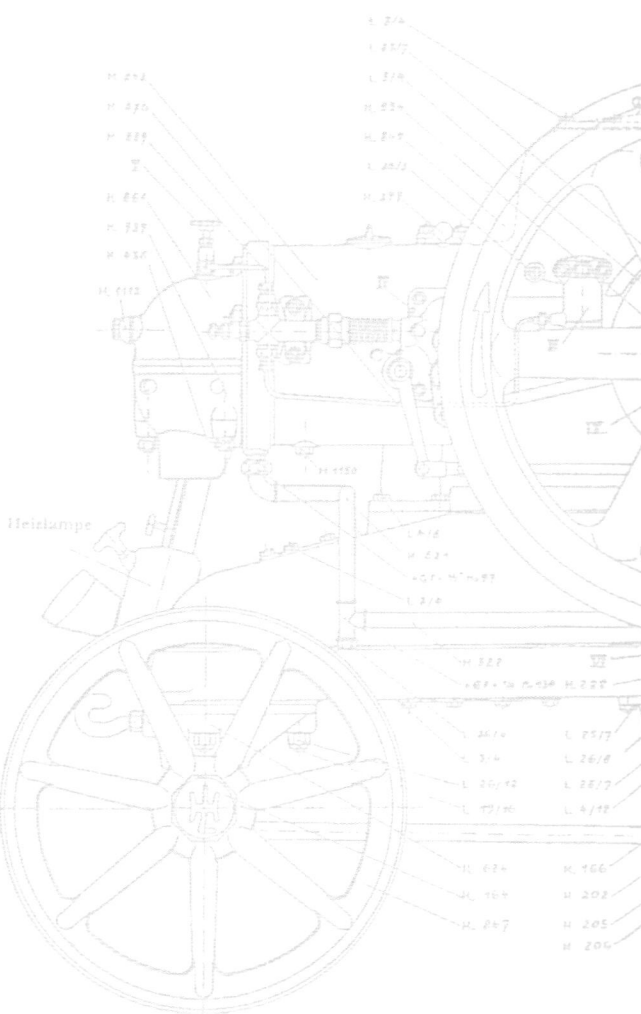

Das Dampfzeitalter beginnt

Mit der Erfindung der Dampfmaschine, welche die gesamte Menschheit revolutioniert, wird ein völlig neues Zeitalter eingeleitet.

1690

... konstruiert der französische Physiker Denis Papin eine atmosphärische Kolbendampfmaschine, die von mehreren Erfindern, besonders dem Engländer Thomas Newcomen weiterentwickelt wird.

1769

... gelingt dem englischen Mechaniker James Watt der Durchbruch zur ersten praktisch verwendbaren Niederdruckdampfmaschine, die er mit seiner ...

1784

... patentierten, doppeltwirkenden Dampfmaschine noch einmal entscheidend verbessert. Dabei kann er die parallel geführte hin- und hergehende Kolbenbewegung über ein Planetengetriebe in eine Drehbewegung des Schwungrades umwandeln. Gleichzeitig hat er damit den bereits seit 1780 patentierten Kurbeltrieb seines Landsmannes Pickard umgangen.

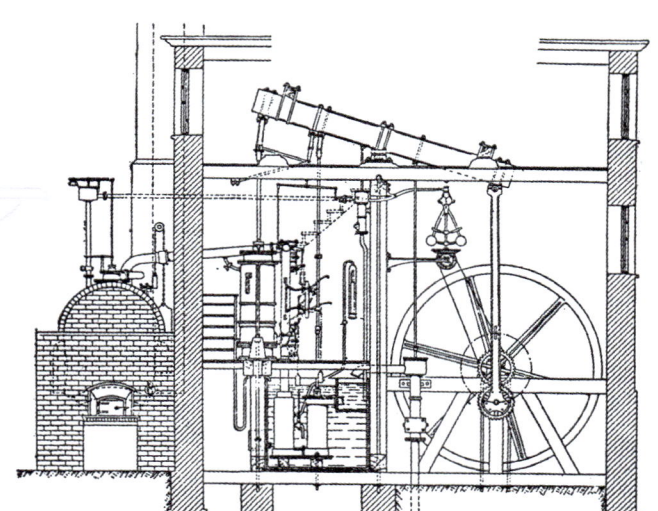

James Watts doppelt wirkende Dampfmaschine.

Zugleich steht jetzt aber erstmals eine leistungsfähige und unermüdliche Kraftquelle zur Verfügung, welche die menschliche und tierische Kraft bei weitem übertrifft. Mit ihr beginnt jetzt die, von England ausgehende, industrielle Revolution.

1769

... entwickelt der französische Artillerieoffizier N. J. Cugnot das erste dampfgetriebene selbstfahrende Fahrzeug und damit den Urahn aller Zugmaschinen. Dabei ist es eigentlich nur zum Ziehen von Kanonen gedacht. Das dreirädrige Fahrzeug ist seiner Zeit weit voraus. Weil der schwere Dampfantrieb aber vor dem Vorderrad angebracht ist, muss sehr viel Kraft für das Lenken aufgebracht werden, weshalb dieses Gefährt doch kein allzu großer Erfolg ist.

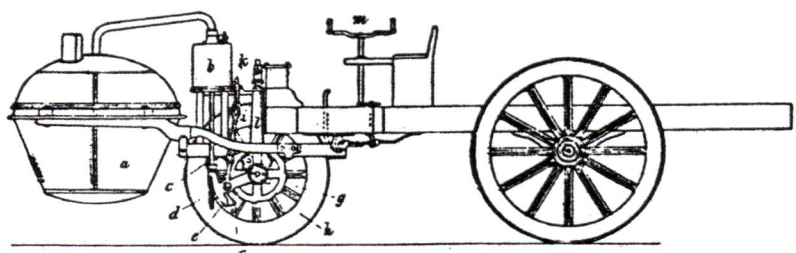

Zugmaschine von Cugnot.

1802

... baut der Engländer Richard Trevithik, der bereits 1789 die erste Hochdruckdampfmaschine geschaffen hat, ein dampfgetriebenes Straßenfahrzeug, worauf er das Patent erhält. Von diesem Fahrzeug bis zum ersten brauchbaren Dampftraktor vergehen noch einmal 80 Jahre.

1849

... gibt es in Nordamerika die erste Lokomobile. Sie wird von A. M. Archambault gebaut. 20 Jahre später beginnt Jerome J. Case mit der Herstellung von fahrbaren Lokomobilen, die – noch von Pferden gelenkt – zu den wechselnden Einsatzorten gezogen werden müssen.

1860

... hat Aveling & Porter aus Rochester eine Lokomobile, welche die Handsteuerung eines Vorderrades durch einen zweiten Mann besitzt, auf den Markt gebracht.

1860

... beginnt in Deutschland Rudolf Wolf aus Buckau bei Magdeburg mit dem Bau von Lokomobilen. Ihm folgt ...

Ältere Lokombile von Rudolf Wolf.

1879

... Heinrich Lanz in Mannheim, der zum größten europäischen Hersteller aufsteigt. Bis zur Produktionseinstellung 1923 werden in Mannheim über 40.000 Lokomobilen gefertigt.

In Amerika werden die ersten Dampftraktoren nicht nur zum Antrieb stationärer Maschinen eingesetzt, sondern auch zum Ziehen angehängter Pflüge, was dort auf den jungfräulichen und festen Prärieböden möglich ist. In Europa ist ihnen bei diesem Einsatz, aufgrund des hohen Eigengewichtes und der geringen Tragfähigkeit der hier vorhandenen Kulturböden, kein Erfolg beschieden.

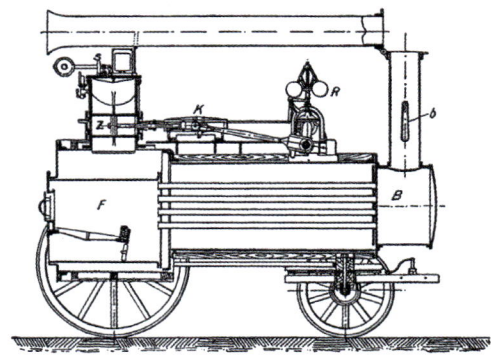

Peerless-Dampf-Traktor mit Anbaupflug. Pflugaushebung per Dampfzylinder.

In Europa geht man einen anderen Weg.

1810

... gibt es bereits ein britisches Patent auf einen Kipppflug, der von Seiltrommeln am Feldende bewegt werden kann. Aber erst ...

1856

Dampfpflügen mit Fowler Zwei-Maschinen-System.

... gelingt John Fowler mit seinem patentierten Zwei-Maschinen-System, bei dem ein Kipppflug von zwei Dampflokomobilen an jedem Feldrand abwechselnd hin und her gezogen wird, der große Durchbruch. Der deutsche Ingenieur Max Eyth ist seinerzeit ein maßgeblicher Mitarbeiter von Fowler. Er verbessert die Dampfpflugtechnik entscheidend und sorgt auch mit seinen Reisen für die weltweite Verbreitung der Dampfpflug-Technik.

Nach seiner Rückkehr nach Deutschland gründet Max Eyth 1885 die Deutsche Landwirtschaftsgesellschaft (DLG), sicher angeregt von seiner Kenntnis und guten Erfahrung mit der Royal Agricultural Society of England.

1860

... sind bereits etwa 8.000 Dampfpflüge mit Seilzug im Einsatz, einige davon in den USA und sogar in Ägypten. Es dauert bis 1869 bis der erste Dampfpflugsatz nach Deutschland kommt. Damit kann man eine Fläche von bis zu 400 ha bearbeiten. Weil diese Art des Pflügens jedoch nur für große Flächen geeignet ist und wirtschaftlich eingesetzt werden kann, hat man Schätzungen zufolge seinerzeit nur 1 % der Fläche in Deutschland mit etwa 3.000 Dampfpflügen bearbeitet.

In Deutschland stellte 1966 die Dampfpfluggemeinschaft im bayerischen Regensburg als letzte ihre Arbeit ein.

Sehr erfolgreich hingegen ist der Einsatz der Lokomobilen bei den Dampfdresch-Genossenschaften und Lohndreschern, den Vorläufern der heute bekannten Maschinengemeinschaften, Lohnunternehmen und Maschinenringe.

Stationäres Dreschen mit Dampflokomobile.

1882

... weist die Statistik des Deutschen Reiches einen Bestand von 6.000 Dampfmaschinen – und 1925 sogar einen von 16.400 – in der Landwirtschaft aus.

Eine andere Art der maschinellen Bodenbearbeitung entwickelt Andreas Mechwart von der Budapester Ganz A.G.

1894

... baut er einen Dampfschaufelpflug bei dem eine Dampfmaschine auf einem dreirädrigen Chassis aufgebaut ist. An der Rückseite dieser Maschine hat er eine horizontale Welle angebracht auf der gebogene Schaufeln den Boden rotierend bearbeiten. Diese 20 t schwere Maschine läutet das Ende der Dampftraktoren ein. Bereits zwei Jahre später wird sie für spätere Entwicklungen zum Vorbild genommen und mit einem Benzinmotor ausgerüstet. Sie wiegt jetzt aber nur noch 3,2 t.

Bodenlockerer von A. Mechwart, 1895.

Ablösung durch die Verbrennungsmotoren

1860

... leitet Jean Joseph Etienne Lenoir in Paris mit einem Gasmotor ohne Kompression, aber schon mit elektrischer Zündung, die Entwicklung der Verbrennungskraftmaschinen ein. Der Motor ist jedoch noch nicht vollkommen.

1864

... erhält Nikolaus August Otto in Köln-Deutz ein Patent auf eine atmosphärische Gaskraftmaschine mit freifliegenden Kolben.

Eugen Langen verbessert deren Schaltwerk so, dass die dabei auftretende, stoßartige Beanspruchung der Maschine vermieden werden kann.

**Die „atmosphärische Gaskraftmaschine"
von N. A. Otto und E. Langen, 1867.**

Motor Nr. 1 mit 0,5 PS bei 80 U/min.

1876

... erfindet N. A. Otto den Vier-takt-Motor mit vorverdichteter Ladung und legt damit den Grundstein zur Welt-Motorisie-rung.

N. A. Ottos erster Viertakt-Versuchsmotor von 1876 mit 3 PS bei 180 U/min.

Danach geht es Schlag auf Schlag.

1878

... baut Gottlieb Daimler den ersten Zweitakt-Motor und ...

1883

... den ersten schnell laufenden Viertakt-Benzinmotor.

1890

... erfinden die Engländer Herbert Akroyd Stuart und Hornsby den Zweitakt-Glühkopfmotor für billiges Schweröl. Er wird vorzugsweise zum Antrieb von Schiffen eingesetzt.

... entwickelt schließlich Rudolf Diesel bei MAN den ersten, nach ihm benannten, stationären Motor mit Einblasung des Schweröls durch Druckluft. Dabei erreicht er eine Selbstzündung durch die extrem hohe Temperatur der hoch komprimierten Ansaugluft.

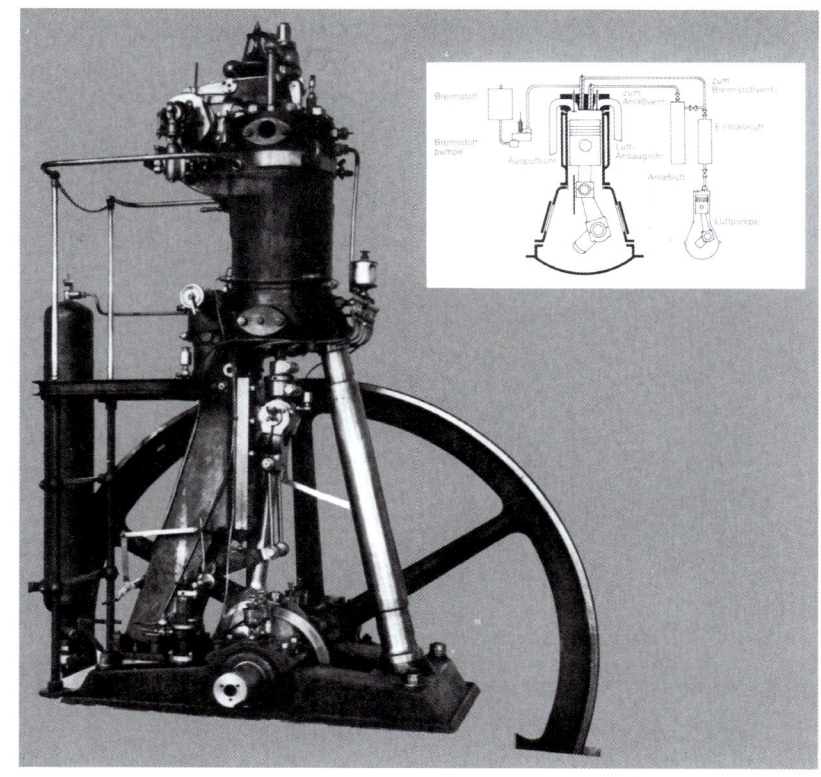

Der erste Dieselmotor von 1896.

... gibt es dann den ersten voll betriebsfähigen Fahrzeug-Dieselmotor mit direkter Kraftstoffeinspritzung von MAN mit einer Leistung von 35 PS bei 3000 Umdrehungen pro Minute.

Erster voll betriebsfähiger Fahrzeug-Dieselmotor mit direkter Kraftstoffeinspritzung.

... ist der von Austro-Daimler in Wiener-Neustadt gebaute Motor vermutlich der älteste luftgekühlte schnelllaufende Dieselmotor mit 20 PS und 4-Zylinder für den Antrieb einer Feldbahnlok.

Vermutlich ältester luftgekühlter Dieselmotor von Austro-Daimler, 1927, 20 PS bei 1900 U/min.

Luftgekühlter 4-Zylinder Deutz-Dieselmotor F4L 514 mit 75 PS, Bj. 1944.

III. Traktoren

Standardtraktoren

Die Traktoren sind heute die Schlüsselmaschinen in der Mechanisierung der Landwirtschaft überall auf der Welt.

Zuerst nur als Ersatz von Zugtieren gedacht, machen sie zugleich aber Flächen für die Ernährung der wachsenden Bevölkerung frei, die man vorher für die Fütterung dieser Tiere benötigt hat.

Die Anfänge des Traktorenbaues gehen auf das Ende des 19. Jahrhunderts zurück.

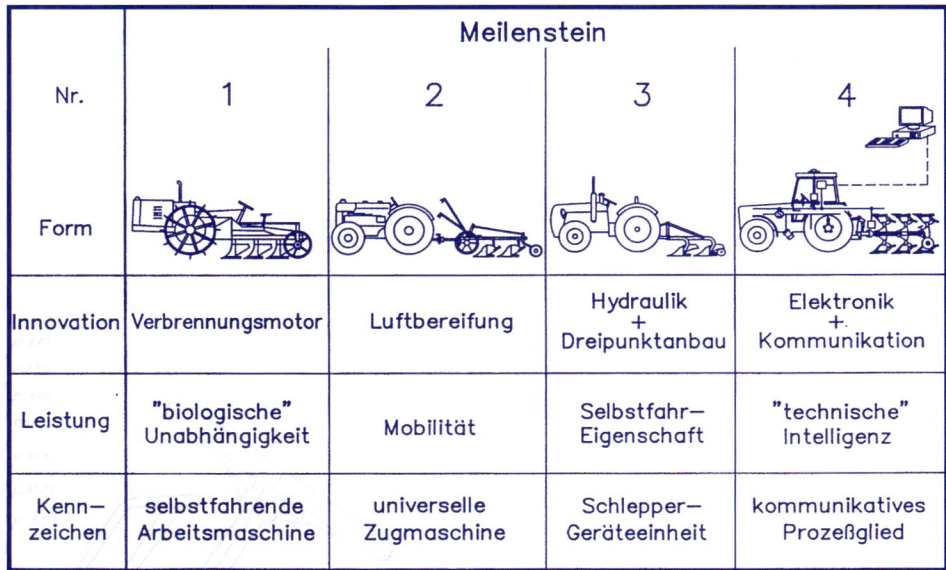

	Meilenstein			
Nr.	1	2	3	4
Form				
Innovation	Verbrennungsmotor	Luftbereifung	Hydraulik + Dreipunktanbau	Elektronik + Kommunikation
Leistung	"biologische" Unabhängigkeit	Mobilität	Selbstfahr-Eigenschaft	"technische" Intelligenz
Kennzeichen	selbstfahrende Arbeitsmaschine	universelle Zugmaschine	Schlepper-Geräteeinheit	kommunikatives Prozeßglied

Meilensteine in der Traktorenentwicklung.

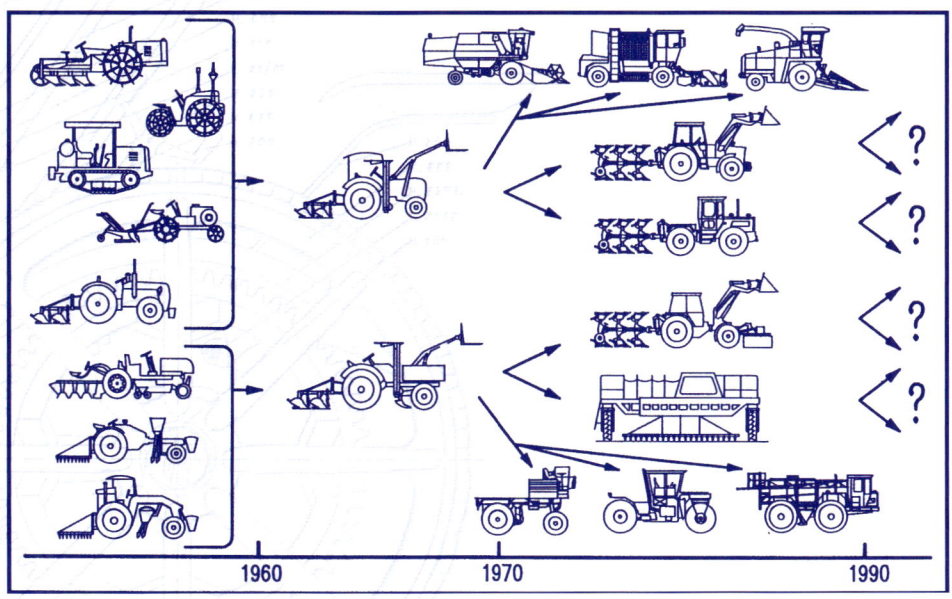

Entwicklung der Traktorenbauarten mit der Tendenz zu Selbstfahrern bei Spezialmaschinen. Hierbei fehlen noch die Teleskoplader. Damit wird der Traktorenmarkt eingeschränkt.

Grafiken nach Prof. Dr. Auerhammer, Dr. Demmel, TU München, Institut für Landtechnik, Weihenstephan.

1892

Erster Case-Traktor, 1892.

Froehlich-Traktor, 1892.

... stellt Jerome Increase Case in Racine, Wisconsin, USA ein damals führender Dampfmaschinenhersteller, der von 1869 bis zur Einstellung im Jahre 1926 etwa 36.000 Lokomobile produziert hat, einen Traktor vor. Es ist eine Lokomobile bei der anstatt der Dampfmaschine ein 2-Zylinder-Benzinmotor von William Patterson aufgebaut ist.

Noch im selben Jahr folgt der Traktor von John Froehlich in Iowa. Er verwendet einen 1-Zylinder Van Duzen Motor mit 20 PS, der auf einem Holzrahmen aufgebaut ist. Er hat nur je einen Vorwärts- und Rückwärtsgang. Beide gelten als die Urväter der Traktoren.

1889

... ist tatsächlich der erste Traktor hergestellt, vermutlich von der Firma J. Charter Gas Engine Company. Seinen Benzinmotor und das Getriebe sind auf ein Lokomobilefahrgestell aufgebaut. Doch schon ...

... soll auch in England, der 10,5 t schwere „Imperial-Tractor" auf der Basis einer Lokomobile mit einem Einzylinder Hornsby-Acroyd Glühkopfmotor ausgerüstet worden sein.

Imperial-Traktor, 1889.

1901

... sind es jedoch zwei amerikanischen Studenten, nämlich C. W. Hart und C. H. Parr, die sich als erste, ausschließlich mit der Entwicklung und ab 1903 sehr erfolgreich mit der Herstellung von Traktoren befassen. In den ersten zehn Jahren des vergangenen Jahrhunderts war der Hart-Parr „Old Reliable" der meist verkaufte Traktor. Der Legende nach, soll auch der Name „Traktor" von diesem Unternehmen stammen.

Tatsächlich aber geht das Wort „Tractor" schon auf das Jahr 1890 zurück, wie aus der US Patentschrift Nr. 425.600 für einen Traktor von George H. Edwards aus Chicago ersichtlich ist. (So das USDA / US-Landwirtschaftsministerium im Handbuch „Power to Produce" von 1960.)

Hart Parr Traktor.

1910

... werden die schweren Traktoren von Advance-Rumely, der „Oil Pull" von Anfang an mit billigem Kerosin betrieben. Da dieses aber nur bei sehr hohen Temperaturen verbrennt, sind große Kühltürme auf der Vorderachse nötig.

Oil Pull Traktor.

1914

... bringt die International-Harvester IH einen kleineren Traktor heraus, den Typ 8- 6 „Mogul" mit 16 PS, 2-Ganggetriebe und 2.279 kg Eigengewicht, von dem in einem Jahr etwa 17.000 Einheiten gebaut werden können. Bereits ein Jahr später kommt dann der 10-20 „Titan" mit 20 PS und ähnlicher Technik auf den Markt. Von diesem Modell werden insgesamt 78.000 Stück hergestellt.

IHC Mogul, 1908.

In Europa verläuft die Entwicklung anders. Hier dienen die schweren Traktoren nicht als Vorbild.

Iver Traktor.

... baut der Engländer Dan Albone den – nach einem in seiner Nähe gelegenen Fluss benannten – Ivel-Traktor in Rahmenbauweise. Mit drei Rädern, 14 PS Motor und einem Eigengewicht von nur 1.524 kg ist der wendige Kleintraktor seiner Zeit weit voraus. Alle pferdegezogenen Geräte können angehängt werden, zum Antreiben stationärer Maschinen verfügt er über eine Riemenscheibe. Über 1.900 Stück verkauft Dan Albone davon.

1907

... experimentiert in Deutschland die Gasmotorenfabrik Deutz in Köln mit zwei unterschiedlichen Konzepten. Eines davon ist die „Deutzer-Pfluglokomotive" nach Patenten von Brey und Heyer mit einem 40 PS Motor, Allradantrieb der vier gleich kleinen Räder sowie Vierradlenkung. An der Vorder- und Hinterachse ist je ein Beetpflug angebaut. Damit soll er – wie ein Kipppflug – bei der „Dampfpflügerei" auf dem Feld hin- und herfahren.

Das zweite Konzept kommt einem Traktor schon sehr nahe. Der „Deutzer Motorpflug" ist mit einem 25 PS Motor, großen Hin-

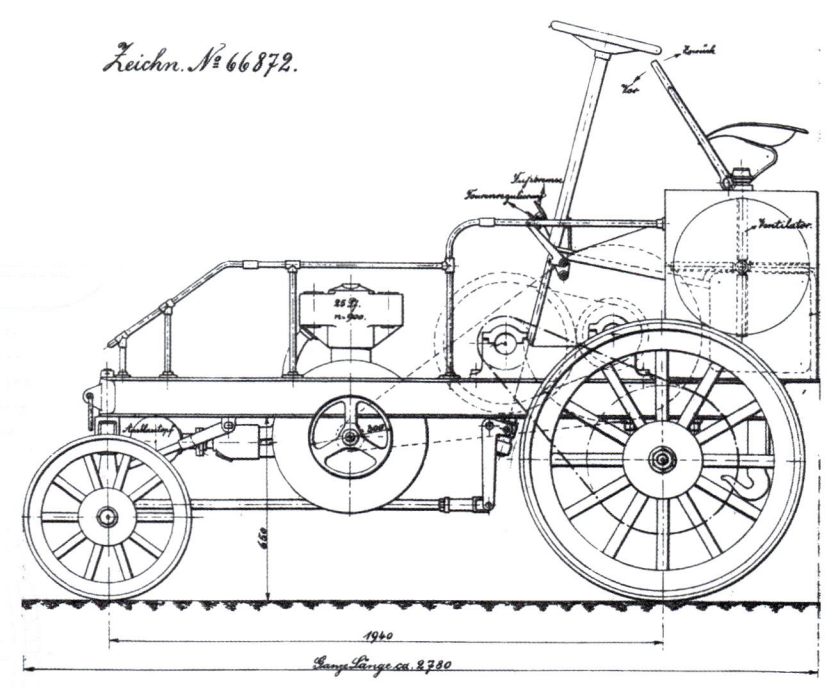

Deutz Motorpflug.

terrädern und kleinen Lenkrädern an der Vorderachse ausgerüstet und hat bei 3 t Eigengewicht bereits einen bemerkenswerten technischen Stand erreicht. Die Kraftübertragung auf den Boden ist jedoch noch ungenügend, obwohl sich der Traktor an einem verankerten Seil selbst weiterziehen kann. Grund hierfür ist der zu schwache Motor. Da beide Fahrzeuge im Einsatz nicht befriedigen, wird das Projekt nach dem Bau weniger Exemplare aufgegeben.

1908

... stellt R. Stock, der seit einem Jahr auf Anregung seines Mitarbeiters Karl Gleiche Entwicklungsarbeit betreibt, einen ganz anderen Entwurf vor:

Den ersten Motor-Tragpflug. Er hat 8 PS Leistung und drei Schare. Der Motor liegt vor den großen Triebrädern, das Differential kann man bei Geradeausfahrt in der Furche sperren, so dass eine befriedigende Kraftübertragung erreicht wird. Später baut Stock einen 28 PS Motor ein.

Aufgrund des großen Interesses produzieren nun mehrere bekannte Firmen solche Maschinen. Als Beispiel hierfür dienen die Firmen Borsig, Hanomag, Komnick, Kyffhäuserhütte und Pöhl.

Stock Motortragpflug.

1912

... hat Hanomag sogar ein Modell mit 80 PS Motorleistung und fünf oder sechs Pflugscharen im Angebot. Die Konstrukteure Wendeler und Dorn verbessern das System, indem sie den Fahrzeugrahmen mit dem Pflugrahmen gelenkig verbinden. Dies vereinfacht das Einsetzen und Ausheben des Pfluges und hilft gleichzeitig Bodenunebenheiten auszugleichen.

... wird in Österreich der Puch-Excelsior-Motorpflug in Graz gebaut. Dieser Tragpflug hat einen 4-Zylinder-Motor mit 35/40 PS und wiegt 4,4 t und wird ausschließlich in Großbetrieben eingesetzt.

Puch-Excelsior Motorpflug aus Österreich.

... stellt MAN einen Motorpflug mit 20 PS und Knicklenkung vor, bei dem der Tragrahmen hinter der Triebachse schwenkbar ist. Von Vorteil ist, dass neben dem Pflug auch andere Bodenbearbeitungsgeräte angebaut werden können.

MAN Motorpflug.

1912

Lanz Landbaumotor.

... geht bei Lanz, Mannheim der „Landbaumotor" (System Köszegi) in Produktion. Diese selbstfahrende Bodenfräse mit 80 PS Motor wiegt 4.800 kg. Durch Abnehmen der Hauwelle kann der gewaltige „Landbaumotor" zusätzlich als Zugmaschine eingesetzt werden. Später kommt eine Fräse mit federnden Zinken nach System von Meyenburg hinzu, die von den Siemens-Schuckert-Werken hergestellt wird.

1912

... sind in Nordamerika bereits 12.000 Benzintraktoren eingesetzt. In Europa tritt wegen des Ersten Weltkrieges eine Pause in der Traktorenentwicklung ein.

1917

... wird die Vorstellung des Ford Traktors einschneidend für die künftige Traktorenentwicklung weltweit. Weil Henry Ford seine Autofirma verlassen hat, gründet er das Traktorenwerk Ford & Son, daher der Produktname „Fordson".

Henry Ford und Mitarbeiter mit dem richtungsweisenden Fordson Traktor.

Bereits 1907 beginnt Henry Ford mit den Vorarbeiten. Zunächst verwendet er noch Autoteile der Modelle B und K. Bei dem Ford Traktor jedoch handelt es sich um eine rahmenlose, im Block verschraubte, selbsttragende Konstruktion. Er ist mit einem 22-PS 4-Zylinder-Motor, Getriebe mit drei Vorwärtsgängen und einem Rückwärtsgang sowie Scheckengetriebe-Endantrieb, ausgestattet. Mit seinem Eigengewicht von 1.360 kg hat er nur 62 kg/PS, anstatt der üblichen 100 bis 120 kg/PS und ist aufgrund dieser Merkmale und der Massenfertigung am Fließband, die Ford ab 1922 einführt, konkurrenzlos billig. Schon 1920 wird der 100.000ste Traktor ausgeliefert. Insgesamt hat Ford bis zum Produktionsende 1928 fast 740.000 Traktoren verkauft und

dabei einen Weltmarktanteil von nahezu 80 % erreicht.

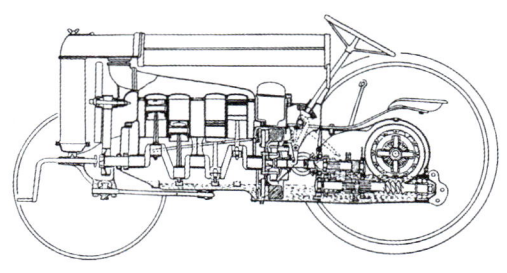

Schnittbild des Fordson-Traktors.

In den USA gibt es drei Konkurrenten. Als erstes sei der International-Harvester 8-16 mit einem 16 PS 4-Zylindermotor, 3 -Ganggetriebe und 1.662 kg Eigengewicht genannt. Als erster Traktor der Welt hat er serienmäßig eine Zapfwelle eingebaut, die bereits 1906 von dem Franzosen A. Gougis erfunden worden war. Obwohl man die Produktion bereits nach 5 Jahren einstellt, ist er ein internationaler

Verkaufserfolg. Als Ersatz dient danach der modernere I. H. McCormick-Deering 10-20.
Ein starker Wettbewerber ist des Weiteren John Deere, der das Modell N „Waterloo Boy" entwickelt. Dieser bekannte Traktor hat einen 25 PS, liegenden 2-Zylinder-Kerosin-Motor, 2-Gang-Getriebe mit 2.807 kg Eigengewicht.

**Waterloo Bay von John Deere.
28.500 mal gebaut.**

Er wurde als erster Traktor in Nebraska getestet. Bis 1924 werden fast 30.000 Einheiten aller Modelle gebaut.

Hinzu kommt noch der Case 22-40 mit 40 PS 4-Zylindermotor und 2-Ganggetriebe, 4512 kg Eigengewicht sowie noch andere Wettbewerber.

1917

... noch während des Krieges, kommen mehrere tausend Ford-Traktoren nach Großbritannien um die fehlenden Pferde in der Landwirtschaft zu ersetzen. 1924 werden die ersten 500 Fordson nach Deutschland zu einem sagenhaft niedrigen Preis von nur 1.900 Goldmark geliefert.

1918

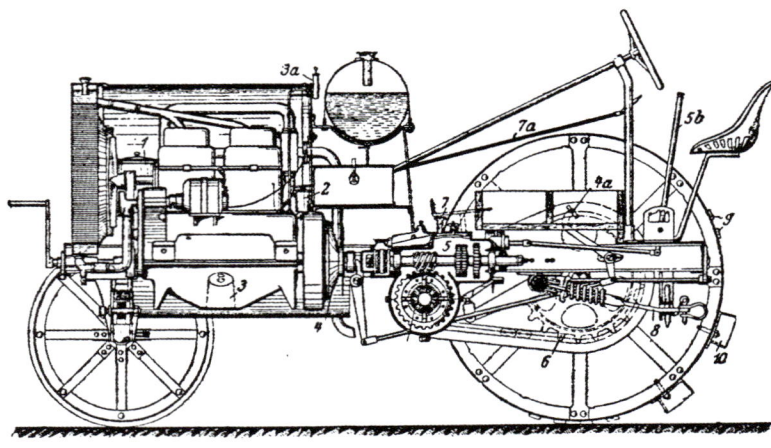

Schnitt vom Pöhl-Traktor

... wird die Pöhl-Ackerbaumaschine mit 30 PS, 4-Zylindermotor, 4-Ganggetriebe, Schneckenendantrieb und – wie bei Lastwagen damals üblich – Kettenantrieb der Hinterräder vorgestellt. Dies hat den Vorteil, dass man beim Pflügen den Traktor waagrecht stellen kann, weil die Hinterräder durch den Kettenantrieb höhenverstellbar sind. Leider kostet dieser Traktor 7.000 Goldmark.

Nach dem Krieg versucht man, die für das Militär gebauten Artilleriezugmaschinen für die Landwirtschaft und den Forsteinsatz umzubauen.

1919

... erhält der Deutz „Motor-Trekker" anstatt des 100 PS Benzolmotors einen 40 PS Dieselmotor. Er hat gefederte Vorder- und Hinterachsen, einfaches Getriebe bis 6 km/h mit drei Vorwärtsgängen und einem Rückwärtsgang, sowie Riemenscheibe, Ladepritsche und Fahrerkabine. Sein Eigengewicht beträgt 3,6 t. Das hochrädrige Fahrzeug ist mehr für Transport- und weniger für Feldarbeiten geeignet. Es werden davon nur ganze 48 Stück gebaut.

Deutz „Motortrekker".

1922

Benz-Sendling Motorpflug.

... ist die Konstruktion des Benz-Sendling Motorpfluges ein Zwischenschritt. Mit zwei lenkbaren Vorderrädern, aber nur einem Triebrad, kann das Differential eingespart werden. Da der angehängte Pflug gezogen wird, ist dieses Fahrzeug eindeutig ein Traktor.

Von besonderer Bedeutung ist, dass hierbei erstmals ein Kompressor-Fahrzeugdieselmotor verwendet wird. Dem MWM 2-Zylindermotor hat Prosper L'Orange die nach ihm benannte Vorkammer mit Drehzahlverstellregler eingebaut und somit eine Teilung des Verbrennungsraumes herbeigeführt.

Erster Fiat-Traktor, 1926.

In ganz Europa entstehen nun Traktoren, deren Konstrukteure den Fordson gut studiert haben. Dies ist in Italien 1919 Fiat, später Landini, dann Cassani und Motomeccanica. In Frankreich Renault, danach Souma und in England Austin, Marshall, Ransomes, Sanderson und Scott. In Schweden 1926 Munktell.

Renault-Traktor, 1926.

Erster Same-Traktor.

1924

... wird Hanomag mit dem WD-Traktor ein echter Wettbewerber von Ford. Mit seinem 26 PS 4-Zylinder-Vergasermotor, 4-Ganggetriebe und 1950 kg Eigengewicht ist er auf dem Markt sehr erfolgreich.

Danach folgen 1926 die Deutz-Traktoren der MTH 222 und drei Jahre später die MTZ Modelle 220 sowie 320 mit nach hinten liegenden 2-Zylinder-Motoren, Verdampfungskühlung sowie Leistungen von 30 und 36 PS.

Hanomag WD-Traktor, 1924 – die erste Antwort auf den Fordson.

Deutz MTZ 120, 1927.

1928

... kommt noch der Mercedes Benz OE auf den Markt mit 24 und später 28 PS Motor. Als Straßentraktor wird er mit Elastikbereifung und gefederter Vorderachse ausgeliefert. Insgesamt werden aber nur etwa 380 Stück davon hergestellt.

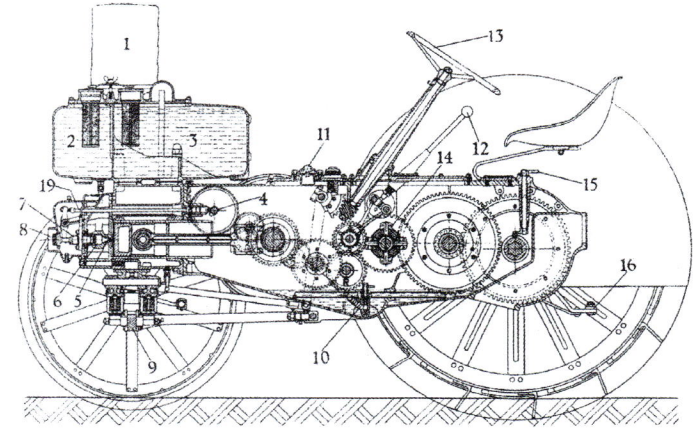

Schnitt vom Mercedes-Benz-Traktor.

**Mercedes-Benz
OE-Traktor, 1928.**

Einen anderen Weg gehen die Heinrich-Lanz-Werke mit dem, von Fritz Huber konstruierten Glühkopfmotor, der zum Anlassen mit einer Lötlampe vorgewärmt werden muss.

1921

... gibt es mit dem ersten 12 PS Lanz-Bulldog den ersten Rohöltraktor der Welt. Er kann wegen des fehlenden Getriebes nur nach vorn fahren. Rückwärts muss die Motordrehrichtung umgeschwenkt werden, was die Geschicklichkeit des Fahrers fordert. Den Namen Bulldog erhält er wegen seines, ähnlich der Bulldogge, gedrungenen Aussehens.

**Erster Traktor von Heinrich Lanz
mit Glühkopfmotor, 1921.**

1923

entwickelt Lanz den 15-PS-Ackerbulldog mit Vierradantrieb und Knicklenkung, der über große Zugkraft verfügt und sehr wendig ist. Er ist seiner Zeit voraus, aber wegen des hohen technischen Aufwands zu teuer, so dass nur etwas mehr als 700 Stück bis zur Einstellung der Produktion 1926 gebaut werden.

Lanz HP-Traktor mit
Vierradantrieb, 1923.

Massey-Harris greift 1930 dieses Konstruktionsprinzip noch einmal
auf mit dem „general purpose tractor". Ausgestattet mit einem 25 PS
Hercules 4-Zylinder-Motor, auf Wunsch mit elektrischem Anlasser,
3-Ganggetriebe, 72 cm Bodenfreiheit und einer variablen Spurweite
von 116 bis 186 cm sowie einem
Eigengewicht von 1.789 kg. Noch
erkennen die Farmer nicht die
Vorteile dieser Maschine und so
wird sie aufgrund des geringen
Erfolges ab 1936 nicht mehr hergestellt.

Massey-Harris-Traktor
mit Vierradantrieb, 1930.

Die Lanz-Bulldogs sind auf den Märkten so erfolgreich, dass sie wegen der Robustheit, Einfachheit und der großen Zuverlässigkeit sehr bald in ganz Europa von mehreren Firmen in Lizenz oder wilden Nachbauten gefertigt werden. Darunter unter anderem bekannte Firmen wie z. B. in Italien Bubba, Landini, Orsi oder in Ungarn H:S:C:S: (Hofherr-Schranz-Clayton-Shuttleworth) und Mavag, in Schweden Munktell, in Frankreich Vierzon, in Polen Ursus sowie andere Nachbauten in Australien und Südamerika.

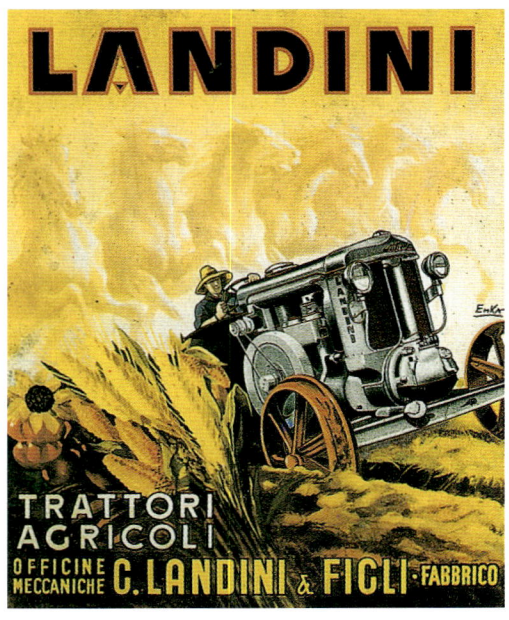

Landini-Traktor mit Glühkopfmotor, 1924.

Alle vorher genannten Traktoren sind mehr für die großen und mittleren landwirtschaftlichen Betriebe vorgesehen. Für die Kleinbetriebe fehlt eine entsprechende Entwicklung.

Hier beginnt man zunächst Pferde-Grasmäher mit Aufbaumotor, Antrieb und Lenkachse auszurüsten.

1915

... stellt Aebi in der Schweiz einen selbstfahrenden Mäher mit einem 3,5-PS sowie 6,5-PS und später auch mit einem 10-PS-Motor vor. Auch aus Frankreich wird etwas später eine automobile Mähmaschine bekannt.

Selbstfahrende Mähmaschine von Aebi, 1915.

... baut Emil Kramer aus Gutma-
dingen in Baden auf der Basis
eines Grasmähers seine erste
Motormähmaschine mit einem 4-
PS-DKW-Motor, 2-Gang-Getriebe
und Riemenscheibe.

Kramer Motormähmaschine.

... rüstet Hermann Fendt aus Marktoberdorf im Allgäu einen Motor-
mäher mit einem 4 PS Benzinmotor aus. 1930 wird anschließend
ein Deutz-Dieselmotor mit Verdampfungskühlung auf den Rahmen
gesetzt. Über Kettentriebe verbindet er die Fahrkupplung mit dem
4-Ganggetriebe und dann weiter bis zur Hinterachse. Er verfügt bereits
über einen fahrunabhängigen Mähantrieb, ist aber auch zum Ziehen

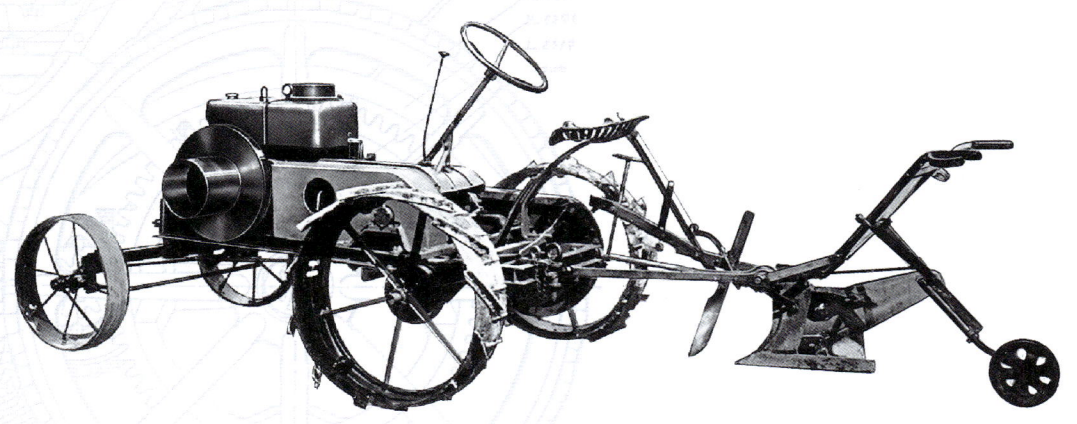

**Der erste
Kleintraktor:**

**Fendt „Dieselroß",
1928.**

eines leichten Anbaupfluges geeignet. Damit ist der erste, echte Klein-traktor geboren. Weitere Hersteller erscheinen nun auf den Markt, wie beispielsweise Lanz in Aulendorf und Hagedorn in Warendorf.

1927

... wird in den USA die Zapfwel-lennorm nach (ASAE) verbind-lich. Dies erfolgt in Deutschland erst 1940. Aus dem gleichen Jahr stammt auch das Anbaumäh-werk am Standardtraktor.

Prototyp des „Ferguson-Black-Tractor", 1933.

Als einer der bedeutendsten Erfinder in der Traktorentechnik gilt der Ire Harry Ferguson. Durch die Betreuung von 7.000 nach Eng-land gelieferten Fordson-Traktoren während des Ersten Weltkrieges, sammelt er umfassende Einsatzerfahrungen. Er ist mit der Zugleis-tung dieses leichten Traktors nicht zufrieden und entwickelt darauf-hin die Dreipunktkupplung für die Anbaugeräte an seinem Traktor.

Das Ferguson-System

Durch die Nutzung des Kräfteparallelogramms mit zwei Unter- und einem Oberlenker löste er zwei Probleme gleichzeitig: das Pro-blem der Geräteführung und das der Bodenhaftung. Der Zug erhöht den Druck auf die Hin-terräder und vermindert damit deren Durchrutschen, wodurch der Oberlenker ein Aufbäumen des Traktors verhindert. Zudem dient er zur automatischen Tie-fenregelung der Geräte über den hydraulischen Kraftheber, der es dem Fahrer ermöglicht, vom Sitz aus die Geräte nach Bedarf zu heben und zu senken.

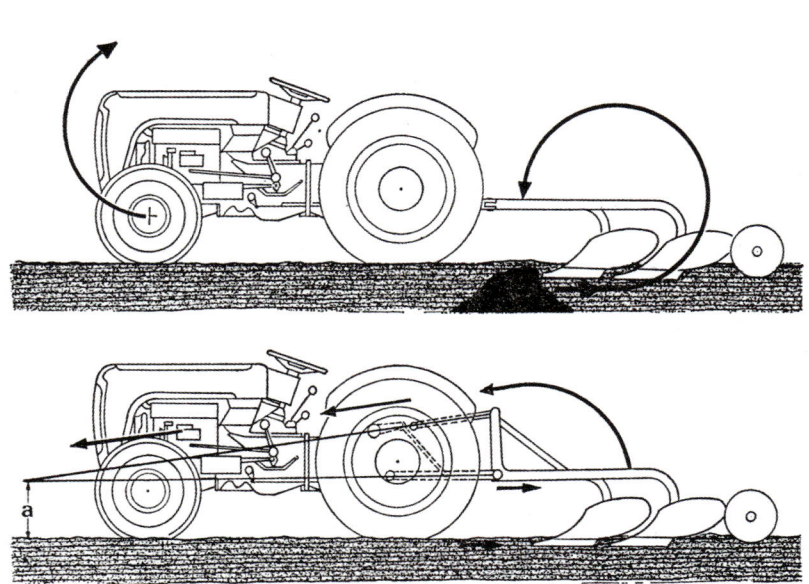

Ferguson meldet diese Erfindung bereits 1926 zum Patent an. Heute sind etwa 95 % aller westlichen Traktoren mit diesem System ausgerüstet. Weil Harry Ferguson keine eigene Fabrik besitzt, lässt er seine Traktoren ab ...

1936

... bei David Brown und ab 1939 bei Ford in den USA danach ab 1946 bei den Standardwerken in Banner Lane bei Coventry bauen.

„Little grey Fergie", der original Ferguson TE 20, 1946.

Ein weiterer wichtiger Entwicklungsschritt ist die Einführung der Niederdruck-Luftreifen. Anfänglich hatten die Traktoren nur eine Eisenbereifung. Zur besseren Abstützung auf dem Boden und zur Erhöhung der Zugkraft wurden diese mit Greifern, Klauen oder Winkeleisen ausgerüstet. Für die Straßenfahrt montierte man einen Schutzring, der eine schonende, aber langsame und unbequeme Fortbewegung erlaubte. Seit 1918 experimentiert die Firestone Company in Amerika mit Luftreifen und bereits 1919 wird ein, im englischen Kent gebauter, Traktor wahlweise mit einer Hartgummibereifung ausgerüstet.

Der Durchbruch mit dem Niederdruck-Luftreifen kommt aber erst 10 Jahre später.

Eisen-/Hartgummireifen.

1928

... beginnen auch die Continental Gummiwerke in Hannover mit Versuchen auf dem Gebiet der Bereifung von Traktoren und 1931 können die ersten Hanomag und Lanz Traktoren mit Profil-Niederdruckreifen ausgerüstet werden.

Damit hat man die Zugleistung auf dem Acker mit der Straßenfahrt in Einklang gebracht und zugleich die Fahrgeschwindigkeit der Traktoren erhöht.

Luftreifen.

1928

Fortschrittlicher Steyr-Traktor, 1928.

... konzipiert Steyr einen Traktor ausschließlich für den Einsatz in der Landwirtschaft. Hierbei sind der 80-PS-Motor mit Getriebe und Hinterachse zu einem Block vereint. Seiner Zeit weit voraus, stößt dieser Traktor auf wenig Gegenliebe und so wird die Produktion nach einigen Prototypen eingestellt.

... beginnt Deutz die Großproduktion eines 2-Zylinder-28-PS-Traktors in Blockbauweise mit einem aus Stahlblech geschweißten Getriebegehäuse. Er verfügt über eine Zapfwelle und Riemenscheibenantrieb. Später kommt ein Modell mit 50 PS 3-Zylindermotor hinzu. Von beiden werden bis in den Krieg hinein fast 19.000 Stück hergestellt.

Erster Großserien-Traktor von Deutz mit 28/50 PS.

1936

... entwickeln die Deutz Konstrukteure Schosnig und Rothardt den legendären 11-PS-Bauernschlepper auch wieder in Blockbauweise. Dieser Traktor ist gegenüber seinen Wettbewerbern ein echter Fortschritt. Er verfügt über einen 1-Zylinder-Dieselmotor, ein längs geteiltes 3-Ganggetriebe bis 8 km/h, separaten Mähwerkantrieb, Zapfwelle und Riemenscheibe sowie Ösen an den Hinterachs-trichtern zum Anbau von Geräten. Mit einem äußerst günstigen Anschaffungs-

Der legendäre Deutz-Bauernschlepper, 1936.

preis von unter 3.000 RM ermöglicht er vielen Bauern den Einstieg in die Mechanisierung. Mehr als 20.000 Einheiten sind vor und nach dem Krieg vom Band gelaufen.

Mehrere Hersteller wie Fahr, Fendt, Kramer, Martin, Primus usw. nehmen nun die Produktion von Traktoren mit den zur Verfügung stehenden 2-Zylinder-Deutz-Motoren mit Leistungen von 20, 22, 25 und 28 PS auf – nur die Firmen Güldner und Schlüter verwenden eigene Motoren.

Fendt „Dieselroß" F22, 1938.

Die International Harvester Company in Neuß stellt Anfang der 30er-Jahre in Anlehnung an den im US-Konzern gebauten „Farmall"-Traktor einen 20 PS Hackschlepper mit 4-Zylinder-Schwerölvergasermotor vor. An dem in Halbrahmen-Konstruktion ausgeführten Traktor kann man zwischen den Achsen erstmals Geräte anbauen. Weil die Lenkung über dem Motor angeordnet ist, ist sie bei Arbeiten mit den Hackgeräten nicht hinderlich.

Deering-Traktor mit Eisenbereifung, 1938.

Deering-Traktor, baugleich mit IHC, 1939.

... beginnt der Volkswagenkonstrukteur Prof. Ferdinand Porsche mit der Entwicklung eines sogenannten „Volksschlepper", von dem bereits 1938 verschiedene Prototypen existieren. Diese Arbeiten werden jedoch kriegsbedingt immer wieder unterbrochen.

1939

Lanz Eilbulldog

... hat die Firma H. Lanz in Mannheim bereits eine komplette Traktorenreihe mit den Leistungen 15, 20, 25, 35, 45 und 55 PS in verschiedenen Ausführungen im Angebot.

Der 15-PS-Allzweck-Bulldog besitzt sogar ein Anhänge-Parallelogramm mit Schnellkupplung und mechanischem Kraftheber, um die vielen unterschiedlichen Anbauvorrichtungen bei den Geräten zu vereinfachen. Es wird daran gedacht, diese bei entsprechender Eignung, bei allen Traktoren einzuführen.

... sind die Holzgastraktoren, wegen des akuten Treibstoffmangels, eine typisch kriegsbedingte Entwicklung. Auf diesem Gebiet hatte die Firma Imbert schon lange vorher mit Gasgeneratoren, die auch für feste Brennstoffe geeignet waren, experimentiert. Die verschiedenen Ansätze

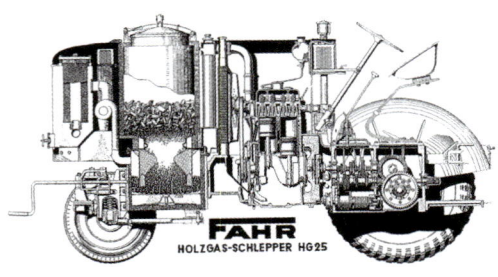

Schnitt von einem Holzgastraktor.

anderer Firmen auf diesem Sektor wurden zu einem Einheitssystem zusammengeführt und in die einzelnen Traktoren-Modelle eingebaut, damit sie überhaupt noch eingesetzt werden konnten. Die Form der, mit diesen Gasgeneratoren ausgerüsteten, Traktoren waren je nach Hersteller mehr oder weniger gut gelungen.

Nach dem Krieg, als wieder genügend flüssiger Treibstoff zur Verfügung steht, verschwinden diese Ungetüme von Traktoren sehr rasch von den Feldern oder werden wieder auf Diesel- oder Glühkopfbetrieb umgestellt.

Fahr HG 25 Holzgastraktor.

Das Kriegsende gibt der gesamten Traktorenindustrie einen starken Impuls. Die größeren amerikanischen Firmen wie Allis-Chalmers, International-Harvester, Massey-Harris und Mineapolis-Moline versuchen mit Produktionsstätten in England, andere mit Importeuren in anderen Ländern, auf den sich entwickelnden und rasch expandierenden Märkten Europas Fuß zu fassen.

In Deutschland müssen zuerst die stark zerstörten Fabriken wieder aufgebaut und die Traktorenfertigungen neu eingerichtet werden. Dennoch verlassen bereits 1948 rund 8.000 Traktoren die Werkshallen. Zu den alteingesessenen Herstellern etablieren sich viele neue mit ihren „Konfektions-Schleppern". Es handelt sich um Firmen, die einzelne Bauteile wie Motoren, Getriebe, Achsen, Lenkungen und dergleichen bei unterschiedlichen Herstellern einkaufen und montieren, um sich damit an dem aufstrebenden Markt zu beteiligen.

Die bekannten Firmen, wie beispielsweise Fendt, Hanomag, Deutz, Kramer, H. Lanz usw. beginnen wieder mit der Produktion der Vorkriegsmodelle.

1947

... startet auch im österreichischen Steyr nach Aufbau der zerstörten Fabrikanlagen die Traktorenfertigung. Der formschöne Typ 180 mit 26 PS wird zum Standardtraktor für die Mechanisierung der Landwirtschaft in Österreich. Rund 45.000 Einheiten werden von diesem Modell abgesetzt. Auf Drängen der Kunden kommt drei Jahre später der kleinere Typ 180 mit 15 PS, hydraulischem Hubwerk und 3-Punkt-Kupplung sowie einer kompletten Gerätereihe auf den Markt. Bis 1966 laufen davon fast 65.000 Stück vom Band.

Erster Steyr-Traktor, 1947.

1949

... bringt die MAN wieder einen Traktor auf den Markt. Sie muss von Neuem beginnen, weil die MAN bereits 1941 ihre Traktorenproduktion zur Firma Latil in Suresnes, Frankreich verlagert hatte. Der Traktor hat einen eigens dafür entwickelten 2-Zylinder-Dieselmotor mit 25 PS Leistung, der wahlweise mit einem zuschaltbaren Vierradantrieb ausgerüstet werden kann.

Im gleichen Jahr stellt Stihl in Waiblingen seinen 11 PS Bauernschlepper vor. Es handelt sich dabei um eine Leichtbaukonstruktion mit einem Tragrohr zwischen dem luftgekühlten 1-Zylinder-Zweitaktmotor mit 5-Ganggetriebeblock aus eigener Fertigung und der Portalhinterachse mit großer Bodenfreiheit zum Unterbau von Zwischenachsgeräten. Durch den bäuerlichen Kleintraktor sollen Zugpferde, Ochsen und Zugkühe abgelöst werden.

1949 präsentiert Eicher in Forstern in seinem Traktor den ersten luftgekühlten Einzylindermotor mit 16 PS aus eigener Entwicklung.

Späterer MAN Allradtraktor mit Druckluftbremsanlage.

1950

... gibt es bereits 59 deutsche Traktorenproduzenten, von Allgaier und Alpenland bis Zanker und Zettelmeyer, von denen jedoch die meisten nach wenigen Jahren wieder aufgeben, um sich auf lukrativeren Geschäftsfeldern zu betätigen. Die Vielzahl von Traktortypen benötigen für die Anbaugeräte jeweils eigene Aufnahmevorrichtungen, so dass bald der Ruf nach Vereinheitlichung laut wird.

Die großen amerikanischen Hersteller sind diesen Schritt schon gegangen. Sie bieten als so genannten Full-Liner eigene Gerätereihen zu ihren Traktoren an.

In Deutschland denkt man daher seit …

Stihl Leichtbautraktor, 1949.

1949

… über einen genormten Schwingrahmen nach. Durch den aufstrebenden Export wird man jedoch sehr schnell mit der 3-Punktkupplung – von Ferguson her bekannt – konfrontiert.

Nachdem man feststellte, dass Ferguson die Tiefenregelung, nicht aber das 3-Punktgestänge patentiert hat, lehnt man sich an eine in England existierende Norm an, jedoch mit der Maßgabe „jedes Gerät an jeden Traktor". 1952 gibt es den ersten Vorschlag, 1956 den zweiten und 1958 die verbindliche DIN-Norm hierfür.

Norm-Schwingrahmen.

Norm-Dreipunktkupplung.

Eine der bedeutsamsten Entwicklungen aber ist zu dieser Zeit vielleicht das UNIversal-MOtor-Gerät, kurz UNIMOG genannt.

1948

Eines der ersten UNIMOG-Fahrzeuge, von Böhringer gebaut.

... ist es von den Mercedes-Benz-Konstrukteuren Heinrich Rössler und Albert Friedrich, aufgrund der unsicheren Situation über die künftigen Perspektiven im Nachkriegsdeutschland, entworfen und zuerst bei den Gebrüdern Böhringer in Göppingen gebaut worden. 1950 wird die gesamte Fertigung von Daimler-Benz in das Werk Gaggenau verlagert. Das von anderen Traktoren völlig abweichende Konzept ist überraschend. Es ist mit hoher Endgeschwindigkeit von 50 km/h, gefederten und stoßgedämpften Achsen, Allradantrieb mit Differentialsperren vorn und hinten ausgestattet. Verfügt über eine Rahmenbauart, ein Fahrerhaus mit geschlossenem Verdeck und zwei gepolsterten Sitzen. Außerdem gibt es eine Hilfsladefläche mit 1 t Tragkraft, wobei die Gewichtsverteilung statisch 2/3 auf der Vorderachse und 1/3 auf der Hinterachse liegt. Daimler Benz entwickelt dafür den OM 636 mit 25 PS als ersten Standardmotor. Das Getriebe hat 6 Vor- und 2 Rückwärtsgänge, Zapfwelle vorn und hinten sowie eine Riemenscheibe. Der Geräteanbau ist vorn, mittig, hinten und auch seitlich möglich, die Betätigung erfolgt über einen pneumatischen Kraftheber abgeleitet aus der Druckluftbremsanlage. Es steht eine Vielzahl von Maschinen und Geräten zur Verfügung, die in enger Zusammenarbeit mit den Lieferanten aus der Industrie, speziell auf den UNIMOG angepasst worden sind. Diese erlauben erstmals neue Arbeits- und Ernteverfahren in der Ein-Mann-Arbeit.

1950

... stellt die Firma Allgaier in Uhingen, die den Traktorenbau erst 1946 aufgenommen hat, den von Prof. F. Porsche auf der Basis des „Volksschlepper" entwickelten AP 17 auf der DLG-Ausstellung in Frankfurt vor. Er besitzt einen luftgekühlten 2-Zylinder-Motor 18 PS,

Der AP 17 sorgte für Schlagzeilen, 1950.

Baars Frontlader am Ferguson-Traktor.

ein 5-Ganggetriebe in Portalbauweise, erstmals mit einer ölhydraulischen Kupplung des Systems Föttinger. Eine Spurverstellung ist durch Ausziehen der Vorderachse und durch Drehen der Hinterräder möglich – und das alles für einen, für damalige Verhältnisse, unvorstellbar niedrigen Preis von nur 4.450 DM. Er ist eine Sensation auf dem deutschen Traktorenmarkt.

Auf dieser Ausstellung gibt es noch den ersten luftgekühlten 15 PS 1-Zylinder Deutz Traktor zu sehen, eine Weiterentwicklung aus dem berühmten Bauernschlepper. Er ist mit einem 5/1-Ganggetriebe, Zapfwelle, Mähantrieb und Riemenscheibe ausgestattet. In sieben Jahren werden von diesem Modell allein 37.000 Stück hergestellt. Der Motor stammt aus der Baukastenreihe 514. Er steht mit 1 bis 6 Zylindern zur Verfügung.

Später bauen auch MWM, Porsche und andere diese robusten luftgekühlten Motoren für Traktoren.

Eine wesentliche Erweiterung der Einsatzmöglichkeiten der Traktoren bieten die ersten Frontlader. Baas präsentiert ihn mit einer gebogenen Schwinge zum Ferguson Traktor. Bei Hanomag gibt es einen Eigenbau in Gitterrohr-Rahmenkonstruktion. Alle werden in Frankfurt erstmals der Öffentlichkeit vorgestellt.

Hanomag Frontlader – Eigenkonstruktion.

... besteht in England erstmals die Nachfrage nach Großtraktoren. Daraufhin entwickelt die Firma Doe, nach einer Idee des Farmers G. Pryor aus der Grafschaft Essex, den Triple-D aus Fordson-Major-Teilen. Dazu werden zwei 52-PS-Traktoren ohne Vorderachsen hintereinander über ein Drehgelenk verbunden und über eine Knicklenkung gesteuert. Der Fahrer sitzt dabei auf dem hinteren Traktor. Diese Traktoren sind 8 Jahre lang im Angebot.

Doe Traktor in England.

1951

... entwickelt Holder in Metzingen aus dem Einachsschlepper den ersten vierradgetriebenen Knickschlepper mit dem Motor vor der Achse und vier gleich großen Rädern. Eine Bauart, die in den Sonderkulturen trotz der üblichen Schmalspurschlepper unentbehrlich wird, und dabei gleichzeitig der Anstoß für viele Hersteller in Italien und Spanien ist.

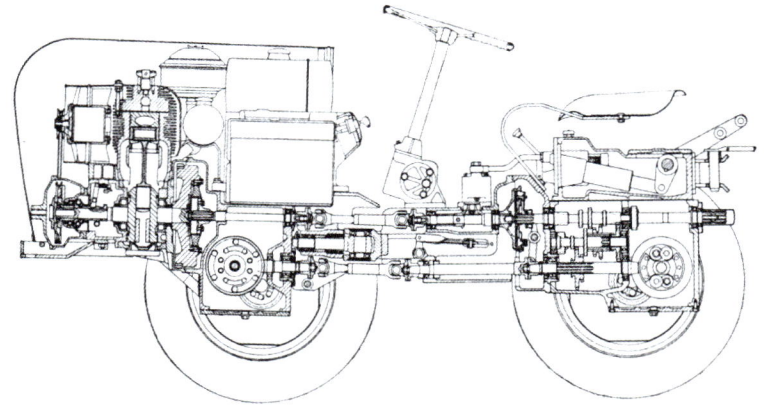

Später werden in den USA und Kanada große Knickschlepper nach dieser Bauart mit mehreren 100 PS entwickelt und auf den Farmen eingesetzt. Hersteller sind unter anderem die Firmen John Deere, Steiger und Versatile.

Schnitt vom ertsen Holder-Traktor mit Knicklenkung, 1951.

... beginnt mit der Entwicklung der Geräteträger eine völlig neue Ära im Traktorenbau. Wesentliche Neuerungen sind dabei die Anordnung der Geräte im Blickfeld des Fahrers und die Möglichkeit mehrere Geräte zu kombinieren.

Schnitt vom Ferguson FE 35.

Andere Hersteller bringen den sogenannten Tragschlepper als Alternative auf den Markt.

Die großen internationalen Hersteller von Standardtraktoren bleiben von diesen, zuerst in Deutschland, beginnenden Entwicklungen unbeeindruckt.

Sicherlich betreiben auch sie Zukunftsforschung – wie eine Zusammenstellung, die keinen Anspruch auf Vollständigkeit erhebt.

Der mit Abstand größte Erfolg gelingt Ferguson mit 650.000 Auslieferungen von TE- und TO-Traktoren in der Zeit von 1946 bis 1956. Danach können mit veränderter Technik bis 1961 fast 500.000 MF 35 und bis 1975 noch einmal mehr als 250.000 MF 135 verkauft werden. Hinzu kommen in der gleicher Bauweise wie die TO-Traktoren 300.000 (in den USA gebaute) 9N von Fordson. Zuletzt wurden noch weitere 440.00 nicht mehr lizenzierte N8 gebaut.

Ferguson Traktor.

Die Ferguson-Traktoren werden zu dieser Zeit bereits in 76 Ländern der Erde eingesetzt. Das

Ferguson-System ist die erste „full-line" mit Traktor und 25 Anbaugeräten, hauptsächlich für die Bodenbearbeitung, Bestellung und Pflege. Dazu gibt es Frontlader, Kartoffelroder, Hitch-Anhänger, Erdbohrer und andere Geräte.

Zu einem Zeitpunkt, als es in Deutschland erst 600.000 Traktoren im Bestand gibt, von denen kaum jeder sechste einen hydraulischen Kraftheber besitzt, hat

Ferguson über eine Million Traktoren mit Regelhydraulik in 142 Ländern der Erde im Einsatz. Deshalb meinten schwedische Agrarexperten auf dem Zentrallandwirtschaftsfest 1957 in München, dass die deutschen Traktorenbauer besonders schlau seien. Sie verkaufen mehr als eine halbe Million Traktoren ohne Hydraulik und wissen, dass sie die gleiche Anzahl mit Hydraulik noch einmal verkaufen werden.

Was ist das Besondere am Ferguson-Traktor? Er verfügt über einen laufruhigen Vierzylindermotor mit 27 PS, später als FE 35 mit 34 PS. Er ist zuerst mit 4/1- und danach 6/2-Ganggetriebe ausgestattet, mit Zapfwelle, verstellbarer Vorderachse mit Abstützung zum Getriebe, achtfach Spurverstellrädern hinten, und einer Dreipunktkupplung. Des Weiteren besitzt er einen hydraulischen Regelkraftheber, der über den Pflugwiderstand die Hinterachse zusätzlich belastet, damit die Zugleistung erheblich verbessert und ein Aufbäumen des Traktors verhindert.

Zur gleichen Zeit bietet Ford aus englischer Produktion mit dem „Fordson Major" eine ähnlich erfolgreiche Maschine an, jedoch mit 48-PS-Motor.

Ford Modell N 9, Lizenz Ferguson.

Fordson Major aus England.

1958

... bringt Massey Ferguson den MF-65 mit 48 PS in den Wettbewerb, von dem bis 1965 fast 120.000 Einheiten verkauft werden.

Ford liefert im Gegenzug den „Dexta" mit 32-PS-3-Zylindermotor, so dass beide Wettbewerber je ein Konkurrenzmodell anbieten.

MF-65-Traktor.

Zusammen mit den Firmen David Brown, Ford, IHC, Marshall, Massey Ferguson und Nuffield sowie einigen Spezialanbietern, wird England der mit Abstand größte Traktorenbauer in Europa und kann weltweit exportieren.

Fordson Dexta.

1960

hat das süddeutsche Unternehmen Schlüter schon den ersten 100-PS-Traktor und 1978, mit dem „Supertrac" 5000 TVL, einen 500-PS-Traktor im Programm. Letzterer ist der stärkste bis heute in Deutschland und Europa gebaute Traktor.

1965

führt Massey Ferguson mit der 100er Reihe erstmals eine einheitlich gestaltete, leistungsmäßig abgestufte Modellreihe ein. Diese besteht aus acht Typen von 28 PS bis 100 PS und wird nach zwei Jahren nach oben erweitert.

folgt Deutz mit der aus einem Guss aufgebauten Baureihe 06 unter dem Slogan „Premiere einer neuen Kraft" mit sechs Modellen. Davon sind vier zusätzlich mit Allradantrieb in einer Leistungsbreite von 22 PS bis 92 PS ausgerüstet. Sie wird in den folgenden Jahren bis 130 PS erweitert.

Mit der Einführung des Baukastensystems für eine komplette Traktorenreihe, geht die Entwicklung einzelner Traktormodelle endgültig zu Ende.

Deutz Traktor, Baureihe 06.

1970

stellt Hanomag in Hannover den Traktorenbau wegen Unwirtschaftlichkeit ein, obwohl gerade kurz zuvor die neuen 6-Zylinder-Modelle Brillant und Robust mit großem Aufwand entwickelt worden waren.

Hanomag-Traktoren – die letzten Modelle.

Motorentechnik im Zeitraffer

Zu Beginn der Traktorenentwicklung werden nur Vergasermotoren verwendet – in den USA sogar bis Ende der 40er-Jahre. In Europa setzt man schon in den **30er**-Jahren Dieselmotoren ein. Anfänglich haben sie eine Verdampfungskühlung, später werden sie nur noch als Reihenmotoren mit 1- bis 6-Zylindern, wahlweise mit Wasser- oder Luftkühlung, hergestellt. Weil luftgekühlte Motoren schneller ihre Betriebstemperatur erreichen, baut man den wassergekühlten einen Thermostat ein, um deren Nachteil wieder auszugleichen. Nun werden nur noch flüssigkeitsgekühlte Motoren verwendet, da sie bei kleinem Bauvolumen wesentlich höhere Leistungen erbringen. Heute spielen luftge-

kühlte Motoren im internationalen Traktorenbau nur noch eine untergeordnete Rolle.

Mit Beginn der **70er**-Jahre werden zur Leistungssteigerung aufgeladene Motoren, und ab den **80er**-Jahren Motoren mit Ladeluftkühlung, eingesetzt. Aufgeladene 4-Zylindermotoren mit 6-Zylinder Saugmotoren um die 100 PS sind im Wettbewerb.

Ziele der Entwicklung sind laufruhige Motoren mit niedrigem Kraftstoffverbrauch bei geringstem Schadstoffausstoß. Ab den **90er**-Jahren werden sogenannte Constat-Power-Motoren eingebaut, die hohe Durchzugskraft bei steilem Drehmomentanstieg aufweisen und eine hohe Leistung über einen weiten Drehzahlbereich gewährleisten.

Motor mit Verdampfungskühlung.

Luftgekühlter Motor.

moderner wassergekühlter Motor.

Bei den Getrieben fordern die Landwirte eine enge Getriebeabstufung mit vielen Gängen zur bestmöglichen Anpassung der Geräte und Maschinen bei den unterschiedlichen Feldarbeiten. Diese Anforderungen werden mit vierstufigen Getrieben erreicht. Die einfachen Schieberad-Getriebe werden zunehmend durch Synchron-Getriebe abgelöst. Eines der ersten Ziele – nämlich das Weiterlaufen zapfwellenangetriebener Geräte beim Anhalten – konnte mit Hilfe der Doppelkupplung erreicht werden, was die Verbreitung gezogener Mähdrescher erheblich unterstützte.

Die Zugkraftunterbrechung wird bei Kupplungsbetätigung durch Lastschaltgetriebe verhindert. Das sind 6- oder 8-Gang-Getriebe

mit einem zusätzlichen Gruppenvorschaltgetriebe mit 3- bis 4-Stufen, sodass zunächst 12/6- oder 16/8-Ganggetriebe zur Verfügung stehen.

1954 bringt deshalb die IHC das erste unter Last schaltbare 2-Stufen-Getriebe mit dem Namen „Torque Amplifier" in den USA auf den Markt. **1958** folgt Ford mit dem „Select-O-Speed" Getriebe, bei dem alle zehn Vorwärtsgänge durchgehend unter Last geschaltet werden können – das Modell ist jedoch noch nicht ausgereift ist. Nahezu alle amerikanischen Firmen folgen diesem Trend. **1962** bietet Massey Ferguson mit dem „Multi-Power" Getriebe

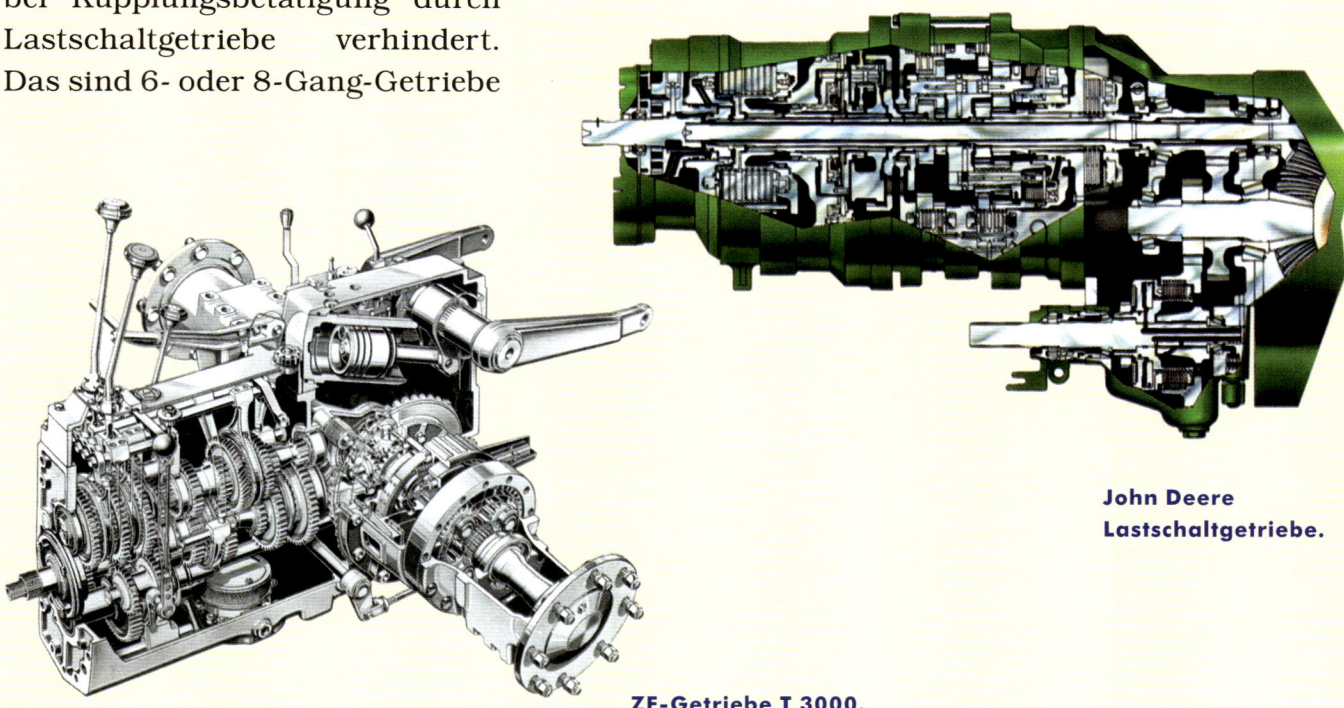

**John Deere
Lastschaltgetriebe.**

ZF-Getriebe T 3000.

auch eine 2-stufige Lastschaltung an, davon werden in der Folge mehr als 500.000 Einheiten gebaut. **1963** hat John Deere das „Power-Shift" Getriebe im Programm, bei dem acht Gänge durchgehend unter Last geschaltet werden können. Von diesem Getriebe laufen, einschließlich aller Verbesserungen, in den folgenden zwanzig Jahren etwa 250.000 vom Band. **1964** führt die IHC das „Agriomatic" Getriebe ein. Es ermöglicht eine hydraulische Drehmomentsteigerung in jedem Gang ohne zu schalten. Die Schnellstoppeinrichtung erlaubt ein sofortiges Anhalten bei Weiterlaufen der Zapfwelle. **1966** stellt die Zahn-

radfabrik Friedrichshafen die Getriebebaureihe ZF „T 3000" vor. Sie hat 2 x 6 Vorwärts- und 6 Rückwärtsgänge und bietet die Möglichkeit des Allradantriebs. Davon baut ZF in 20 Jahren mehr als 100.000 Einheiten. Seit **1968** rüstet Fendt alle Traktoren mit einer Voith-Strömungskupplung aus, was das Anfahren mit hoher Last oder an Bergen sehr schonend gestaltet.

In den USA finden immer mehr Lastschaltgetriebe Anwendung im Traktorenbau, vorzugsweise in den dort eingesetzten höheren Leistungsklassen. Oliver bietet hierfür ein 3-stufiges Modell an. Seit **1970** sind die Getriebe auch für die 200 PS Klasse ausgelegt.

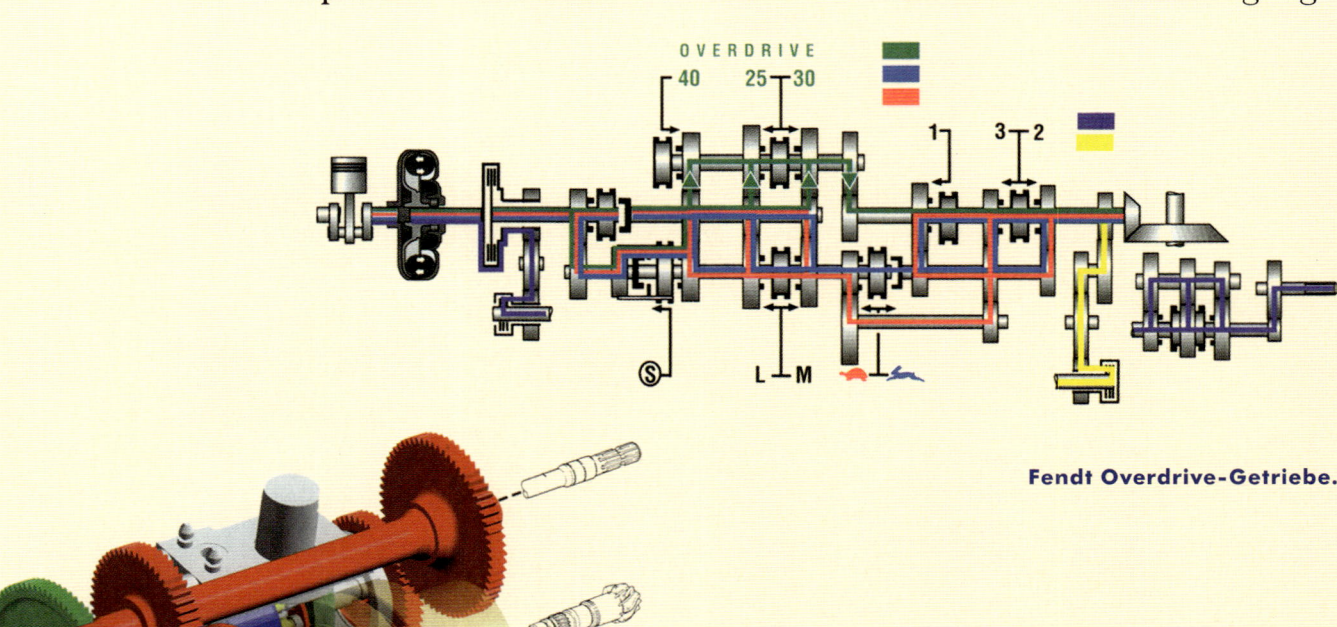

Fendt Overdrive-Getriebe.

Stufenloses Getriebe, S-matic.

Steyr führt auf der DLG-Ausstellung in Köln ein Sysnchro-Lastschaltgetriebe mit hydraulischer Kupplungsautomatik vor. Damit kann jeder Gang ohne Kupplungsbetätigung um eine Stufe reduziert werden. **1971** bietet David Brown mit dem „Hydrashift" bereits ein 4-stufiges Lastschaltgetriebe an und 1976 Allis Chalmers in den USA ein 6-stufiges. Die ZF bringt **1978** die Baureihe T 6000 für hohe Dauerleistungen im oberen Leistungsbereich heraus, die zuerst im Deutz DX 230 eingebaut wird. 1980 stellt Fendt das „Overdrive" Getriebe, ein Vollsynchrongetriebe mit 21 Vor- und Rückwärtsgängen sowie Turbomatik für die Farmer-300er-Reihe von 50 bis 86 PS vor.

Es erlaubt eine Endgeschwindigkeit von 40 km/h, hat eine Vierradbremse und bietet zugleich eine 3-fach-Zapfwelle an.

1982 entwickelt John Deere das „15 Speed Power Shift" Getriebe mit 15 unter Last durchschaltbaren Stufen ohne Kupplungsbetätigung. Dabei sind 7 Stufen für Feld- und je 4 für Zapfwellen- und Transportarbeiten gedacht. 1987 führt Case IH bei seinem neuen Modell „Magnum" wieder die Halbrahmenbauweise ein. Neu ist dabei ein 24/6-Gang-Volllastschaltgetriebe.

Massey Ferguson benutzt für seine Mittelklasse Traktoren von 68 bis 107 PS mit dem „Dynashift" ein 32/32-Vollsynchron-Ganggetriebe mit vier Lastschaltstufen, Kriechgangoptionen und Vierfachzapfwelle, das auch andere Firmen einbauen. Fendt baut für die „Favorit"-Traktoren **1987** ein „Duo-Speed"-Getriebe.

Hierbei ergänzt ein hydrostatischer Fahrantrieb das mechanische Stufengetriebe. Wenn eine besondere Zapfwellenleistung gefordert ist, erlaubt es stufenlose Geschwindigkeitsregelung.

Weil bei den Standardtraktoren mit immer größeren Vorderrädern dem Vierradantrieb besondere Bedeutung zukommt, sucht man nach Lösungen zur Erhöhung der Wendigkeit. Zur Erinnerung: **1975** ist erst ein knappes Viertel der neu zugelassenen Traktoren mit einem Vierradantrieb ausgestattet, was sich schnell ändert. **1987** sind es schon über 80 % und heute sicher etwa 95 %. Deshalb werden bei John Deere/ZF, sowie Deutz/Sige kurveninnere Lenkwinkel bei den Vorderrädern von bis zu 50 Grad eingeführt, die wieder einen größeren Lenkeinschlag erlauben und **1994** gelingt Fiat/Ford, also New Holland, mit der „Super-Steer-Achse" sogar ein Lenkwinkeleinschlag von 65 % mit einer drehschemel gelagerten Vorderachse.

Kraftheber im Zeitraffer

Je nach Typ und Fabrikat wurden die Traktoren mit einer Ackerschiene oder speziellen Anbausystemen ausgerüstet. Um diese Anbauvielfalt ab zu lösen folgte als erste Alternative der Normschwingrahmen. Da sich international bereits die Dreipunktkupplung durchgesetzt hat, wird diese nun auch für Deutschland verbindlich.

Das Ausheben und Senken der Geräte erfolgt erstmals mechanisch mit Handhebel und wird teilweise mit Federkraft unterstützt.

Auch pneumatische Kraftheber finden Verwendung – angeregt durch den UNIMOG, der anfänglich ausschließlich mit einem sol-

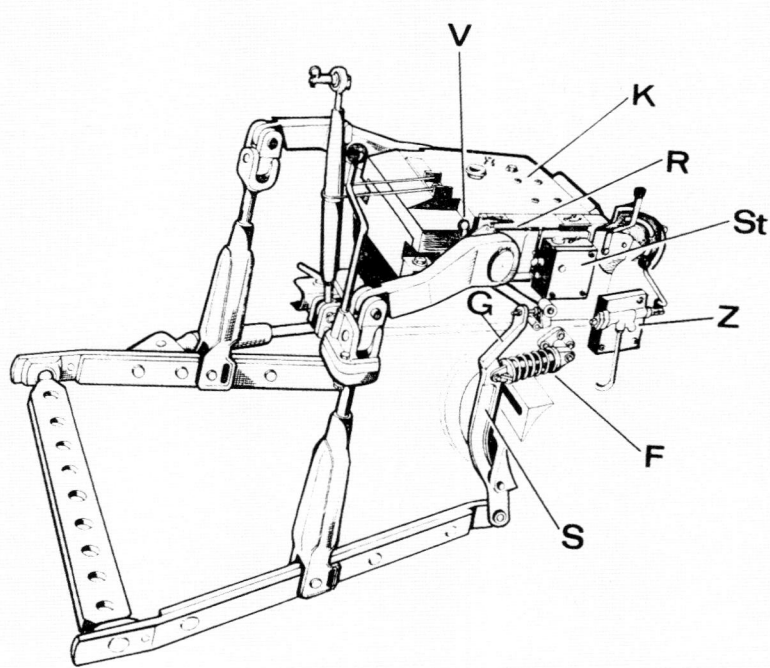

Kraftheber mit Unterlenkerregelung.

chen Kraftheber ausgerüstet ist. Bei den kleinen Traktoren fehlt für Druckluftkraftheber jedoch der Bauraum.

1962 erhält Bosch die Lizenz für die Ausrüstung der hydraulischen Kraftheber mit einer Zugkraftregelung. Danach sind fast alle deutschen Traktoren mit Regelkraftheber lieferbar. Aufgrund der Patentsituation wurden vorher nur Kraftheber mit Freigang geliefert, was beim Pflügen ein Stützrad notwendig macht. Der erste Versuch, wenigstens teilweise Kraft auf die Hinterräder zu übertragen, geht auf die 50er-Jahre zurück, als Hanomag mit dem „Pilot" und Deutz mit dem „Transferrer" eine Verbesserung hierzu anbieten.

Die Zugwiderstandsregelung bewirkt in unterschiedlichen Böden ungleiche Pflugtiefen. Deshalb rüstet John Deere seine 300er-Reihe mit einer automatischen Kombinationsregelhydraulik und Mischregelung aus, die diesen Nachteil weitgehend beseitigt.

Dem nach wie vor auftretenden Schlupf verbunden mit Bodenschäden und Reifenverschleiß, wird durch den Einsatz elektronischer Sensoren und Steuerung mit Hilfe eines Radargeschwindigkeitsmesser zur automatischen Schlupfregelung begegnet.

Anfang der **80er**-Jahre führt man die elektronische Hubwerksregelung EHR ein. Während die Arbeitshydraulik vorwiegend über Zahnradpumpen betrieben wird, kommt seit den 90er-Jahren für die vielschichtigen Aufgaben in den Traktoren zunehmend das „Load Sensing"-System über Verstellpumpen zur Anwendung. Es ist funktionell vielseitiger und dazu noch energiesparender.

Frontzapfwelle und starke Frontkraftheber gestatten, mehrere Geräte in Kombination einzusetzen, und sind jetzt auch bei Standardtraktoren mit großen Motorleistungen bis etwa 250 PS üblich. Das setzt aber auch höhere Achslasten, größere Bereifung und hydrostatische Lenkung voraus, um diese enormen Gewichte handhaben zu können. Dabei werden die Frontkraftheber zunehmend achsgeführt befestigt, damit eine noch bessere Bodenanpassung der Anbaugeräte gewährleistet ist.

Frontlader im Zeitraffer

Der Frontlader ist das Universalladegerät für Landarbeiten im kleinen und mittleren Betrieb. **1949** – von Erwin Baas in Hamburg entwickelt und eingeführt – wird dieser über die Hydraulikanlage von einem besonderen Ventil gesteuert und entsprechend über Zuleitungen und zwei einfach wirkenden Hubzylindern betrieben. Eine Haltevorrichtung am vorderen Ende der Ladeschwinge nimmt die unterschiedlichen Werkzeuge auf. Am häufigsten verbreitet sind die Stallmistgabel und die Erdschaufel. Dazu kommt – angeregt aus Skandinavien und durch die „Landtechnik

Weihenstephan" weiterentwickelt – eine Erntegabel für Grünfutter, Silofutter und Heu. Auch mit Parallelführung und einer Abschiebegabel zum vollständigen Befüllen der Wagen mit Rundum-Ladegatter. Des Weiteren sind eine

Arbeiten mit dem Frontlader.

Rübengabel, und Ladezange zum Anheben und Laden von Säcken und Stämmen vorhanden. Es gibt sogar eine spezielle Erntegabel mit seitlich angebrachtem Messer und Fangbügel zum Ernten und Laden von Silomais auf kleinen Flächen. Zur Optimierung der vielfältigen Frontladereinsätze entwickelt man spezielle Fahr- und Ladetechniken. Diese Verbes-serungen bewirken, dass bereits **1977** rund 170.000 Frontlader in Deutschland im Einsatz sind. In den folgenden Jahren werden bis **2007** etwa weitere 200.000 auf den Markt gebracht.

Heute haben alle ausgelieferten Frontlader hydraulische Werk-zeugbedienung und hydraulische Parallelführung, dazu doppelt wirkende Hubzylinder.

Fahrerplatz im Zeitraffer

1970 wird der OECD-Pendelschlagtest bei Traktorkabinen Pflicht in Deutschland – in Schweden gilt diese Regelung bereits seit **1959**. Erinnern wir uns an die Entwicklung zum Fahrerstand.

Moderner Fahrerplatz.

Stahlfeder und eine flache Sitzmulde sowie zwei Bleche zum Abstellen der Füße, links und rechts neben dem Getriebe in Pedalnähe, bilden den ersten Fahrerplatz. Danach folgt die Sitzmulde mit Polsterkissen und der Öldruckstoßdämpfer.

Als Wetterschutz dient ein Wetterdach mit Frontscheibe, welches man mit zusätzlichen Kunststoffteilen und Fenstern zur Verdeckkabine ausbauen kann. Eine Verbesserung des Fahr- und Bedienungskomforts wird mit der Verlegung der Schalt- und Bremshebel sowie der übrigen Bedienelemente nach rechts erreicht, so dass ein freier Platz vor dem Fahrer zum Durchstieg entsteht und ein geschlossener Fußboden zwischen den Kotflügeln möglich wird.

Dies ist die Basis für die Komfortkabinen mit luftgefedertem Sitz, Klimaanlage, allen Instrumenten im Blickfeld und ergonomisch optimal erreichbaren Bedienelementen in der rechten Armlehne und am Kotflügel. Kurzum LKW-Komfort, der dem Fahrer ein weitgehend ermü-

dungsfreies Arbeiten in angenehmer Umgebung gestattet.

1987 zur SIMA zeigt Renault als erster eine serienmäßige Traktorkabine mit langhubiger Federung und Dämpfung.

Für Service oder Reparaturen können die Kabinen zur Seite oder nach Hinten gekippt werden.

Beste Sicht nach allen Seiten und auf Frontgeräte bieten nun schmale, nach vorn abfallende Motorverkleidungen.

Der zusätzlichen Erhöhung des Fahrkomforts dienen gefederte Vorderachsen mit Schwingungstilgung, so dass trotz schwerer Anbaugeräte die volle Transportgeschwindigkeit genutzt werden kann. Einige Firmen bieten bei besonderen Modellreihen Rückfahreinrichtungen mit komplett drehbarem Fahrerstand. In weniger als einer Minute kann der Fahrer von Front- auf Schubfahrt umstellen und hat dabei beste Sicht auf seine Geräte wie den Anbau-Feldhäcksler, die Schneefräsen oder das 8 m breite Mähwerk.

Elektronik im Zeitraffer

Die ersten Einrichtungen dienen der Kontrolle und Überwachung des Traktors. Anschließend erfolgt die Weiterentwicklung zu einem kompletten Fahrerinformationssystem hinsichtlich Motoren- und Zapfwellendrehzahl, Fahrgeschwindigkeit, Radschlupf, Flächenleistung usw. Erweiterungen Mitte der **80er**-Jahre werden mit Signalsteckdosen angebracht, die zusätzliche Informationsangaben über die folgenden Bereiche ermöglichen: Bodenbearbeitung, Erhöhung der Auslastung, Senkung der Schlupfverluste bei der Ausbringtechnik, der Aussaat- und Düngermenge sowie den Pflanzenschutzmitteln. Bei der Erntetechnik erreicht man so eine Schlagkrafterhöhung durch Grenzlastregelung. Weil die unterschiedlichen Systeme nicht kompatibel sind, wird der Ruf nach einer standardisierten Schnittstelle laut. Das Ergebnis ist das **1992** eingeführte landwirtschaftliche Bussystem LBS nach DIN- und ISO-Norm mit dem CAN (Controller Area Network) BUS-System von Bosch. Schließlich wird die Elektronik auch für ein Diagnosesystem zur Unterstützung bei Wartung und Reparatur herangezogen. Mittlerweile werden die Elektronikanwendungen zu einem kompletten Traktorenmanagementsystem zusammengefasst. Motor-, Antriebsstrang- und Hubwerksmanagement mit Kommunikations- und Diagnosesystemen sind mit dem CAN-BUS-System vernetzt, über das auch Daten von fernbedient gesteuerten, traktorgezogenen Geräten und Maschinen zur Auswertung in einem Zentralrechner übernommen werden können.

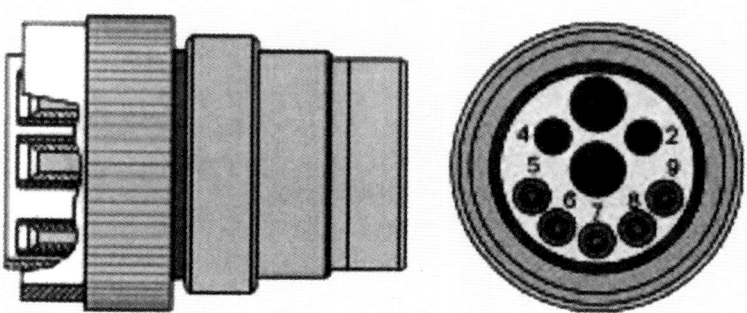

CAN-Bus-Steckdose.

Seit den ersten Versuchen mit der Luftbereifung bei Traktoren **1928** haben die Traktorreifen eine enorme Entwicklung durchlaufen. Man denke dabei nur an den ständig zunehmenden Anstieg der Traktorengewichte seit **1950** oder an die starke Tendenz zum Allradantrieb seit **1970**. Dazu kommt die Erhöhung der Fahrgeschwindigkeiten von zuerst 20 km/h auf nunmehr 50 km/h – jetzt gibt es bereits die ersten Traktoren mit 60 km/h. Die Entwicklung ist weiterhin getrieben von der Forderung nach einer guten Zugkraftübertragung bei möglichst großer Bodenschonung sowie eine einwandfreie Straßentauglichkeit bei hohen Transportgeschwindigkeiten.

Die letztgenannten Forderungen haben entscheidenden Einfluss auf die Profilgestaltung sowie auf den jeweils richtigen Luftdruck. Für den Wechsel des Luftdrucks während des Einsatzes können die Traktoren mit Reifendruckregelanlagen ausgerüstet werden.
Breite Niederdruckreifen für schwere Zugarbeiten sowie schmale Reifen zur Bearbeitung von Reihenfrüchten stehen in einer Vielzahl von Dimensionen zur Verfügung. Etwa ab **1970** werden die schlauchlosen Radialreifen eingeführt, die heute den Markt beherrschen. **1985** liegt, nach Angaben der Reifenindustrie, der Anteil im Erstausrüstergeschäft bei 54 % und im Ersatzgeschäft bei 34 %. **2006** haben sich die Anteile auf 95 % sowie 70 % verändert.

Daneben gibt es mehrere Spezialreifen für den Forsteinsatz, extrem breite Terrareifen für wenig tragfähige Böden und Grünlandreifen mit niedrigeren Stollen zur Schonung der Grasnarbe. Zur Verminderung des Bodendrucks bei Bestellarbeiten werden die Reifen in Zwillings- oder sogar Dreifach-Anordnung eingesetzt.

Großvolumiger Reifen mit hoher Tragfähigkeit.

Wie es weitergeht...

Die weit verbreitete, selbsttragende Blockbauweise bei den Standardtraktoren bekommt nun Konkurrenz durch die Halbrahmenverwendung der Case IH Modelle „Magnum" und „Maxxum" die bereits 1987 eingeführt werden.

1992

... überrascht John Deere die Fachwelt mit zunächst zwei Modellreihen, 6000 und 7000, in Vollrahmenbauweise. Diese erlaubt gleichzeitig den modularen Aufbau der Traktoren also die Verwendung von 4- oder 6-Zylindermotoren, einem Getriebe mit oder ohne Zusatzgetriebe, die Nachrüstbarkeit und einen einfacheren Frontladeranbau, um nur einige Beispiele zu nennen. Das ermöglicht einerseits hohe Flexibilität in der Produktion und Weiterentwicklung sowie andererseits rasche Anpassung an die komplexen Marktanforderungen.

Schnitt: John Deere 6000er-Baureihe.

Der „PowerQuad" in der 6000er-Reihe verfügt über bis zu 24 Gänge einschließlich der Reversierschaltung, bei der unter Last ohne zu kuppeln geschaltet werden kann. Das neue „Powershift" der 7000er-Modelle bietet 19 Gänge zwischen 0 und 40 km/h, die ebenfalls ohne Kupplung geschaltet werden können.

Die Traktorbelastung ist durch die immer schwerer werdenden Anbaugeräte von etwa 260 kg im Jahre 1970 auf nahezu 4.000 kg in der heutigen Zeit plus zusätzlicher Belastung im Frontanbau von derzeit etwa 3.000 kg (z. B. ein Frontsätank mit 2.500 Liter Fassungsvermögen) gestiegen. Dies führt zu immer höheren Traktoreigengewichten, denen durch die Rahmenbauweise begegnet werden soll.

Auch die 1994 folgende 8000er-Reihe ist in Rahmenbauweise ausgeführt, jedoch mit weit vorgebautem Motor. Die ausgewogene Gewichtsverteilung sorgt für eine hohe Zugkraft. Durch die spezielle Rahmenausführung wird, trotz großer Vorderräder, eine gute Wendigkeit erreicht.

1993

Fendt Favorit 800.

... präsentiert Fendt die Baureihen „Favorit" 500 c und 800 in Blockbauweise erstmalig mit einer niveaugeregelten hydropneumatischen Vorderachsfederung und einer Höchstgeschwindigkeit von 50 km/h. Bei dem „Turboshift" Getriebe werden mit nur einem Schalthebel alle 24 Arbeits- und 20 Kriechgänge, also 44 an der Zahl, geschaltet. Die vier Lastschaltstufen können per Daumenklick am Schaltknopf, die Wendeschaltung per Fingertip in Lenkradnähe ausgeführt werden. Deutz-Fahr führt bei seinem AgroStar-Modell, zur Verbesserung der Frontsicht auf die Geräte, eine stark nach vorn abfallende Schräghaube ein. Die AgroXtra-Modelle sind bereits seit 1990 damit ausgerüstet und haben gute Markterfolge erzielt.

**Deutz Agro Xtra
mit schräg abfallender Haube.**

... stellt New Holland in London die völlig neuen identischen Baureihen G für Fiat und 70 für Ford vor. Sie werden im Konzernwerk Versatile in Kanada gebaut. Alle vier Modelle sind mit aufgeladenen Ford-Motoren ausgerüstet und verfügen über ein Funk-Lastschaltgetriebe mit 18/9 Gängen sowie Load-Sensing-Hydrauliksystem.

New Holland Fiat- und Ford-Traktoren.

... bringt Deutz-Fahr, nach Übernahme durch die Same-Gruppe auf der Agritechnica die komplett neuen „Agrotron"-Traktoren mit zunächst elf Modellen heraus. Die avantgardistisch anmutenden Traktoren verfügen alle über Schräghauben zur besseren Übersicht.

Fendt stellt dort erstmalig beim „Favorit" 926 das neue stufenlose Getriebe für 260 PS und bis 50 km/h vor. Schon 1981 begann offiziell – nach vielen zuvor angestellten Lösungsversuchen – die Entwicklung hierzu durch den Fendt-Konstrukteur Hans Marschall. Es handelt sich dabei um ein hydrostatisch-mecha-

Deutz-Traktor, Baureihe Agrotron.

nisch leistungsverzweigtes Getriebe mit hohem Wirkungsgrad. Nur ein Jahr später bringt Claas mit dem HM-8/2 ebenfalls ein solches Getriebe für das in Vorserie gebaute Selbstfahrer-System „Xerion" mit Leistungen von 190 bis 300 PS auf den Markt.

**Fendt Favorit,
Baureihe 900.**

1997

... kommt Fendt mit der Baureihe Favorit 900 zur Agritechnica. Diese umfasst vier Modelle von 170 bis 260 PS, stufenlosen Antrieb bei 50 km/h Endgeschwindigkeit und Federungssystem für Vorderachse und Komfortkabine.

Auch Steyr präsentiert dort das stufenlose „S-Matic"-Getriebe bis 150 PS Leistung in einem Geschwindigkeitsbereich von 0 bis 50 km/h.

**John Deere Traktor,
Baureihe 5000.**

Es handelt sich ebenfalls ein hydrostatisch-mechanisch leistungsverzweigtes Getriebe, das in einen Steyr CVT-Traktor eingebaut.

ZF bietet dort das neue ECCOM-Getriebe mit hydraulisch-mechanischer Leistungsverzweigung bis 150 PS an.

Im gleichen Jahr bringt John Deere zur Jahresmitte die neue 5000er-Reihe auf den Markt. Die

Maschinen werden in Italien bei Agritalia mit Carraro-Getriebe als Schmalspur- und Normal-Traktoren gefertigt. Agritalia baut auch Traktoren für die Hersteller Renault und Valtra. Seit 1993 bietet John Deere die 3000er Reihe aus der Renault-„Ceres"-Produktion an.

John Deere Traktor, Baureihe 3000 – aus Renault-Produktion.

1999

... bringt Deutz-Fahr drei Großtraktoren auf den Markt. Sie werden von 165/190PS Deutz Motoren angetrieben, aber mit Power-Shift-Getriebe, Allradvorderachse mit Träger und weiteren Teilen aus der Same-Produktion montiert.

Zusätzlich ist der Deutz AgroStar 8.31 A mit 260-PS-Motor und 18/9-Gang-Powershift-Getriebe aus der US-Produktion im Programm. Dieser Traktor wird derzeit von Agco-Allis, Agco-White, Deutz-Fahr, Same (265 DT-A), Lamborghini (Traction 265) sowie von Massey Fergu-

Version Same-Traktor.

son (MF 9240) mit entsprechenden Anpassungen angeboten. Er
ist also eine Art „Chamäleon"-
Traktor. Dies ist Ausdruck einer
zunehmenden Kooperationsbe-
reitschaft der Traktorenhersteller, insbesondere bei Getrieben
und Motoren.

Version Lamborghini-Traktor.

John Deere zeigt auf der EIMA
2002 die neue, in Mannheim entwickelte und ab 2003 gefertigte
Baureihe 5020 im Leistungsbereich von 72 PS, 80 PS und 88
PS mit 4-fach-Lastschaltung, 4-
Rad-Antrieb und Komfortkabi-
ene. Sie profitiert von der hohen
Komponenten-Modularisierung.

Version Hürlimann-Traktor.

2000

... und in den folgenden Jahren haben alle, auch die hier nicht genannten Firmen, ihre Traktorreihen erneuert und erheblich verbessert, so
dass der jeweilige technische Vorsprung nach ein bis zwei Jahren
wieder aufgeholt ist.

2003

... übernimmt Claas bei der Übernahme die Renault-Technik, aber in
saatengrüner Farbe. Nach den neuen „Nectis" Schmalspurtraktoren
folgt ...

... die überarbeitete „Ares" Baureihe mit dem „Hexactiv"-24/24-Gang, 6-fach-Lastschaltung und vier automatisierten Gruppen.
CNH bringt mit einheitlicher Plattform die NH TSA-, Cas IH MXU- und Steyr die Profi-Reihe mit 100 bis 136 PS.

Fendt Xylon Systemtraktor.

Fendt meldet die Produktionseinstellung der „Xylon"-Freisicht-Traktoren und der Geräteträger. Aus der Schweiz kommt der „Rigi"-Trac mit niedrigem Schwerpunkt, Drehgelenk in Fahrzeugmitte, Allradantrieb mit Allradlenkung, stufenlosem Antrieb und 129 PS.

Claas-Traktor, Baureihe Ares.

2005

... gibt John Deere die Produktion des 350.000sten Traktores der 6000er-Reihe bekannt.

Massey Ferguson führt bei der 7400er- und 8400er-Reihe das „Dyna – VT" stufenlose Getriebe auf Fendt-Basis ein.

2006

... hat Fendt alle stufenlosen 5 „Vario"-Baureihen mit 21 Modellen komplett und in einer Leistungsbreite von 110 bis 330 PS im Angebot.
Same bietet auf einheitlicher Plattform die stufenlosen Traktoren Deutz-Fahr „Agrotron", Lamborghini „Silver" und Same „Diamond".

**Claas-Traktor,
neue Baureihe Axion.**

Mc Cormick bringt eine 8-fach-Lastschaltung an und JCB seinen „Fastrac" mit stufenlosen Fendt-Getriebe bis 65 km/h heraus.

Claas stellt als erste komplette Eigenentwicklung die „Axion"-Baureihe mit 5 Modellen von 163 bis 225 PS mit „Hexashift"-Getriebe vor und kündig den stufenlosen Antrieb ab 2007 an.

New Holland führt 2006 die neue Traktorenbaureihe T 8000 als Nachfolger der TG-Traktoren ein. Die Leistungen: 247 PS, 273 PS und 303 PS.

Wie in der Automobilindustrie üblich, haben die neuen Gruppierungen die Plattformstrategie unter weitgehender Verwendung baugleicher Hauptkomponenten für eine wirtschaftliche und effiziente Produktion eingeführt. Durch ein unterschiedliches Erscheinungsbild und variierende Farbgebung bleibt eine gewisse Produktdifferenzierung der einzelnen Marken erhalten.

Alle neuen technischen Entwicklungen in Richtung Automatisierung und Fahrerentlastung, unterstützt durch eine hohe Elektronikanwendung, haben dazu geführt, dass der Traktor heute zum komplexesten Fahrzeug überhaupt werden konnte.

Wohin werden sich künftig die Traktoren entwickeln?

Zunächst muss festgehalten werden, dass sich die durchschnittliche Motorleistung von 1954 mit 16 PS auf 117 PS in 2005 entwickelt hat. Die Zeitschrift PROFI hat in einer Umfrage nach dem Traktor 2030 folgende Ergebnisse ermittelt: 71 % erwarten die Hauptstückzahl bei 200 PS, 73 % stufenlosen Fahrantrieb, 72 % stufenlose Zapfwellen, 84 % Kabinenfederung,

71 % automatische Lenksysteme und 61 % erste fahrerlose Traktoren. Nur 48 % glauben an das Grundkonzept des Standardtraktors.

Sicher wird es noch etwa 15 bis 20 Jahre bis zur Einführung der Brennstoffzelle dauern. In der Zwischenzeit wird bei Großtraktoren der dieselelektrische Antrieb mit Generator und Radnabenmotoren eingeführt werden. Daran wird in verschiedenen Firmen bereits gearbeitet. Er wird bei den selbstfahrenden Arbeitsmaschinen, wegen der einfacheren Lösung der Nebenantriebe, wesentlich früher eingesetzt werden können.

Nachdem die Landwirtschaft ein Transportgewerbe wider Willen ist, ist die Forderung nach hohen Transportgeschwindigkeiten verständlich. Durch die stetig ansteigenden Ernteerträge muß immer mehr Tonnage in kurzer Zeit vom Feld abgefahren werden. Die Traktoren sind technisch dafür vorbereitet größere Lasten sicher und schnell zu transportieren.

Am Transportaufkommen mit mehr als 400 Mio Tonnen im Jahr liegt die Landwirtschaft weit vor dem Bahntransport und der Binnenschiffahrt. Das verändert sich natürlich wenn man nach Tonnenkilometern rechnet, denn die Feld-/Hof-Entfernung verkürzt sich auf durchschnittliche vier Kilometer Wegstrecke.

Ein Claas „Lexion 600" drischt eine Tonne Getreide in nur einer Minute, und ein 1.000 PS starker Krone-BIG-X-Häcksler erntet in einer Stunde 100 Tonnen Grünfutter. Normale landwirtschaftliche Anhänger mit 5 Tonnen Nutzlast schaffen das nicht mehr, denn sie sind in 90 Sekunden befüllt.

Daher haben Spezialisten unter den Wagenbauern wie Fliegl oder Tebbe 70-Kubikmeter-Fahrzeuge geschaffen.

Hohe Mähleistungen der selbstfahrenden Mäher begegnet jetzt Pöttinger mit einem 100-Kubikmeter-Ladewagen mit 30 Tonnen Gesamtgewicht Ein ROPA Reinigungslader schafft 350 Tonnen Zuckerrüben in einer Stunde. Hierfür stehen hochtechnisierte Logistikketten in enger Kooperation mit Zuckerfabriken, Rodegemeinschaften und Spediteuren zur Verfügung. Aber ein Drittel aller landwirtschaftlichen Transporte fällt auf Flüssig- und Festmist. Dafür stehen Sattelauflieger und auch Selbstfahrer zur Verfügung, deren Pumpanlagen einen 20-Kubikmeter-Tank in gut 1,5 Minuten befüllen können.

Geräteträger/Tragschlepper

Die Idee des Geräteträgers geht auf eine Entwicklung bis in die 30er-Jahre zurück. Der Landwirt Endres aus Ochsenfurt stellte bereits 1936 ein, als „Packesel" bekanntes, Fahrzeug vor. Dieser Urvater der Geräteträger ist eine Rahmenkonstruktion mit Viergang-Wendegetriebe, 16-PS-Deutz-Motor und Portalachsen. Serienmäßig ist er mit Zapfwelle und Riemenscheibe sowie einer nach drei Seiten kippbaren Ladepritsche mit 1.500 kg Tragkraft ausgerüstet. Für den Zweirichtungsbetrieb stehen dem Fahrer zwei gegenüberliegende Sitzbänke zur Verfügung.

1938

... hat auch eine der Studien zum „Volksschlepper" von Professor Porsche, nämlich der Typ 110-S, ein Zentralrohr als Verbindung zur Vorderachse mit einer darüber liegenden Ladepritsche. Sie ist vor dem Fahrersitz angeordnet. Neben diesem befindet sich der 12-PS-Benzinmotor.

„Packesel" – von Primus gebaut.

1948

... entwickelt die Firma Gutbrod in Plochingen einen Geräteträger mit dem Namen „Farmax". Vorbild für den Entwurfskonstrukteur Martin Hauser aus Giengen an der Brenz war nachweislich der „Packesel" und der Porsche 110 S. Beim „Farmax" sind Motor, Getriebe und Portalachsen zu einem Block verschraubt. Dahinter befindet sich der Fah-

Gutbrod Farmax.

rersitz und davor eine Ladepritsche, bei der man den Boden zur Sicht auf die Geräte in Segmenten entfernen kann. Aber auch dieses Fahrzeug, das aus einem Einachstraktor entwickelt wurde, ist mit 10 PS und nur 850 kg Eigengewicht zu leicht für den rauen Einsatz in der Landwirtschaft. Insgesamt wurden nur etwa 100 Fahrzeuge dieses Typs gebaut.

1951

Die Heinrich Lanz AG stellt auf der DLG-Ausstellung in Hamburg den ersten „Alldog", eine Konstruktion von Prof. Wilhelm Knolle, vor. Bei diesem Fahrzeug verwendet man ein 6/1-Gang-Portalachsgetriebe mit einem seitlich vom Fahrersitz angeordneten Vergasermotor mit 12/13 PS, der über einen Doppelholmrahmen mit der Vorderachse

Lanz Alldog.

verbunden ist. Der lange Radstand und die hohe Bodenfreiheit unter dem Rahmen ermöglichen einen Anbauraum zwischen den Achsen, über dem zusätzlich eine abnehmbare Ladepritsche angebracht werden kann. Alle Geräte, die einer Kontrolle bedürfen, liegen somit im Blickfeld des Fahrers. Hinzu kommen noch die Anbaumöglichkeiten am Heck und vor der Vorderachse, so dass mehrere Geräte in Kombinationen zusammengefasst eingesetzt werden können. Sogar der Einbau von Vollerntemaschinen für Kartoffeln und Zuckerrüben ist möglich. Damit soll den vielen kleinen Familienbetrieben eine optimale und zugleich vollständige Mechanisierung bei der Ein-Mann-Arbeit sowie die Einsparung von Arbeitsgängen ermöglicht werden. Leider ist die Motorleistung zu schwach und die Konstruktion trotz Nachbesserungen noch nicht ausgereift, so dass die Produktion bereits im Jahr 1957 eingestellt wird.

Ruhrstahl
Landmaschine.

Ebenfalls in Hamburg zu sehen ist, die „Ruhrstahl-Landmaschine" der Ruhrstahl AG, Witten, nach einer bereits 1949 entwickelten Idee und Konstruktion von Heinrich Hildebrand.

Typische Merkmale bei dieser Konstruktion sind ein stark nach oben gekröpfter Doppelrahmen, große Bereifung und der hinter dem Fahrersitz montierte 22-PS-Henschel-Dieselmotor. Neben einem 4-Gang-Wendegetriebe gibt es auch eine zentrale Hydraulikanlage mit der die durchweg 3 m breiten Arbeits-Geräte an den drei Anbauräumen bedient werden können. Die Vorderräder sind einzeln teleskopgefedert, davor lässt sich eine hochklapp- und abnehmbare Hilfsladefläche anbringen. Auch hier ist die Forderung nach unbedingter Ein-Mann-Arbeit sowohl beim Fahrzeug als auch den Schnellkupplungen für die Geräte erfüllt. Mehrere Gerätehersteller wie Lemken, Braun, Jacobi, Weiste und Busatis haben hier bereitwillig mitgearbeitet. Obwohl dieser Geräteträger mit den wichtigsten, speziell angepassten Geräten mit etwa 19.000 DM im Vergleich zu normalen Traktoren sehr teuer ist, können auf der Ausstellung wegen des überzeugenden Konzeptes 350 Maschinen verkauft werden. Doch auch die Ruhrstahl AG stellt nach wenigen Jahren die Produktion der in Kleinserie gebauten Landmaschine ein. Der Konzern wendet sich lohnenderen Aufgaben zu.

1948

Geräteträger Allis Chalmers G, USA.

... gibt es in den USA einen Traktor in ähnlicher Bauart, mit einer etwas geringeren Motorleistung von 15 PS: den „Allis Chalmers G". Dieser Geräteträger ist für den Einsatz in Gärtnereien und zur Pflege kleinerer Felder gedacht. Bei ihm können die Arbeitsgeräte nur zwischen den Achsen angebaut werden. Die Gerätebetätigung erfolgt über einen Handkraftheber. Auch die Herstellung dieses Modelles wird bereits 1955 wieder aufgegeben.

1956

... hat auch „David Brown" in Großbritannien einen Geräteträger im Programm. Bei dieser Konstruktion ist der Heckmotor-Getriebeblock über einen gekröpften Rohrholm mit der pendelnd aufgehängten Vorderachse, einer Geräteschiene und deren Lenkräder verbunden. Ein interessantes Detail ist hierbei der Druckluft-Kraftheber zur Gerätebetätigung.

Danach beschäftigen sich mehrere Firmen mit der Konstruktion von Doppelholm-Geräteträgern: Eicher ab 1953, Ritscher ab 1954 und Wesseler ab 1956.

Das Besondere bei Ritscher ist, der teleskopierbar ausgeführte Rahmen. So kann der Radstand je nach Einsatz und Gerät verändert werden. Weil man in den nachfolgenden Modellen eine Dreipunktkupplung für den Anbau der Zwischenachsgeräte

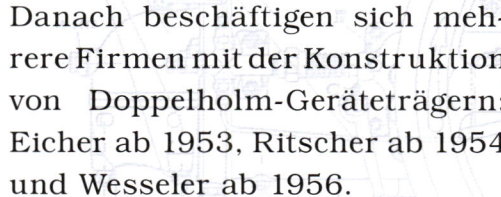

Geräteträger von David Brown, Großbritannien.

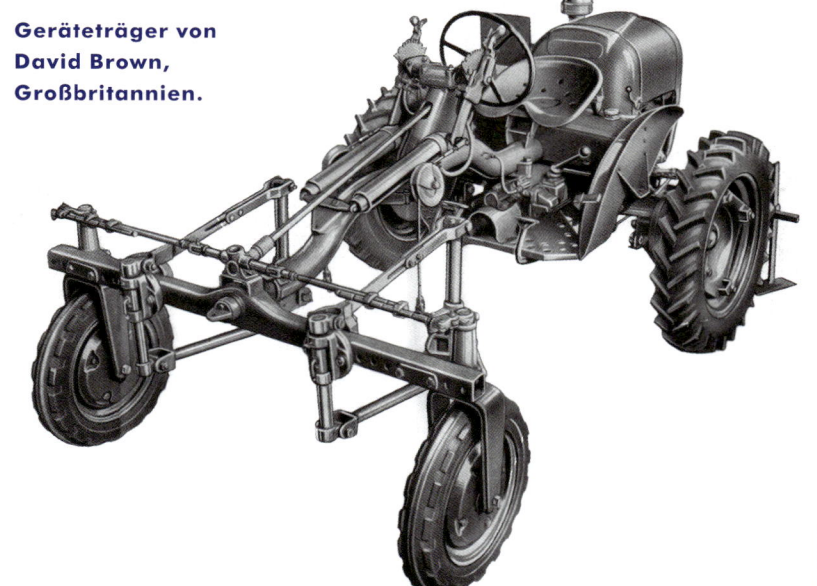

verwendet, werden nur wenige Spezialgeräte benötigt.

Auch Claas, Harsewinkel zeigt 1956 auf der DLG-Ausstellung in Hannover den „Huckepack"-Geräteträger in Doppelholmausführung. In erster Linie handelt es sich hierbei um einen Mähdrescher, dessen Fahrgestell man – nach Ausbau des Mähdreschers – auch für andere Arbeiten einsetzen kann.

Geräteträger Ritscher Multitrak.

1953

... kann sich Fendt mit dem „Einmann-System", sehr erfolgreich in diesem Marktsegment durchsetzen. Dieser Geräteträger bleibt mit erstaunlichen Verbesserungen, interessanten Stückzahlen und mit mehreren Modellen bis zur Produktions-Einstellung in 2005 als einziger auf dem Markt. Bei ihm ist der Motor mit dem Getriebe zu einem Block verschraubt und der Zentralholm über ein Drehgelenk vor dem Motor pendelnd befestigt. Weil dabei die Vorderachse starr mit dem Zentralholm verbunden ist, wird eine ausgezeichnete Führung und Bodenanpassung der Zwischenachs-Geräte erreicht. Kraftheber vorn, mittig und hinten sowie Front- und Heckzapfwelle vervollständigen dieses Universalfahrzeug. Hinzu kommt noch die, über dem Zentralholm befindliche, kippbare Ladebrücke. Die Weiterentwicklungen verfügen über Motorleistungen bis zu 80 PS. Darüber hinaus gibt es eine Variante mit verkürztem Radstand als „Freisichttraktor" sogar mit

Fendt Geräteträger.

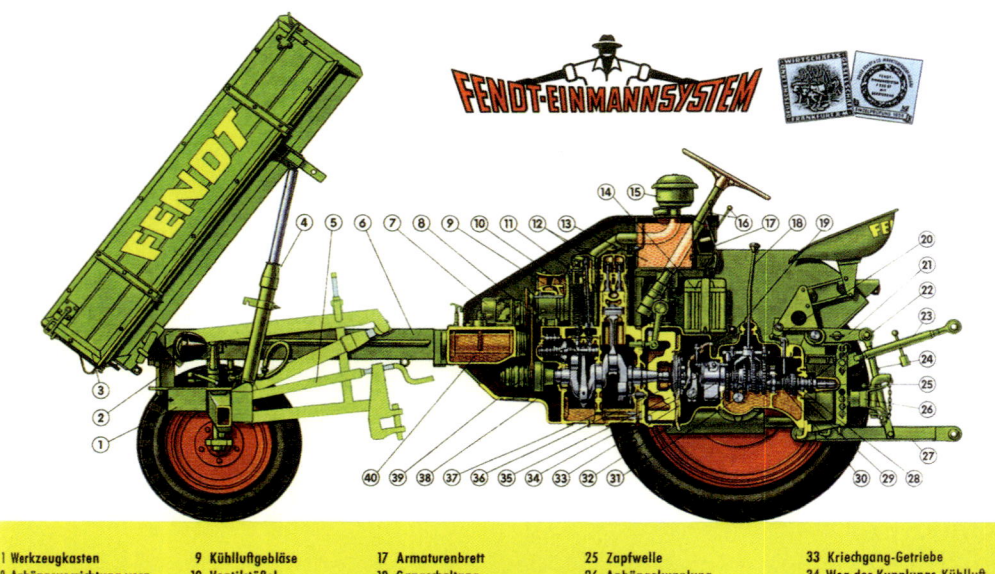

FENDT·EINMANNSYSTEM

1 Werkzeugkasten	9 Kühlluftgebläse	17 Armaturenbrett	25 Zapfwelle	33 Kriechgang-Getriebe
2 Anhängevorrichtung vorn	10 Ventilstößel	18 Gangschaltung	26 Anhängekupplung	34 Weg der Kupplungs-Kühlluft
3 Ladepritsche	11 Kolben	19 Kriechgangschaltung	27 Unterer Lenker	35 Schwungmasse
4 Hubzylinder	12 Ein- und Auslaßventil	20 Zapfwellenschaltung	28 Antrieb für Wegzapfwelle	36 Tornado-Kupplung
5 Zwischenachsgeräterahmen	13 Kraftstoffbehälter	21 Hubarme	29 Riementrieb-Kegelrad	37 Pumpe für Druckumlaufschmierung
6 Zentralholm	14 Batterie	22 Zapfwellenantrieb nach vorn	30 Antrieb für Getriebezapfwelle	38 Kurbelwelle
7 Lichtmaschine	15 Ölbad-Luftfilter	23 Oberer Lenker	31 Differentialwelle	39 Mähantrieb
8 Nockenwelle	16 Hydraulik-Schalthebel	24 Hubstreben	32 Wechselgetriebe	40 Ölbehälter für Hydraulik

**Schnitt
Fendt Geräteträger.**

Leistungen bis 115 PS, mit Allradantrieb, Getriebe mit 21 Vorwärts- und 6 Rückwärtsgängen und Geschwindigkeiten bis 40 km/h.

1955

Geräteträger von Fahr.

... präsentiert Fahr, Gottmadingen, der Öffentlichkeit einen Geräteträger mit der Bezeichnung „Gerätetrac". Bei dieser interessanten Konstruktion hat man den Motor zur besseren Gewichtsverteilung vor dem Zentralholm über der Vorderachse angebracht. Die nach zwei Seiten kippbare Ladebrücke befindet sich zwischen Fahrerplatz und Motor. Diese Konstruktion kommt jedoch über 13 Versuchsfahrzeuge, bei denen schon die wichtigsten Geräte angepasst sind, nicht hinaus.

Erwähnenswert ist auch der Einachstraktor, der von dem Konstruk-teur Egon Scheuch aus Erfurt in Zusammenarbeit mit der Auto Union/ DKW, entwickelt wird. Es handelt sich dabei um einen Motorvorderwa-gen, der mit verschiedenen landwirtschaftlichen Geräten verbunden werden kann. Er ist mit einem 6- oder 9-PS-2-Taktmotor ausgerüstet wobei der größere ein 3/1-Ganggetriebe besitzt sowie ein drittes Stütz-rad mit darüber liegendem Fahrersitz. Die Spurweite ist von 1100 auf 1600 mm verstellbar. Dieser Traktor wird später zur Grundlage für den, 1948 ebenfalls von E. Scheuch entwickelten, „Maulwurf". Hier ist der 2-Taktmotor über einen Vierkanntlängsträger, in dem Antriebs-welle und Lenkung gelagert sind, mit der Hinterachse verbunden.

1952

... wird der Maulwurf von VEB Schönebeck als Geräteträger RS 08/15 in Serie gefertigt. Dabei handelt es sich um einen Zentralholm-Geräteträger mit veränderbarem Radstand und viel Freiraum für den Geräte-anbau zwischen den Achsen.

Schnitt VEB Geräteträger RS 09/15.

Den Antrieb besorgt zunächst ein 2-Zylinder-2-Takt-Ottomotor. Bis zur Weiterentwicklung zum RS 09/15 1956 werden 5.800 Maschinen gebaut. Weil hierfür kein geeigneter Motor aus DDR-Produktion zur Verfügung steht, wird die Lizenz für einen 18-PS-Zweizylinder-V-Motor bei Warchalowski, Öster-reich, erworben. Zusammen mit dem 8-Gang-Wendegetriebe, pen-delnder Vorderachse und seinen 41 Spezialgeräten entwickelt er sich zum Exportschlager. Bis zur Produktionseinstellung 1972 werden über 120.000 Einheiten gebaut.

VEB Geräteträger RS 08/15.

Schmotzer „Kombi-Record".

In diesem Zusammenhang muss auch auf die „Schmotzer-Kombi" von 1950 hingewiesen werden, die aus der selbstfahrenden Hackmaschine aus dem Jahre 1935 entwickelt worden ist. Dieses Spezialgerät ist mit Arbeitsbreiten von 2,00, 2,50 und 3,00 m angeboten worden. Es kann mit Drillmaschine, Einzelkornsägerät, Düngerstreuer, Feldspritze, Hackmaschine und Pflegegeräten ausgerüstet werden und ist daher vorwiegend für den Kartoffel- und Rübenanbau auf größeren Flächen bestimmt. Bei dieser Maschine befindet sich an jeder Seite ein Lenkrad mit Fahrersitz. Der Fahrer sitzt also hinter dem Vorderrad zur genauen Spurhaltung. Weil diese Maschine auf der Stelle drehen kann, muss der Fahrer am Feldende nur auf die andere Maschinenseite wechseln. Sie kann aber auch, wie üblich, von zwei Fahrern bedient werden.

Schmotzer Kombi – erste Version.

... wird die Schmotzer-Kombi von der „Kombi Record" mit nur einem Fahrersitz sowie einem elektrischen Kraftheber zur Gerätebedienung abgelöst.

Die Propagierung des „Schau-Voraus-Systems" mit dem Zwischenachsanbau bei den Geräteträgern für Bestell- und Pflegearbeiten und dessen vielfältige Anregungen für Gerätekombinationen, veranlasst die übrigen Traktorenhersteller zu reagieren. Es wird versucht, die Möglichkeiten des Standardtraktors mit denen des Geräteträgers zu kombinieren.

Eicher Geräteträger.

Das Ergebnis ist das Tragschlepper-Konzept. Dessen besondere Merkmale sind: schlanke Bauart mit Wespentaille, hochgezogene Verbindung zum Getriebe – das vorzugsweise mit Portalachsen ausgestattet ist – und längerer Radstand. So ist ein Zwischenachsanbau aller notwendigen Geräte – wie vom Geräteträger her bekannt – möglich. Diese Konstruktionen sind je nach Hersteller mehr oder weniger gut gelungen. Als sehr gute Vertreter gelten 1952 die Tragschlepper von Allgaier, A 111 in Blockbauweise und ab ...

... der R 12 von Hanomag in Rahmenbauweise. Zuerst mit einem 1-Zylinder-2-Taktmotor und ab 1957 mit 4-Taktmotor. Aufgrund des Markterfolges dieser Bauart entwickelt Hanomag daraus das Hanomag „Combitrac-System", das auch mit einem 24-PS-2-Zylindermotor angeboten wird.

Tragschlepper Allgaier A111.

... bringt Bautz seine Tragschlepper 300 T und 200 T heraus. Es werden fast 5.000 Einheiten davon ausgeliefert. Eingeleitet wird diese Bauart bereits 1949 durch den Tragschlepper in Leichtbauweise von Stihl, Waiblingen, der mit einer Tragrohrkonstruktion, die nur 750 kg wiegt, und mit einem 12-PS-Einzylinder-Zweitakt-Dieselmotor aus eigener Fertigung ausgerüstet ist.

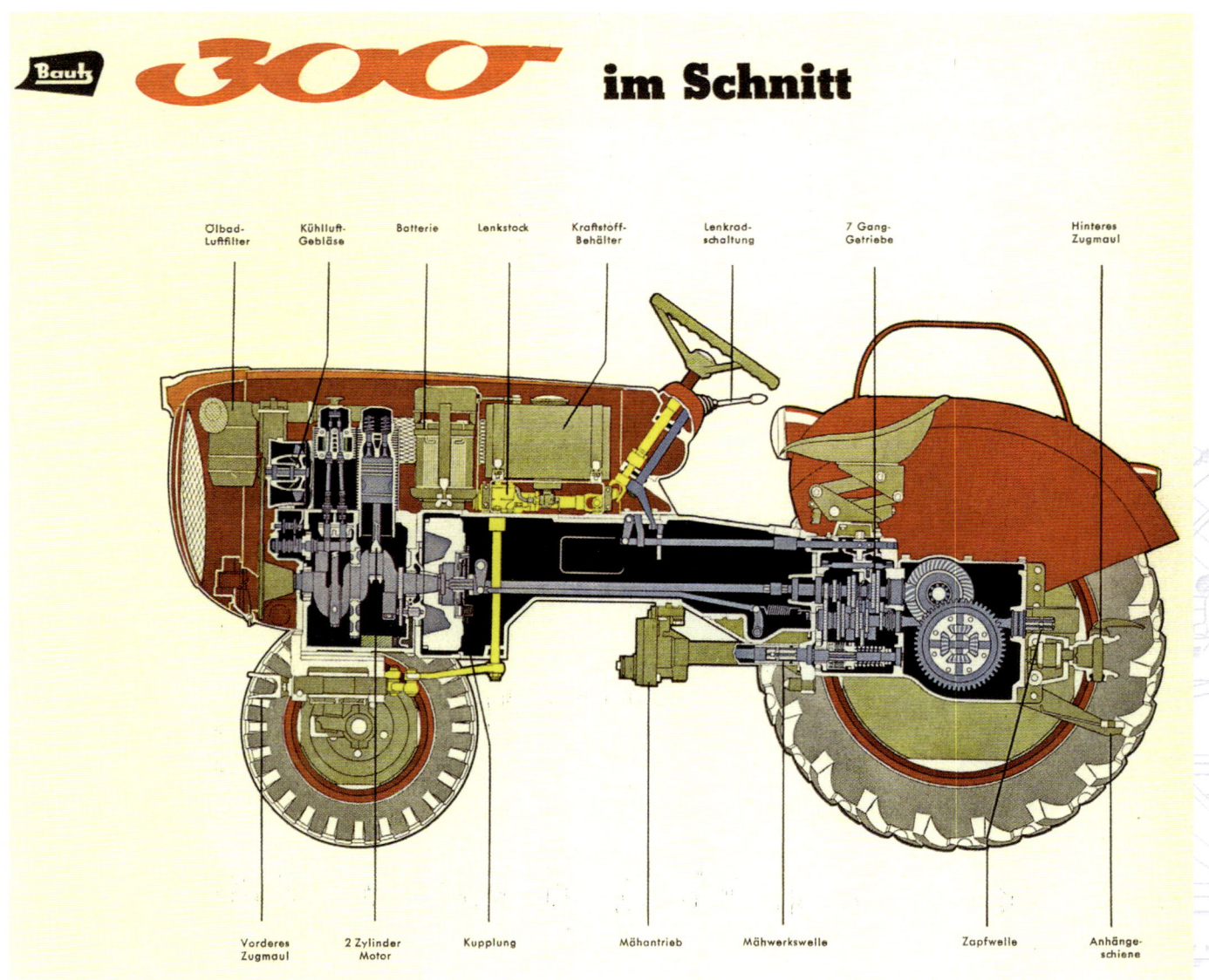

Bautz Tragschlepper.

... bringt auch Deutz, Köln, einen 11-PS-Tragschlepper auf den Markt. Bei diesem Modell ist der Motor über einen langen Kastenprofilrahmen mit der Hinterachse verbunden. Das Schaltgetriebe mit 6-Vorwärts- und 1-Rückwärtsgang ist hinter der Hinterachse montiert. Der Fahrersitz kann für die Arbeiten in Rückwärtsfahrt – etwa mit einem Anbau-Eintuch-Zapfwellen-Mähbinder – einfach umgesteckt werden. Die Pedale sind doppelt vorhanden. Die 49 cm Bodenfreiheit ermöglicht einen Zwischenachsanbau von Geräten, deren Aushubhöhe jedoch unbefriedigend ist. In seiner Form gleicht dieser Tragschlepper den John Deere US Modellen L und LA , die von 1937 bis 1946 gebaut und mit 9- und 13-PS-Motor geliefert wurden.

11-PS-Deutz Tragschlepper in Schubfahrt.

Die großen internationalen Hersteller von Standardtraktoren bleiben von diesen, in Deutschland beginnenden, Entwicklungen unbeeindruckt.

Sicherlich betreiben auch sie Zukunftsforschung wie eine Zusammenstellung, die keinen Anspruch auf Vollständigkeit erhebt, aufzeigt.

Forschungstraktoren

Ab Mitte der 50er-Jahre setzt bei den großen Firmen aufgrund neuer Erkenntnisse die Entwicklung von experimentell oder futuristisch anmutenden Traktoren ein.

1954

... wird in England der erste vollhydrostatisch angetriebene Versuchstraktor auf der Basis eines Fordson Major vom NIAE (National-Institute of Agricultural-Engineering) vorgestellt. Ziel dieser Entwicklung ist der stufenlose Antrieb.

Versuchstraktor von NIAE, Silsoe, England.

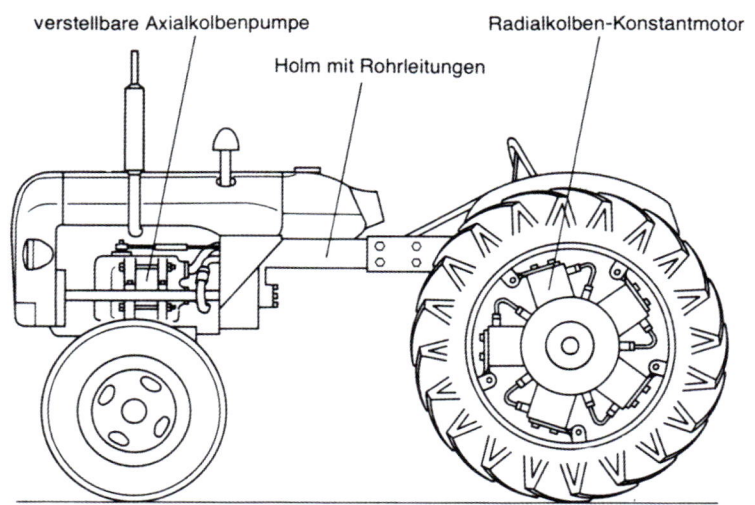

verstellbare Axialkolbenpumpe

Holm mit Rohrleitungen

Radialkolben-Konstantmotor

1959

... experimentiert Allis-Chalmers mit einem Brennstoffzellen-Traktor (Fuel Cell), wobei mit dem erzeugten Strom ein 20-PS-Gleichstrommotor angetrieben wird, so dass eine stufenlose Geschwindigkeitsregelung möglich ist. Hohes Eigengewicht, lange Aufladezeit und die Erkenntnis, dass die Energieeffizienz nicht besser ist als bei einem Dieseltraktor, führen zur Einstellung des Projektes.

1961

... arbeitet die IHC an dem HT-340-Traktor, mit einer Gasturbine als Antrieb. Eine ideale Kombination ist die hohe Leistung bei konstanter Drehzahl, die nur 40 kg schweren Gasturbine mit einer von 80 auf 40 PS gedrosselten Leistung und der hydrostatische Antrieb.

IHC-Traktor mit Gasturbine.

1964

... führt Eicher, Forstern, im Frühjahr einigen Agrarjournalisten eine noch im Experimentierstadium befindliche Pflugmaschine mit der Arbeitsbezeichnung „Agri-Robot" vor. Auf einem 1-Achsfahrgestell mit 40-PS-Motor und zwei Hydromotoren in jedem Rad sind zwei Beetpflüge, wie vom Kippflug bekannt, montiert. Diese Beetpflüge sollen das Feld, nach der ersten manuell gezogenen Pflugfurche, selbständig und unbeaufsichtigt pflügen. Am Feldende wird die Umstellung hydraulisch-mechanisch gesteuert. Diese komplizierte Steuerung ist in Zusammenarbeit mit einer niederländischen Firma entwickelt worden.

Vollautomatischer Pflug von Eicher.

... entsteht aus der 3000er-Serie der Eicher „Mammut" HR mit zunächst 54 PS und ab 1968 mit 62 PS. Anstelle des Schaltgetriebes hat er ein hydrostatisches Wendegetriebe, das „Taurodyne" von Dowty, Großbritannien, eingebaut hat. In vier Jahren werden fast 60 Einheiten gebaut. Nach gründlicher Überarbeitung und einigen Exemplaren wird die Produktion, vermutlich wegen des Mehrpreises gegenüber herkömmlichen Traktoren, Anfang der 70er-Jahre eingestellt.

Hydrostatisches Getriebe von Dowly, Großbritannien.

1965

... stellt Ford mit dem Typhoon II eine interessante Studie vor. Der Frontsitztraktor mit vier gleich großen, lenkbaren Rädern, mit Allradantrieb sowie vier Zapfwellen, jeweils vorn, hinten, links und rechts und mit automatischer Kupplung, ist mit einer überaus komfortabler Kabine ausgerüstet.

Traktorstudie, Ford, USA.

1969

... präsentiert das japanische Unternehmen Kubota den Traktor „Talent 25" mit vier gleich großen Rädern, 60 % des Eigengewichtes liegen auf der Vorderachse. Er hat einen um 180 Grad schwenkbaren Sitz sowie drei externe Kameras. Diese dienen, wie auch beim Ford „Typhoon II", der Geräteüberwachung.

Japanischer Experimentier-Traktor.

1967

... veröffentlicht die Firma US-Steel eine Traktorstudie mit allen Einzelheiten im Rahmen eines neuen Mechanisierungssystems. Der 225-PS-Frontsitztraktor mit hydrostatischem Getriebe besitzt Vierradantrieb, -lenkung und -bremse. Er hat Zapfwellen vorne, hinten und in der Mitte rechts sowie Schnellanschlüsse für die Geräte vorne, seitlich und hinten – ähnlich dem Weiste-Dreieck-Schnellkuppler. Obwohl der „Vantage" nie gebaut wird, ist er auf dem Papier, auch mit den eigens dafür entwickelten Geräten und Maschinen, eine exzellent ausgeführte, in die Zukunft weisende Studie, die von der Landtechnik-Industrie sehr beachtet wird.

Traktorstudie, US-Steel.

... stellt Cornelis van der Lely seinen „Lelyhydro 90" vor. Hierbei handelt es sich um einen konventionell aufgebauten Traktor mit einem 87-PS-Motor und einem hydrostatischen Getriebe. Die verbesserte Version hat einen 152-PS-Motor und ihr hydrostatischer Antrieb verfügt über zwei Geschwindigkeitsstufen von 0 bis 13 km/h und 0 bis 33 km/h. Der Zwei-Wege-Traktor mit sehr geräumiger Kabine hat außerdem einen hydraulisch bedienbaren Wendesitz einschließlich Lenkrad, Armaturen und Pedale. Laut Prospektangaben betragen die Leistungen an der Zapfwelle 140 PS und an den Rädern (Zugkraft) 90 PS.

Lely-Traktor.

... ist auf den Ausstellungen der Lely-Supertrac zu besichtigen. Das Fahrzeug ist so konstruiert, dass mehrere Erntemaschinen aufgenommen werden können. So z. B. ein Ladewagen mit Pickup oder Feldhäcksler, ein Mähdrescher, ein 6-Tonnen-Düngerstreuer oder ein Überkopflader mit Aufbaukipper. Das Fahrzeug hat langen Radstand, vier gleiche kleindimensionierte Räder mit Vorderrad-, Hinterrad-, Vier-

Lely Supertrac.

rad- und Hundeganglenkung sowie Heckkraftheber und Dreipunktkupplung. Das Neue und Interessante ist die auf einem Schwenkarm befindliche Kabine. Sie kann in der Fahrzeugmitte um 180 Grad gedreht und nach vorne oder seitlich geschwenkt werden, so dass die ganze Fahrzeugbreite zur Aufnahme der Maschinen und Geräte zur Verfügung steht. Die Motorleistung beträgt 178 PS, das Getriebe hat zehn Vorwärts- und zwei Rückwärtsgänge mit Geschwindigkeiten von 2,9 bis 26 km/h bzw. 3,0 bis 9,4 km/h.

1988

... stellt das Institut für Landmaschinen der TU-München nach vierjähriger Entwicklungsarbeit den vollfunktionsfähigen Forschungstraktor mit 40 PS erstmals der Öffentlichkeit vor.

Ziel der Entwicklung sind Geräuscharmut und flexible Komponentenkombination – dies wird durch Rahmenbauweise und den elastisch aufgehängten Motor erreicht. Das Besondere dabei ist ein, über Gelenkwelle mit dem Motor verbundenes, stufenloses Getriebe mit mechanischem Kettenwandler und nachgeschaltetem Gruppenwahlgetriebe, das mit dem Rahmen und der Hinterachse verbunden ist. Den Heckkraftheber hat man in den Rahmen integriert.

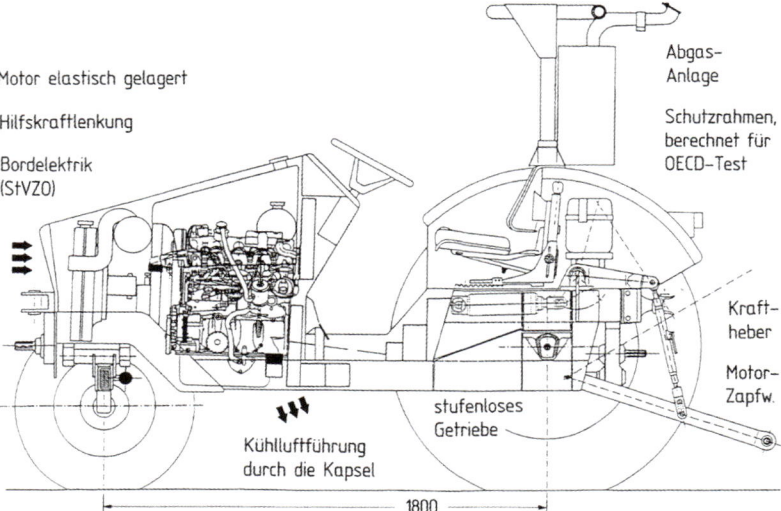

Motor elastisch gelagert

Hilfskraftlenkung

Bordelektrik (StVZO)

Abgas-Anlage

Schutzrahmen, berechnet für OECD-Test

Kraftheber

Motor-Zapfw.

stufenloses Getriebe

Kühlluftführung durch die Kapsel

1800

Münchener Forschungstraktor.

Trac-Schlepper und Systemfahrzeuge

Das Konzept des „Vantage" von US-Steel passt genau in die europäischen Trac-Entwicklungen der 70er-Jahre.

Schon in den 50er-Jahren hatte der Konstrukteur Barthel Voß bei der BTG Bavarien Truck-Company in München, der späteren Tatrrac Traktoren-bau GmbH, den BTG-Traktor geschaffen. Dieses interessante Fahrzeug verfügt über Allradantrieb, vier gleich große Räder, einen vor der Vorderachse liegenden 35 PS Motor und damit einer 2/3tel Achsbelastung vorn und 1/3tel hinten. Das 6-Gang-Wendegetriebe ist über ein gegeneinander verdrehbares Zentralrohr mit dem Motor verbunden, so dass immer alle vier Räder optimale Bodenhaftung haben. Die Fahrer-, Beifahrersitzbank ist zwischen den Achsen angeordnet. Hydraulikanlage mit 3-Punktkupplung, Ladepritsche und Frontlader für die Rückwärtsfahrt vervollständigen dieses Fahrzeug.

BTG-Traktor.

BTG-Traktor im Einsatz.

1970

... gibt es zuerst in England den County Forward-Control, auf der Basis von Ford-Traktor-Serienteilen, mit einer vor den Vorderrädern befindlicher Fahrerkabine. Dahinter können wahlweise auf dem Leiterrahmen oder in der 3-Punkt-Kupplung verschiedene Geräte angebaut werden.

Ein County-Forward-Frontsitztraktor aus Ford-Serienteilen, England.

1972

... stellt Deutz erstmals auf der DLG-Ausstellung in Hannover den „Intrac" mit den dazugehörenden Geräten für nahezu alle Einsatzzwecke vor. Der größere der zwei Frontsitztraktoren, das Modell 2004 mit 90 PS, hat einen hydrostatischen Antrieb über vier gleich große (kleine) Räder und eine Lastverteilung von je zur Hälfte auf die beiden Achsen. Das andere einfachere

Deutz Systemtraktor „Intrac" mit hydrostatischem Antrieb.

Modell 2002 wurde aus dem 50-PS-Standardtraktor entwickelt. Es verfügt über ein Schaltgetriebe, Vierradantrieb und hat vorn kleine und hinten große Schlepperbereifung. Ansonsten ist dieser Trac völlig identisch mit dem 2004. Beide Modelle haben eine geräumige Kabine mit zwei Sitzen, Zapfwellen und Geräteschnellkuppler vorn und hinten. Die Gerätehersteller – wie Rau mit Tröster sowie Fahr – kooperieren hier schon in der Entwicklung sehr eng mit Deutz, so dass von Anfang an ein breites, angepasstes Geräteprogramm zur Verfügung steht.

Zuckerrübenernte mit Deutz Intrac in Frankreich.

1972

... zeigt auch Daimler-Benz den weitgehend aus Unimog-Teilen konstruierten MB-Trac, jedoch mit erheblichen Unterschieden zu Deutz. Seine Kennzeichen sind: 72-PS-Motor, Allradantrieb über vier gleich große Räder, Höchstgeschwindigkeit 40 km/h, bewährte Gewichtsverteilung statisch von 60 % vorn und 40 % hinten, Vorderachsfederung, starre Hinterachse für hohe Zuladung, größere Hubkräfte und exakte Geräteführung, Regelhydraulik Geräteanbau und -antrieb vorn, mittig, hinten. Das geräumige, geschlossene Fahrerhaus des Fahrzeuges ist in der Fahrzeugmitte und zwischen den Achsen aufgebaut. Es hat eine dreipunktgelagerte, zentrale Sitzanordnung und einen vollwertigen Beifahrersitz. Überlegungen zu noch stärkeren Modellen sind jetzt schon vorhanden und werden bereits zwei Jahre später vorgestellt. Jedoch erst ...

Systemtraktor MB-Trac – erste Version.

1976

... gehen die großen Maschinen mit 6-Zylinder-Motoren und Leistungen von 110 PS und 150 PS in Serie. Dazu gibt es ein neu entwickeltes Gruppen-Synchrongetriebe mit einer 6-Gang Hauptgruppe und einer 8-Gang-Arbeitsgruppe. Durch eine völlig neue, einzigartige Drehsitzeinrichtung in der geräumigen Kabine, werden sie in Verbindung mit dem Wendegetriebe als Zwei-Richtungstraktoren eingesetzt.

MB-Trac mit großer Leistung und Zweirichtungsanwendung.

1985

... stellt Deutz erstmals die neue Generation von „Intrac"-Fahrzeugen vor. Es sind wie die bereits seit 1972 bekannten Typen Frontsitztraktoren, die eine große Verwendung von Serienteilen auszeichnet. Zur Technik: 150- und 220-PS-Motor, 20/5-Ganggetriebe mit Lastschaltung, zwei Zapfwellengeschwindigkeiten, vier gleich große Räder, starker Kraftheber vorn und hinten sowie eine geräumige Komfortkabine.

Systemtraktor Deutz Intrac – zweite Version mit großer Leistung.

1987

... bündeln Daimler-Benz und Deutz gemeinsam in einer neuen Gesellschaft ihre Trac-Aktivitäten, mit dem Ziel eine Nachfolgereihe für die bewährten MB-Trac's zu entwickeln. Die Herstellung dieser Baureihe wird jedoch Ende 1990 – genauso wie ein Jahr später die MB-Trac-Produktion im Werk Gaggenau – eingestellt.

Prototyp des Trec-Nachfolgers 1990 nach Einstellung des Projektes.

... zu Jahresbeginn stellt Schlüter den Prototyp seines neu konzipierten Systemtraktors vor. Wesentliche Merkmale sind: Kabine zwischen den vier gleich großen Rädern, Allradantrieb, Stahlrahmen mit Wespentaille für großen Lenkeinschlagwinkel, verschiebbares Gewicht anstelle der Motorhaube, sowie 80 bis 200 PS Leistung eines Unterflurmotors für die ab 1990 geplante Baureihe.

Großer Schlüter-Trac-Systemtraktor.

... zeigt Fendt zur Agritechnica zwei neue Freisichttraktoren mit 100 und 115 PS 6-Zylindermotoren. Sie sind wie die kleineren Modelle aus den bewährten Geräteträgern entwickelt worden.

Fendt Freisichttraktor – aus dem Geräteträger entwickelt.

1990

JCB-Fasttrac Systemtraktor.

... präsentiert JCB auf der Smithfield Show in London den „HMV-Trac" (High Mobility Vehicle) mit Leistungen von 118 und 140 PS. Das Fahrzeug in Rahmenbauweise ist dem Unimog sehr ähnlich, jedoch befindet sich die Kabine in der Fahrzeugmitte. Das vollsynchronisierte Getriebe hat 36/12 Gänge mit einer wählbaren Endgeschwindigkeit von 40, 65 oder 80 km/h mit Motorleistungen von 147, 167 und 187 PS. In der kleineren Baureihe beträgt die Motorleistung 129, 139 und 147 PS. Seit Anfang 1998 steht der überarbeiteten Baureihe bei den größeren Typen 3000 ein dreistufiges, elektronisch gesteuertes Lastschaltgetriebe mit 54/18 Gängen zur Verfügung.

1993

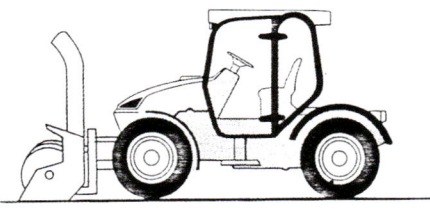

LTS-Systra Systemtraktor.

... hat die Landtechnik Schönebeck LTS den kleinen Systemtraktor „Systra" mit 72-PS-Motor und 16/8-Ganggetriebe oder hydrostatischem Antrieb, vorzugsweise für den Einsatz in Kommunen, auf den Markt gebracht. Der zur Produktion und Weiterentwicklung übernommene Schlüter-Trac wird Ende 1993 aufgegeben.

... geht der Fendt „Xylon" noch vor Jahresschluß in Produktion, nachdem er bereits 1990 erstmalig als Projektstudie auf dem ZLF in München ausgestellt worden war. Dieses Fahrzeug hat vom Standardtraktor „Favorit 500" die Antriebstechnik mit Turboshift-Getriebe, Zapfwellen, Federung, Kraftheber, Elektronik und Allrad. Vom Freisichttraktor GTA übernimmt es den Unterflurmotor, die freie Sicht nach vorn sowie Frontaufbauraum, Holm und Drehgelenk. Zusätzlich hat der „Xylon", wie von den Trac's her bekannt, den Heckaufbauraum und ein Zwei-Mann-Fahrerhaus mit LKW-Komfort, und bietet 6 t Nutzlast, 50 km/h sowie Hydrofederung mit Schwingungstilgung. Der „Xylon" wird in drei Leistungen angeboten mit 110, 125 und 140 PS.

Fendt Xylon Systemtraktor.

1997

... ist der Claas Systemtraktor „Xerion" auf dem Markt. Er wurde bereits 1993 angekündigt und in einer Pilotserie europaweit getestet. Das Konzept basiert auf der Kombination von Traktor, Trägerfahrzeug und Selbstfahrer. Hierbei handelt es sich um ein Rahmenfahrzeug mit vier gleich großen Rädern, Allradantrieb und Vierradlenkung mit Hundegang. Bemerkenswert ist die erstellbare Fahrerkabine, sie befindet sich grundsätzlich in Fahrzeugmitte zwischen den Rädern, ist um 180 Grad drehbar, kann aber auch an die Fahrzeugfront mittig oder seitlich verlagert werden. Der „Xerion" wird in Leistungsklassen mit 200, 250 und 300 PS angeboten, besitzt ein hydrostatisch-mechanisch-leistungsverzweigtes Getriebe mit 8 Fahrbereichen, ist stufenlos unter Last schaltbar mit vier Fahrstrategien und großem Aufbauraum.

Systemtraktor Claas Xerion, jetzt mit 379 PS.

Der „Xerion" ist einsetzbar wie ein Trac-Fahrzeug, aber auch als selbstfahrende Vollerntemaschine z. B. in Rüben, Kartoffeln, mit Gülletank und vielem mehr. Die Hubkraft beträgt hinten 9.600 kp und vorn 4.500 kp. Zapfwellen gibt es vorn, hinten und oben.

2005

... stellt Agco-Fendt die Produktion des Systemtraktors „Xylon" nach gut 2.200 Stück und die der Freisichttraktoren und der Geräteträger nach 62.700 Einheiten ersatzlos ein.

Xylon Systemtraktor mit 4 Anbauräumen.

Kettentraktoren/Raupenfahrzeuge

Eine Alternative zu der Fortbewegung der Radtraktoren bieten die Kettentraktoren. In der Landwirtschaft waren sie allerdings nur für eine kurze Periode von Bedeutung.

1907

... erfinden Benjamin Holt und Daniel Best aus Stockton in Kalifornien dieses System. Sie ersetzen die großen Hinterräder ihres Dampftraktors, der inzwischen mit einem Verbrennungsmotor ausgerüstet ist, durch ein Kettenlaufwerk. Es besteht aus einem Trieb- und einem Leitrad an beiden Enden des Fahrwerks, dazwischen sind fünf abgefederte Laufrollen zur besseren Abstützung der Kette auf dem Boden angebracht. Gelenkt wird noch mit einem Vorderrad. Beim ersten Einsatz meint der Werksfotograf C. Clement „der kriecht ja wie eine Raupe" im Englischen „Caterpillar". Damit ist die Kennzeichnung der Bauart und zugleich der Firmenname des später größten Baumaschinenherstellers der Welt geboren.

Einer der ersten Caterpillar-Raupentraktoren.

1912

Aus dem Renault-Panzerfahrzeug für die Landwirtschaft entwickelt

... kommt bereits die erste Maschine nach Deutschland.

Nachdem mehr als tausend Fahrzeuge auf dem Markt sind, interessiert sich nun auch das Militär für dieses geländegängige Gefährt. 1917 wird es erstmals als Tank, wie man damals gepanzerte Fahrzeuge bezeichnete, auf den Schlachtfeldern des Ersten Weltkrieges eingesetzt.

Danach erfahren die Raupentraktoren eine enorme Weiterentwicklung. Der Holt-Konstrukteur S. Norelius ersetzt das Differentialgetriebe durch zwei Kupplungslenkgetriebe, wodurch die Raupenfahrzeuge eine noch bessere Wendigkeit erhalten. Dieses Lenksystem wird noch heute angewendet.

Auch in Europa befassen sich einige Firmen mit solchen Konstruktionen. Allen voran Renault in Frankreich und in Großbritannien die Firmen Bristol, County und Fowler mit dem Gyrotiller. In den USA kommen die Firmen Cletrac, Oliver, IHC, John Deere und Allis Chalmers hinzu, um hier nur einige zu nennen.

1919

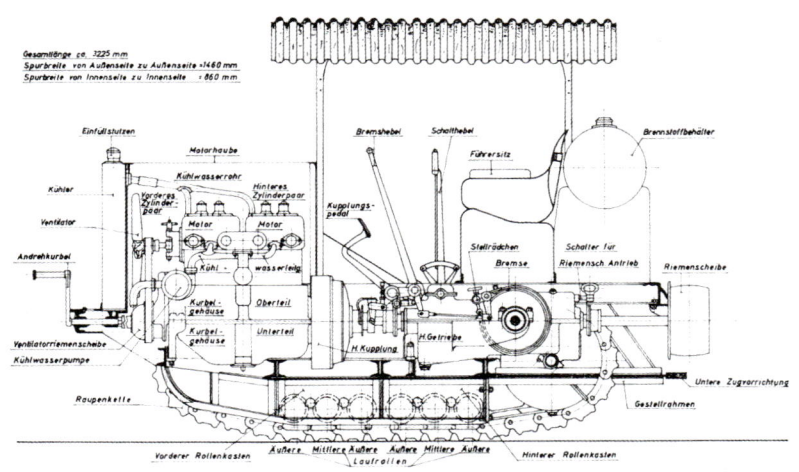

... entwickelt Hanomag in Hannover mit dem WD einen 25 PS starken, 3,1 t und 3,5 t Raupentraktor und bereits drei Jahre später in gleicher Bauart eine 50-PS-Maschine mit 6,8 t. Später folgen die Firmen MTW-Moorburger Treckerwerke mit einer 24 PS starken 3,1 und 2,2-t-Raupe.

Hanomag-25-PS-WD-Raupentraktor.

... präsentiert Linke-Hoffmann-Busch in Breslau eine 50 PS und 4,4 t schwere Maschine und erweitert sie ab 1929 mit einer Cletrac-Lizenz für ein Doppel-differential-Lenk-Getriebe, um Beschädigungen des Bodens beim engen Wenden zu vermeiden.

LHB-Raupentraktor.

1933

... entwickelt Hanomag den 48 PS Kettentraktor, der noch im gleichen Jahr zum K 50 weiter-entwickelt und mit zwei unter-schiedlichen Kettenbreiten angeboten wird.

Hanomag K 90, mit 90 PS.

1933

... folgt schließlich auch Heinrich Lanz in Mannheim mit dem ersten Vollketten-Bulldog. Seit 1926 bietet H. Lanz für seine großen Bolldogs schon, anstatt der Hinterräder, Ritscher Ansteckraupen an. Erste Erfahrungen mit Kettenfahrzeugen macht die Firma H. Lanz bereits

Lanz-Raupentraktor.

1915, als sie im Auftrag des Deutschen Heeres einen Kettentraktor mit gepanzertem Fahrgestell entwickelt. Der erste Lanz Raupentraktor mit der Typenbezeichnung HR 6 hat 38 PS, davon werden 25 Einheiten gefertigt. Danach folgen die Modelle HR 7 und HRK mit Leistungen von 38, 44, 45 und 55 PS. Insgesamt baut Lanz davon in den Jahren 1934 bis 1946 3.980 Stück.

1950

Moderner Raupentraktor von Laverda, Italien.

... erst nehmen Deutz in Köln sowie Kaelble in Backnang die Produktion von Raupentraktoren auf. Die Raupenfahrzeuge werden, dank ihrer großen Zugkraft und des geringen Bodendrucks, vorwiegend zum Pflügen auf großen Flächen und zur Moorkultivierung eingesetzt. Die großen Nachteile aber bleiben: geringe Geschwindigkeit, Probleme beim Umsetzen und Straßentransport sowie hohe Reparatur- und Anschaffungskosten. In Folge dessen werden die Raupenfahrzeuge von den immer leistungsfähigeren Traktoren aus der Landwirtschaft verdrängt.

Heute findet man sie vorzugsweise noch in den Weinbergen Griechenlands, Italiens, Spaniens und Frankreichs oder auf sehr schweren und steilen Böden, wie etwa in der Toskana oder in Spanien.

Heutzutage haben Kettentraktoren ihre Domäne in der Bauindustrie als Planier-, Schürf-, oder Laderaupe und als Fahrgestell für die Raupenbagger.

Sonderbauarten

... hat Caterpillar einen Raupenschlepper mit einem Gummibandlaufwerk mit Stahlseileinlage im Programm – Laufwerkbreite 635, 762 und 889 mm. Diese Entwicklung geht auf die militärische Forderung zurück, 65 t mit 80 km/h auf der Straße und im Gelände zu bewegen. Die Traktoren erreichen eine Endgeschwindigkeit von 30 km/h und sind zum Einsatz in der Landwirtschaft geeignet. Ein Luftfederungssystem erhöht dabei den Fahrkomfort. Die vier ersten Modelle haben Motoren mit Leistungen von 310 bis 410 PS.

Caterpillar Raupentraktor mit Gummibandlaufwerk

Dieses Raupenlaufwerk setzt auch Claas für Spezialeinsätze bei seinen Mähdreschern zur Verminderung des Bodendrucks ein.

Zur Smithfield-Show im Dezember 1994 bringt Caterpillar, in Erweiterung des Programms nach unten, zwei kleine Modelle der „Challenger" Reihe auf den Markt, zu denen später noch ein drittes hinzukommt. Die Leistungen liegen bei 212, 242 und 270 PS. Alle haben Komponenten

Claas Gummibandlaufwerk für schwere Erntemaschinen, hier an einem Mähdrescher.

aus den Traktorserien Fiat G/Ford 70 eingebaut: das Funkgetriebe mit 18 Vorwärts- und neun Rückwärtsgängen, die Hydraulikanlage, die Dreipunktkupplung sowie der komplette Fahrerstand mit Kabine. Sie werden im New-Holland-Werk Versatile in Kanada gebaut. In diesem Fall wird ein Halbraupenlaufwerk wegen der einfacheren Lenkungskonstruktion verwendet. Die Gummiraupenbreiten betragen hier 457, 635 und 813 mm. Auch die Spurweite ist vierfach variabel, von 1524 bis 2184 mm. In Großbritannien sind 1994 bereits 70 große Challenger im Einsatz.

1993

... bietet Case IH, auf der Basis des großen Steiger-Knicklenkers, den sogenannten „Quad-Trac" mit 360 PS Motorleistung, nun wahlweise anstatt der vier gleich großen Räder mit vier Halbraupen an. Der „Quad-Trac" wird erstmalig auf der Agritechnica 1997 vorgestellt. Auch John Deere zeigt dort an der 8000er-Baureihe ein Halbraupenlaufwerk mit 406 oder 610 mm breitem Gummiband und einer achtfachen Spurweitenverstellung von 1524 bis 2235 mm, sowie verstellbaren Trittstufen, die dem Fahrer einen bequemen Kabineneinstieg erlauben.

Case Quad-Trac.

Zu den Sonderbauarten zählen auch Spezial-Radfahrzeuge für den landwirtschaftlichen Einsatz. Die seit vielen Jahren aus den USA bekannten „Terra-Gator"-Fahrzeuge fassen jetzt auch in Europa Fuß. Ausgerüstet mit Terra-Breitreifen verfügen sie über ein gelenktes Frontrad sowie ein oder zwei Hinterachsen, die ebenfalls mit Terrareifen zur Bodenschonung ausgerüstet sind. Die Motorleistungen liegen bei 240 bis 350 PS, die Maschinen bieten eine sehr hohe

John-Deere-Traktor, Baureihe 8000 mit Halbraupenlaufwerk.

Nutzlast. Als Aufbauten stehen ein Vakuumtank, verschiedene Streueraufbauten – für Festmist, Kompost, Schlamm und Kalk – ein Düngerstreuer sowie eine Feldspritze zur Verfügung. Heute haben diese Fahrzeuge den Produktnamen „Challenger".

Ähnliche Fahrzeuge baut Horsch. Zwei Typen mit drei oder fünf Rädern, 17,5 bzw. 25 Tonnen Nutzlast, mit Motoren von 353 oder 405 PS, 40 km/h und Aufbauten wie bei den „Terra Gator"-Fahrzeugen – jedoch zusätzlich mit den eigenen Direktsaatsystemen „Airseeder", Doppelscheibenschar-Drillmaschine oder „Säexaktor". Eine zweite Baureihe besteht aus einem Vierrad-Konzept auf der Basis des JCB

Teera-Gator-Spezialfahrzeug, hier im Markenangebot Challenger.

Horsch Spezialfahr-zeug mit vollständiger Radspurüberdeckung.

Fastrac mit 188-PS-Motor, Nutzlast bis 11 Tonnen, 50 km/h und Hundeganglenkung bei einem Modell. Es gibt Aufbauten wie bei den oben beschriebenen Typen sowie einen Exakt-Pneumatikdüngerstreuer.

Steyr und Pöttinger entwickeln gemeinsam den großen Maschinenträger 8300, den sie 1983 auf dem Markt bringen. Das hydrostatisch angetriebene Fahrzeug ist mit einem 240-PS-Motor ausgerüstet und gleicht dem Triebsatz eines Selbstfahrerhäckslers. Dementsprechend wird es im Grünland und in der Bodenbearbeitung eingesetzt. Hinzu kommt der gewerbliche Einsatz mit einer Schneefräse. Nach Werksangaben werden davon bis 1992 etwa 310 Einheiten verkauft worden, davon 80 % mit Allradantrieb.

Steyr/Pöttinger-Maschinenträger.

Produktion Traktoren

Produktion	1970	1975	1980	1985	1990	1995	2000	2005
Deutschland	97.488	114.396	96.072	66.917	77.338	50.361	44.975	54.590
Frankreich	65.816	57.572	40.510	32.415	32.680	26.746	19.900	27.280
Italien	84.846	103.059	129.418	76.375	71.700	70.720	89.990	86.400
Großbritanien	143.322	185.083	116.397	73.882	84.290	68.037	48.086	26.685
Spanien	20.750	38.285	29.229	19.794	10.498	2.971	1.500	600
Finnland	2.920	3.143	3.870	2.300	4.351	5.900	8.988	9.945
Österreich	8.604	9.583	9.957	5.771	7.557	5.006	7.940	8.922
		511.094			288.444			214.442
Brasilien	14.002	60.000	69.993	38.815	26.848	21.044	27.546	28.636
Türkei		33.781	.	32.065	30.712	44.068	37.434	34.907
Japan	42.611	215.000	239.954	180.000	157.554	153.819	163.5436	199.581
Indien						214.000	240.000	246.693
USA	171.782	225.993						
NAFTA		225.993	159.973				150.905	183.725

Neuzulassungen Traktoren

Traktoren	1965	1970	1975	1980	1985	1990	1995	2000	2005
Ges. Markt									
Welt				1.283.802	1.154.400				
Westeuropa	323.376	289.600	321.204	298.677	243.192	197.914	160.406	170.573	167.382
Deutschland	84.249	64.876	64.171	45.477	34.770	30.020	26.450	25.965	23.498
Frankreich	71.927	64.800	77.770	58.784	47.493	37.323	32.235	37.965	37.505
Italien	46.157	35.510	39.356	64.999	36.197	32.897	25.670	29.499	33.064
Großbritanien	32.918	33.954	33.848	21.243	24.912	18.148	20.079	11.175	14.006
Spanien	17.822	20.478	28.963	33.430	21.682	19.199	16.068	19.550	16.179
Skandinavien	37.198		39.671	29.966	31.494	22.250	15.406	14.989	15.198
USA			161.145	166.151	115.673	108.350	108.371	151.723	222.852
Kanada			32.665	29.298	19.900	14.989	13.511	13.735	19.342
Japan				131.544	100.785	93.000			
Indien				16.840	78.600	124.700	160.000	238.000	262.621
Brasilien				64.855	40.750	30.000	18.794	24.291	

Traktorenbestände						
Traktoren	1973	1985	1988	1995	2003	2005
Welt	17,5%		26.272.918		27.625.095	
Westeuropa	6.404.981		9.433.472		9.772.485	
Deutschland	1.488.143		1.670.408		1.774.129	
Frankreich	1.321.003		1.510.372		1.264.000	
Italien	743.000		1.362.932		1.680.000	
Osteuropa	2.527.215		4.076.376		1.510.233	
Asien/Naher Osten			1.780.288		4.180.512	
Indien			750.935		2.528.122	
Ferner Osten			3.296.262		3.924.429	
Japan	99.000		1.984.590		2.028.000	
Afrika			512.071		472.815	
Australien/Ozeanien			410.400		391.000	
Nordamerika			5.432.300		5.492.600	
USA	4.376.000		4.676.000		4.760.000	
Lateinamerika			1.331.740		1.725.001	
Brasilien	197.200		680.000		806.000	

Traktorenzulassungen nach Marken in Deutschland						
1950	38.723	KMD	Allgaier	Lanz	Fendt	Fahr
1955	99.341	Hanomag	Deutz	Lanz	Fendt	Gisler
1960	88.864	Deutz	IMC	Fendt	Porsche	Gisler
1965	84.361	Deutz	Fendt	IMC	Hanomag	MF
1970	66.064	Deutz	IMC	Fendt	MF	DB
1975	64.171	IMC	Deutz	Fendt	MF	Deere
1980	45.477	IMC	Deutz/Fahr	Fendt	Deere	DB
1985	34.770	Fendt	Deutz/Fahr	IMC	Deere	DB
1990	30.020	Fendt	Deutz/Fahr	Case/ich	Deere	DB
1995	26.480	Fendt	Deere	Case/ich	Deutz/Fahr	MF
2000	25.965	Deere	Fendt	Case/IH	NH	Deutz/Fahr
2005	23.492	Deere	Fendt	Deutz/Fahr	Case ih/Steyr	Claas

IV. Erntemaschinen

1. Die Entwicklung in der Körnerfruchternte

... entwickelt Patrick Bell, ein schottischer Theologiestudent, die erste brauchbare Getreidemähmaschine. Inspiriert wurde er durch den in Vergessenheit geratenen Gallischen Mähwagen. Hierbei handelt es sich um eine zweirädrige Karre, die vorne mit

Zinken bestückt ist. Damit werden die Ähren abgestreift und eingesammelt. Ein Zugtier schiebt den Mähwagen, der eine Art Ährenstripper ist, durch das Feld.

Gallischer Mähwagen.

Die Bell'sche-Maschine besteht aus einem Holzrahmen mit zwei großen Antriebs- und zwei kleinen Vorderrädern, die die Schneidblätter stützen. Darüber befindet sich eine Haspel, die das Getreide nach hinten auf ein rotierendes Endlostuch befördert und seitlich ablegt. Das Ganze wird von zwei Pferden in das Getreidefeld geschoben.

Getreidemähmaschine von Bell.

Zuvor hatte 1807 James Smith begonnen eine Getreidemähmaschine zu entwickeln, die nach vielen Versuchen und Änderungen erst 1812 leidlich funktioniert. Es handelt sich ebenfalls um eine von Zugtieren geschobene Maschine. Der Schneidapparat besteht aus einer rotierenden Scheibe mit einem Durchmesser von 5 ½ Fuß, wobei das gemähte Gut gegen eine nach oben erweiterte Blechwanne fällt, die mit der

Schneidscheibe fest verbunden ist und das Gut nach links oder rechts befördern sowie fortlaufend ablegen kann.

Smith Mähmaschine.

1830

Getreidemäher von McCormick.

... etwa entwickeln in Amerika unabhängig voneinander drei Erfinder (W. Mannig, Obed Hussey und Cyrus Hall McCormick) Getreidemäher. Diese werden gezogen, weil Pferde so mehr Kraft entfalten können. Bei Hussey fällt das Schnittgut auf eine kleine Plattform, von der sie von einem Mann der auf der Maschine mitfährt abgeharkt wird. Hierbei muss das abgelegte Mähgut vor der nächsten Überfahrt abgeräumt sein. McCormick verwendet eine Haspel und eine größere Plattform, wobei ein zweiter Mann, nebenher laufend, das Mähgut seitlich abzieht, sodass die Fahrbahn für die nächste Fahrt freigeräumt ist.

1852

... liefert McCormick den ersten Getreidemäher nach Deutschland. Bereits 1863 zeigt er bei einer Landmaschinenausstellung in Hamburg die 48.000ste Mähmaschine aus der Fertigung, die er im Jahre 1847 aufgenommen hat.

Im gleichen Jahr baut der Amerikaner J. Atkins den ersten automatischen Rechen, den McCormick allerdings verbessert.

1862

... bietet McCormick die erste selbstablegende Getreidemähmaschine mit einer Haspel über dem Schneiwerk an.

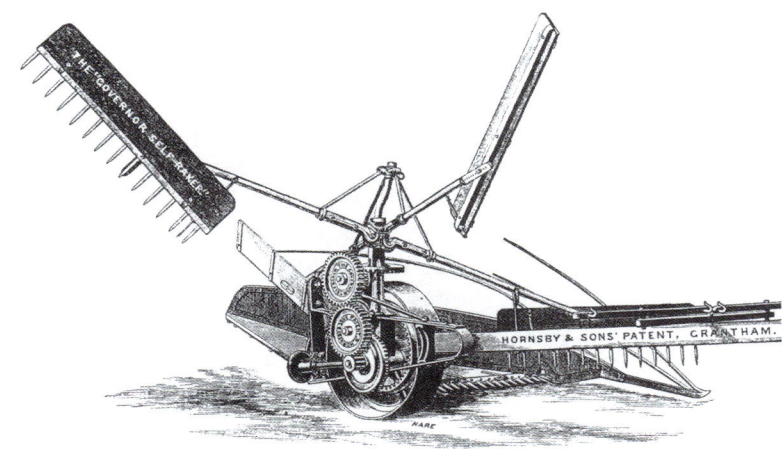

Etwa zur gleichen Zeit benutzt Thomas Robinson aus Melbourne folgende Technik: ein auf einer geneigten Achse umlaufenden Rechen mit vier Armen. Die Rechen führen das Getreide dem Schneidwerk zu, bringen es auf einen Viertel-Kreistisch, von wo das Schnittgut in Portionen seitlich abgelegt wird. Diese Maschine wird in der Fabrik von Sanuelson gebaut.

Hornsby Getreidemäher mit Ableger.

1864

... verbessern die Amerikaner Johnson und Budick diese Maschine mit Hilfe einer Kurvenbahn, in der jeder der vier oder fünf Rechen einzeln aufgehängt ist und gesteuert wird. Dieser Flügelableger beschleunigt die Arbeit, ersetzt die eintönige Handablage und sogar den zweiten Mann. Das Aufnehmen mit der Sichel und das Binden der Garben erledigen aber nach wie vor die Frauen.

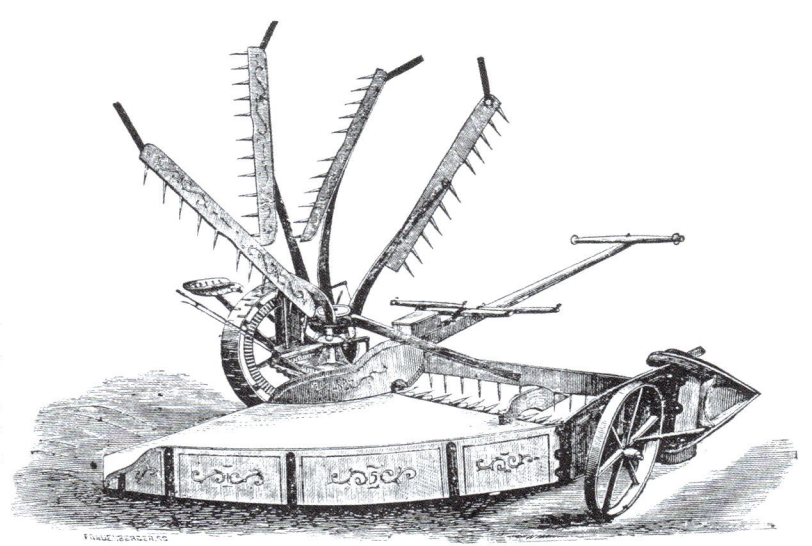

Getreidemäher mit Ableger von Johnson.

Schon 1868 werden in Deutschland von der Firma Eckert in Berlin und anderen Getreidemäher mit Ableger gebaut.

1866

... entwickeln die Gebrüder Marsh aus Illinois einen Getreidemäher mit einer Drahtbindung, die von Hand bedient werden kann. Zwei Männer auf einer Plattform erledigen dies. Bei der Maschine wird das Getreide nach dem Schnitt im Querfluss zwischen zwei Fördertüchern und über ein Endlostuch dem Bindetisch zugeführt. Sieben Jahre später automatisieren Woods und McCormick die Drahtbindung. Für Ärger bei den Farmern sorgen oft die Drahtreste im Futter.

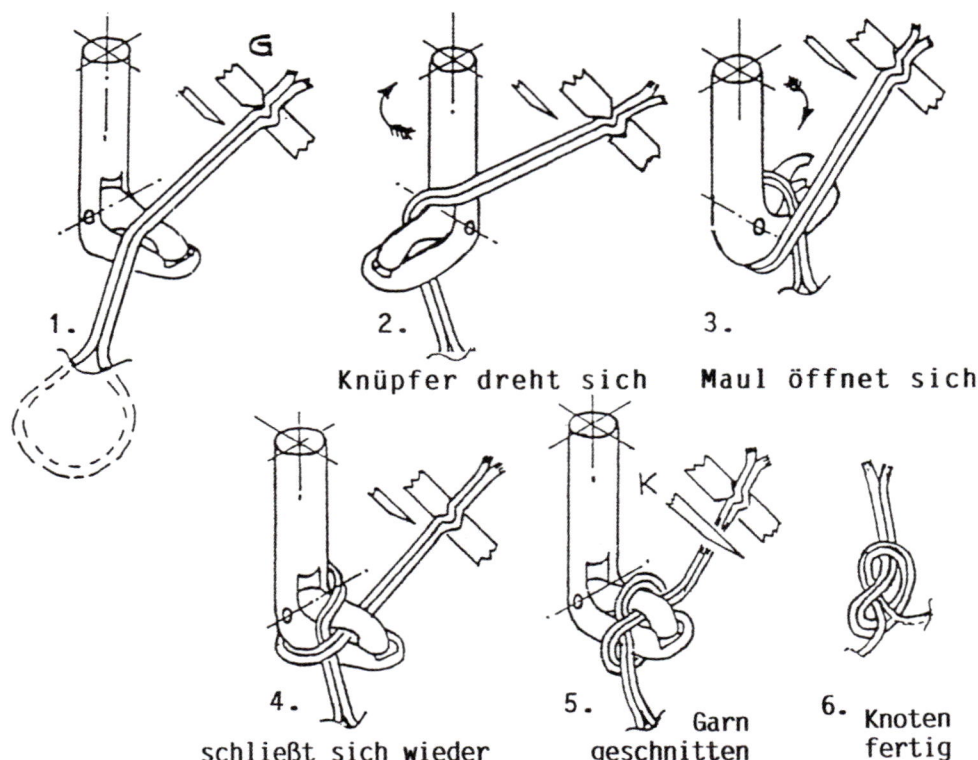

Funktion eines Knüpfers.

Der Farmarbeiter John Appleby aus Wisconsin erfindet durch einen Zufall Ende der 70er-Jahre mit dem Knoter eine Vorrichtung zum selbsttätigen Binden mit einem Bindfaden. Diese Patente werden der Allgemeinheit zur Verfügung gestellt.

Um 1880

... wird überlegt, wie die vielen vorhandenen Grasmäher auch in der Getreideernte eingesetzt werden können. Zur Handablage dient hinter dem Mähbalken ein beweglicher Lattenrost. Er wird von einem zweiten

Mann auf einem Sitz mit einem Fußhebel bedient und legt das angesammelte Schnittgut portionsweise ab. Allerdings muss vor der nächsten Überfahrt die Spur freigeräumt werden, wozu viel Personal benötigt wird.

Getreidemäher mit Handablage

1880

... stellt William Deering aus Chicago den ersten Mähbinder mit Garnbindung nach den Patenten von Appleby vor. Dabei führt die Haspel das Schnittgut sicher auf ein umlaufendes Leinentuch, Von dort geht es über zwei Elevatortücher über das Antriebsrad zum Bindetisch, wo es durch die Pack- und Knüpf-

Mähbinder mit Draht von McCormick.

vorrichtung zu Garben abgeteilt, anschließend gebunden und einzeln seitlich abgelegt wird.

Im Falle von Lagergetreide setzt man zum Erfassen des Getreides Ährenheber ein. Des Weiteren werden rotierende Halmteiler verwendet oder eine Sonderbauart namens „System Leege". Bei diesem Mähbinder ist, anstatt der Haspel, ein umlaufendes Stabwerk angebracht, dessen Stäbe quer von der Seite unter die Halme gleiten und diese aufrichten.

Nur acht Jahre später baut man in den USA jährlich etwa 100.000 Mähbinder.

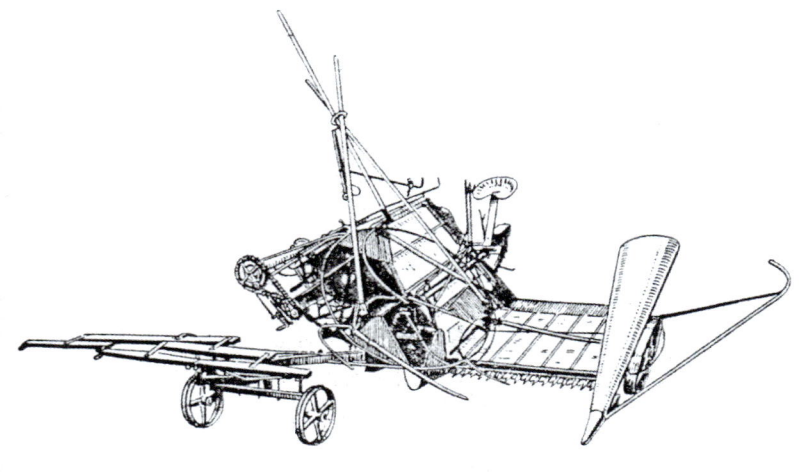

Mähbinder System Leege.

1910

Handablage.

... berichtet Kühne in seinem Buch über „Die Entwicklung des landwirtschaftlichen Maschinenwesens in Deutschland", dass jährlich etwa 50.000 Mähmaschinen nach Deutschland exportiert werden.

Erst nach dem Ersten Weltkrieg beginnen deutsche Firmen mit dem Bau von Getreideerntemaschinen. Darunter die Firmen Bautz in Saulgau; Fahr in Gottmadingen; Fella in Feucht und Krupp in Essen. Nicht unerwähnt soll bleiben, dass J. G. Fahr aus Gottmadingen bereits 1900 einen ersten Gespannmäher mit Handablage auf den Markt gebracht hat.

1927

... stellt Krupp bereits den ersten Zapfwellenbinder her. Diese Mähbinder sind in den folgenden Jahrzehnten die beherrschenden Maschinen in der Getreideernte. Die auf dem Feld getrockneten Garben werden in Scheunen eingelagert und im Winter gedroschen. Bei diesem Hofdrusch werden die Dreschmaschinen über Göpel, Lokomobile, Elektro- oder stationäre Verbrennungsmotoren sowie Traktoren über Riemenscheiben angetrieben.

Mähbinder mit Zapfwellenantrieb.

Hofdrusch

**Ernte- und Dreschverfahren 1900 – 1935,
nach Prof. Dr. W. G. Brenner.**

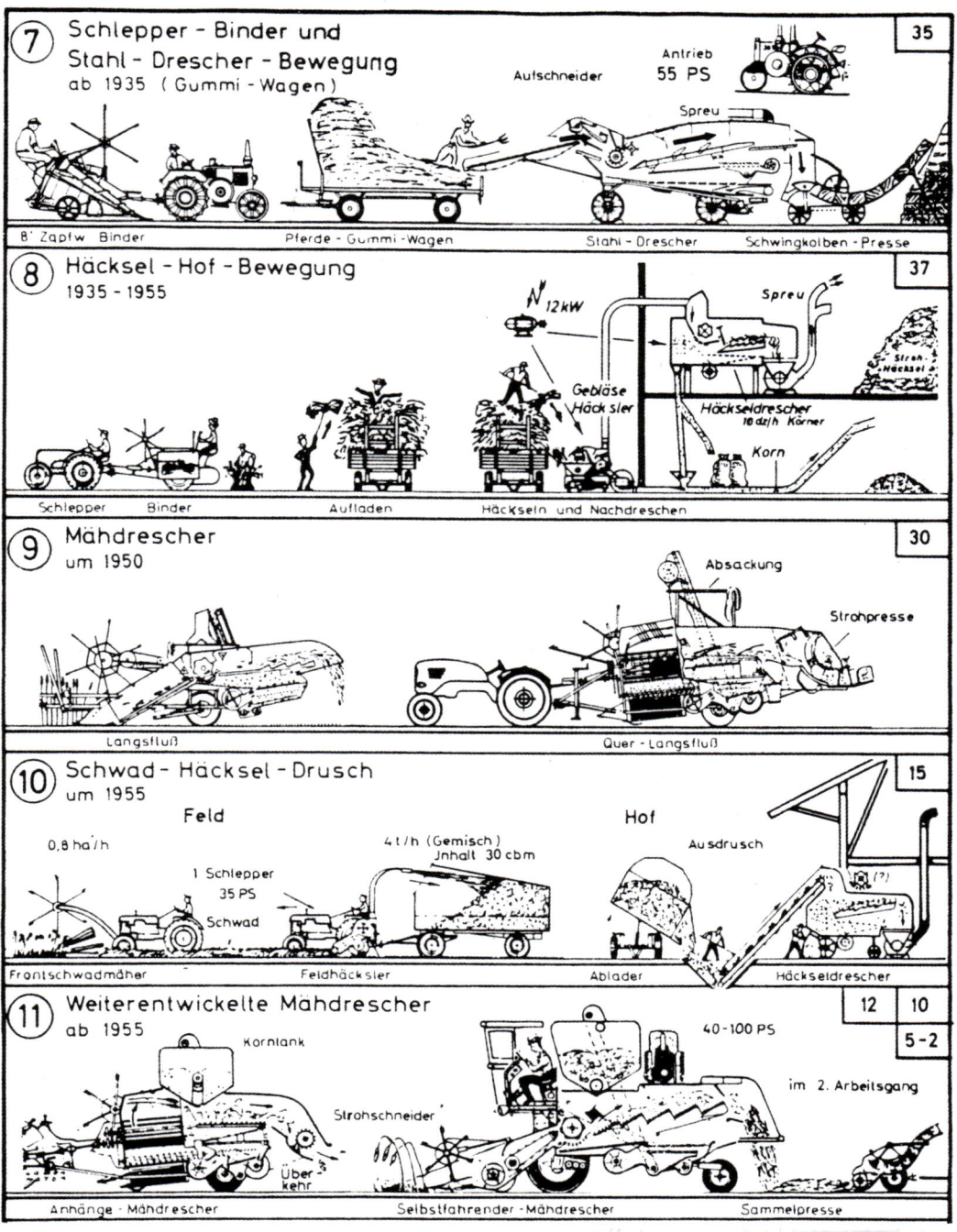

**Ernte- und Dreschverfahren 1935 – 1965,
nach Prof. Dr. W. G. Brenner.**

Bei der Entwicklung der Dreschmaschine gibt es mehrere Ansätze, aber erst die Erfindung des Schotten Andrew Meikle, bei der das Getreide durch zwei Walzen und einer Flügelwelle ausgedroschen werden soll, führt in die richtige Richtung.

1786

... bauen Meikles Sohn und der deutsche Stein die erste Maschine nach Andrew Meikles Ideen. Bei diesem Tangential-Dreschverfahren wird das Getreide mit den Ähren voran durch zwei gegenläufige kleinere Walzen in eine größere Trommel mit Schlagleisten geführt. Die Dreschtrommel ist zum Teil von einem mulden-

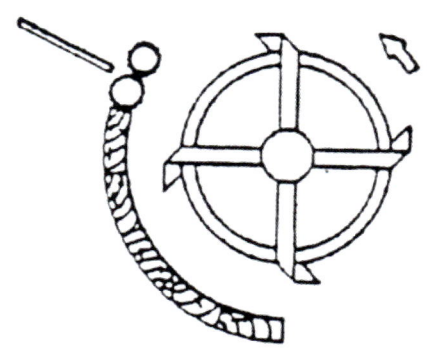

Patentierte Dreschtrommel von Meikle, 1788.

förmigen Dreschkorb umgeben, den man zuerst voll und später gitterartig ausgeführt hat. Dabei fallen die Körner nach unten und das Stroh wird nach hinten gefördert.

1789

... wird erstmals ein rotierender Rechen mit darunter befindlichem Gebläse erwähnt – der erste Schüttler. Im frühen 19. Jahrhundert ist beim Abbild einer schottischen Dreschmaschine solch eine Reinigungsvorrichtung auch erkennbar.

Die Idee mit dem Gebläse resultiert vermutlich aus den Erfahrungen mit den Windfegen. Sie

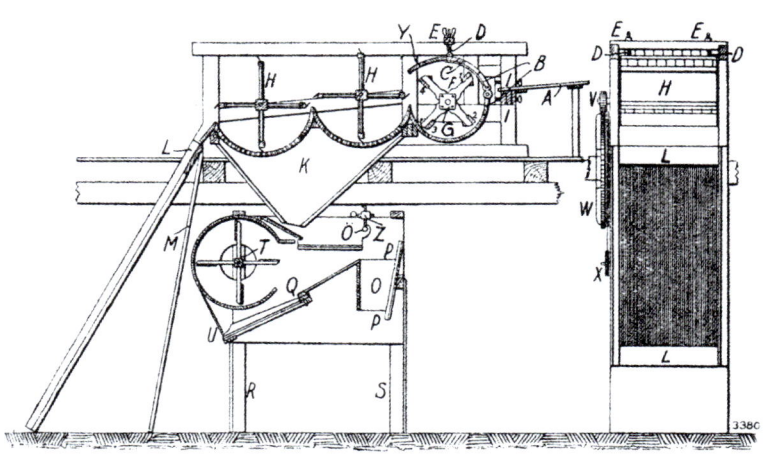

Schottische Dreschmaschine, 1. Drittel 19. Jhd.

wurden zur Trennung der Spreu von den Körnern schon zu Zeiten der (Hand-)Arbeit mit dem Dreschflegel verwendet. Die erste Windfege in England wird 1730 aus Holland importiert.

1837

Dreschmaschine von J. I. Case.

... bringt Jerome Increase Case aus Racine, USA, eine Stiftendreschmaschine auf den Markt, bei der nach dem Dreschvorgang das Getreide nach unten fällt und das Stroh zur anderen Seite bewegt und ausgeworfen wird.

Das Patent hierfür stammt von John und Hiram Pitts aus Maine.

1831

... kommt aus Amerika erstmals die von Samuel Turner in New York gebaute Stiftendreschmaschine nach Europa. Bei diesen Geräten stechen die Spitzen auf der Dreschtrommel durch einen Mantel hindurch.

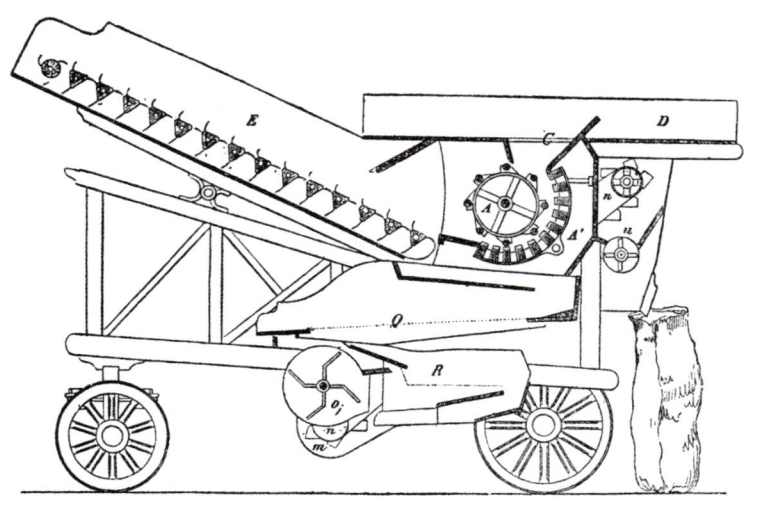

Dreschmaschine von Ransomes & Sims, Ipswich.

Dabei wird das Stroh stark zerschlagen und es gibt mehr beschädigte Körner. Allerdings ist der Kraftbedarf geringer. In Europa wird diese Maschine unter dem Namen Moffitsche Dreschmaschine bekannt.

Die Maschinen von Ransomes & Sims aus Ipswich, entsprechen dem später bekannten Standard. Der Schüttler besteht allerdings noch aus einer Anzahl rotierender Zinkenträger, die das Stroh unter Anheben und Senken nach hinten befördern. Diese Schüttlerart wird bis 1880 verwendet.

1851

... ist die auf der Weltausstellung in London präsentierte Dreschmaschine von Hornsby & Son aus Gratham ausgereifter. Sie hat bereits Einlegetisch, Dreschtrommel und Korb, Entgranner, Schüttler, Ährensieb, Reinigung mit Gebläse sowie eine Körnerschnecke zur Reinigung. Sie entspricht damit bereits den Dreschmaschinen der 20er- und 30er-Jahre des nachfolgenden Jahrhunderts.

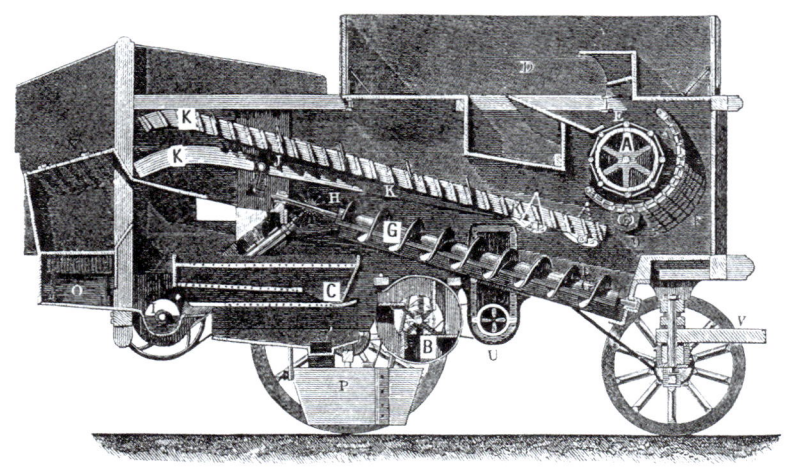

Dreschmaschine von Hornsby, 1856.

1860

... verkauft Heinrich Lanz die erste aus England importierte Dampfdreschmaschine, hergestellt von der Firma Clayton & Shuttleworth. Sie verfügt über einen doppelten Reinigungsapparat, ein doppeltes Gebläse und einen verstellbaren Sortierzylinder. Außerdem kann diese Maschine in sieben Größen geliefert werden. Englische und französische Hersteller verkaufen Mitte des 19. Jahrhunderts bereits 1.000 Dreschmaschinen jährlich.

1879

... nimmt Heinrich Lanz die Produktion von Dreschmaschinen auf. Sechs Jahre später hat er bereits 1.000 Stück verkauft. In den Jahren danach kommen viele deutsche Firmen mit eigenen Konstruktionen heraus. Darunter Dechentreiter in Bäumenheim, Ködel & Böhm in Lauingen, H. F. Eckert in Berlin,

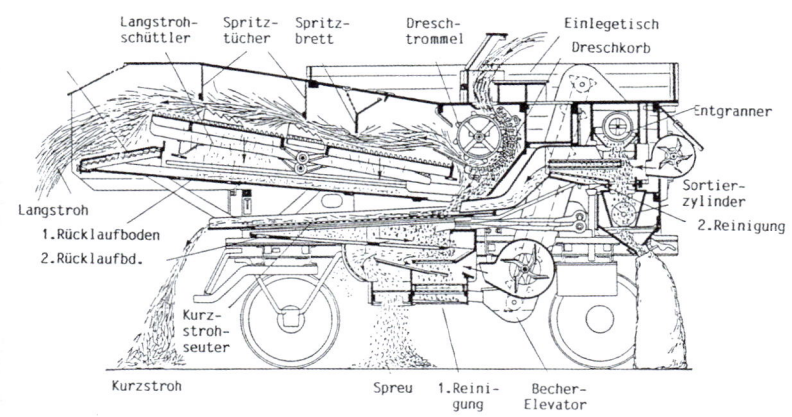

Arbeitsweise einer Dreschmaschine.

R. Wolf in Magdeburg-Buckau sowie Epple-Buxbaum. Des Weiteren: Standardwerke Wilh. Schulz in Hannover, Hofherr & Schranz in Österreich und viele andere.

1900

... setzen in Deutschland bereits eine halbe Million Betriebe Dampf-dresch-Maschinen ein und weitere knapp eine Million Betriebe Göpeldresch-Maschinen. Letztere verschwinden bis 1940 nahezu vollständig.

1929

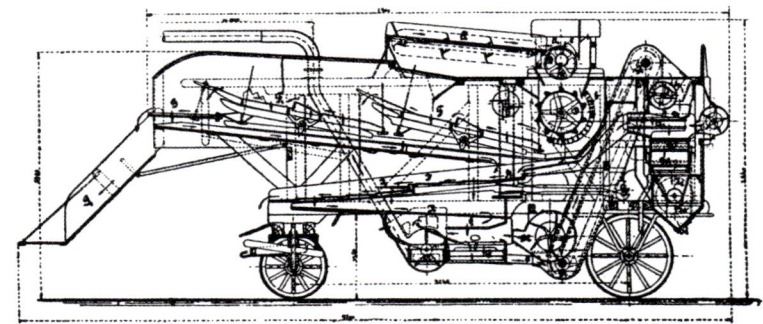

Stahl-Lanz.

... stellt die Firma Heinrich Lanz in Mannheim die erste „Stahl-Lanz" vor. Sie ist – wie der Name sagt – ganz aus Stahl gebaut und besonders für den Felddrusch bestimmt.

Eine ganz andere Ära beginnt mit dem Mähdrusch. Seine Anfänge liegen in Amerika.

Mähdrusch

1836

... lassen sich Hiram Moore und John Haskall den gezogenen Harvester-Thresher patentieren. Er benötigte zum Antrieb zwölf Pferde oder Mulis. Als man die Schnittbreite dieser Mähdrescher von den üblichen 3,00 m auf 5,40 m erweitert, benötigt man mindestens 40 Zugtiere zum Betrieb. Die Gebrüder Holt benutzen keine teuren Getriebe, die beim Durchgehen der Pferde brechen können, sondern robuste Gliederketten zur Kraftübertragung vom Antriebsrad. Zum Betrieb der Maschine selbst sind vier Mann erforderlich. Verständlich ist daher die Freude der Farmer als

Case Mähdrescher, Modell 5.

1886

... der erste selbstfahrende Mähdrescher von George St. Berry aus Sacramento Valley vorgestellt wird. Die Ernteleistung von 50 acres am Tag – das sind etwa 20 ha – hat die Farmer offenbar so sehr beeindruckt, dass bereits

Erster Kalifornischer Dampfmähdrescher von Berry, 1886.

1890

... mehr als zwei Drittel des kalifornischen Weizens mit dem Bestand von rund 500 Mähdreschern abgeerntet wurden. Den Antrieb diese Mähdrescher besorgen wuchtige Dampfmaschinen. Der eigentliche Aufschwung und die Verbreitung über ganz Amerika gelingt aber erst, als diese Mähdrescher anstelle von Dampfmaschinen mit Benzinmotoren angetrieben werden. Die kalifornischen Firmen Daniel Best in San Leandro und die Gebrüder Holt in Stockton sind nach der Jahrhundertwende die großen Hersteller in den USA.

1921

... bringt Holt den ersten ganz aus Stahl gefertigten Mähdrescher auf den Markt.

Holt Mähdrescher mit Riemenantrieb.

In Europa bewegt sich dagegen noch gar nichts. Während in Amerika bereits 50.000 Mähdrescher im Einsatz sind, wird ...

1927

... der erste amerikanische Mähdrescher (Fabrikat Case) in Deutschland eingeführt. Ein Jahr später kauft das RKTL einen Mähdrescher zu Versuchszwecken. Weitere fünf werden von deutschen Landwirten erworben. Dabei handelt es sich um die Fabrikate Case, IHC, Massey-Harris und Advance Rumely.

1928

... stellen die Deutschen Industrie-Werke in Spandau den ersten Mähdrescher vor bei dem zwischen dem Mähteil und dem Bindetisch eines Mähbinders ein Querflussdrescher eingebaut ist. Die lösbaren Verbindungen erlauben den getrennten Einsatz als Mähbinder oder als Dreschmaschine. Dieses Vorhaben wird jedoch nach kurzer Zeit aufgegeben.

Bereits 1927 experimentiert der Franzose Douilhet mit einem Querflussmähdrescher als Selbstfahrer und 1930 entwickelt der russische Konstrukteur Borodin einen Anbau- und einen gezogenen Mähdrescher nach dem Querflussprinzip.

1930

... befinden sich ganze 19 Mähdrescher in Deutschland, während die Jahresproduktion der amerikanischen Firmen nahezu 100.000 Stück beträgt. Die Arbeitsweise der amerikanischen Maschinen befriedigt jedoch weder in Deutschland noch im übrigen Europa. Die Gründe dafür liegen in den Getreidebeständen, die hierzulande viel dichter sind sowie den höheren Erträgen und Strohmengen.

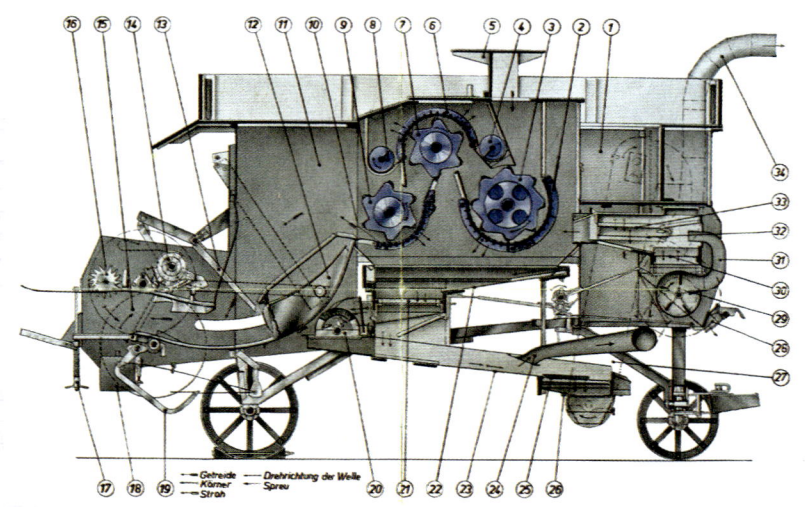

**Schüttlerlose 3-Trommel-Lanz DP8, 1956.
Erst 20 Jahre später gab es schüttlerlose Mähdrescher.**

Zudem müssen Spreu und Stroh für die Viehhaltung geborgen werden. Weil die amerikanischen Mähdrescher mit Stiftentrommeln ausgerüstet sind, gibt es Probleme mit dem langen Stroh. Darüber hinaus wird es durch die Stifte stark angeschlagen und zerrissen, was nicht im Interesse der Landwirte ist.

1931

Titel VDI-Zeitschrift.

... berichtet Prof. Vormfelde in der Zeitschrift des Vereins Deutscher Ingenieure VDI von 07.02. in seinem Artikel „Ein neues Weltbild durch den Mähdrescher" über den Einsatz und die Leistungen mit den Mähdreschern in den USA. Damit beschleunigt er die ersten Entwicklungen in Deutschland.

Mähdrescher von Douilhet.

Mähdrescher von Borodin.

Bei den Entwürfen zu den ersten Mähdreschern verwendet man hier die, in den Dreschmaschinen millionenfach bewährten, Schlagleistentrommeln. Anschließend entwickelt man eine Kombination aus Mähbinder und quer zur Fahrtrichtung stehender Dreschmaschine.

1928 stellen die Deutschen Industrie-Werke in Spandau den ersten Mähdrescher vor, bei dem zwischen dem Mähteil und dem Bindetisch eines Mähbinders ein Querflussdrescher eingebaut ist. Die lösbaren Verbindungen erlauben wieder den getrennten Einsatz als Mähbinder oder Dreschmaschine. Dieses Vorhaben wird jedoch nach kurzer Zeit aufgegeben.

Mähdrescher Deutsche-Indutrie-Werke Spandau.

Bereits 1927 experimentiert der Franzose Douilhet mit einem Querflussmähdrescher als Selbstfahrer und 1930 entwickelt der russische Konstrukteur Borodin einen Anbau- und einen gezogenen Mähdrescher nach dem Querflussprinzip.

1930

... nehmen die Gebrüder Claas in Harsewinkel (auf Anregung von Prof. Vormfelde, mit dessen ehemaligen Assistenten Dr. W. G. Brenner) die Entwicklung von Mähdreschern auf. Zuerst versucht man sich an einer um einen Lanz-Traktor herumgebauten Maschine. Dabei wird das vom Frontmähwerk geschnittene Erntegut über einen Spezialförderer an der linken Traktorseite

Erster Claas-Mähdrescher.

zu einer stehend angeordneten Dreschtrommel geführt. Weil dieses System aber nicht genügend betriebssicher ist, wird dieser Plan verworfen und ...

1935

Claas MDB, der ertse Mähdrescher des Kontinents.

... mit der Entwicklung einer gezogenen Maschine begonnen. Aufgrund der reichlich gesammelten Erfahrungen gelingt es in nur zwei Jahren einen Mähdrescher fertig zu stellen, der nach dem Querflussprinzip sicher arbeitet. Von diesem Claas Mäh-Dresch-Binder MDB werden 1.500 Stück – von 1937 bis 1942 in Serie gebaut – abgesetzt. Noch während des Krieges gehen, wenn auch auf Sparflamme, die Entwicklungs- und Erprobungsarbeiten weiter. So kann bereits 1946 das Modell „Super" – ein Mähdrescher der nun nach dem Quer-Längs-Fluss-Prinzip arbeitet – vorgestellt werden. Hierbei wird das Getreide nach dem Mähen – wie bei einem Mähbinder – über weiche Tücher der Dreschtrommel zugeführt. Danach dreht ein Wendekopf die Halme in Längsrichtung.

Gezogener Claas Super-Mähdrescher.

Aufgrund seiner Betriebssicherheit und der daraufhin einsetzenden Nachfrage, wird der Claas Mäh-Dresch-Binder zur meistverwendeten Maschine in Europa. Bis 1966 sind 65.000 Einheiten im Einsatz.

Nicht unerwähnt bleiben soll, dass die Firma Heinrich Lanz bereits 1939, unter Franz J. Herbsthofer, gezogene Mähdrescher in der Erprobung hatte. Sie sind – im Hinblick auf die Weiterentwicklung zum Selbstfahrer – schon nach dem Längsflusssystem gebaut.

Erster Fahr Versuchsmähdrescher, Längs/Quer-System.

Auch Fahr in Gottmadingen arbeitet nach einem Beschluss von 1938 an einem Mähdrescher. Der zuständige Obering. Dietrich entscheidet sich für eine Traktoranhängemaschine, die erstmals nach dem Längs-Querfluss-Prinzip arbeitet. Dabei wird das gemähte Getreide über ein Förderband der Dreschtrommel zugeführt, Schüttler und Reinigungsanlage liegen quer zur Fahrtrichtung.

Erster Fahr Serienmähdrescher MD1, Längsfluss, 1951.

1951

... befassen sich weitere Hersteller mit der Entwicklung und der Fertigung von Mähdreschern. Es sind die Firmen Bautz und Dechentreiter und ab 1953 die Firmen Holthaus, IHC-McCormick, Ködel & Böhm, Mengele &

Masseys Harris Mähdrescher aus England

Söhne, Petermann sowie Unkel. Anfang der 60er-Jahre kommen die Firmen Claeys (später Clayson) aus Belgien Braud in Frankreich und die Fella-Werke hinzu. Einige davon müssen erleben, dass es nicht genügt, einfach nur eine Dreschmaschine auf Räder zu setzen und mit Schneidwerk und Einzug zu ergänzen. Die Firmen Holthaus, Mengele, Petermann und Unkel geben schnell wieder auf.

Erster europäischer Selbstfahrmähdrescher MZ von Claeys, Sommer 1952.

1952

**Claas Herkules,
Herbst 1952.**

... stellt Claas den Selbstfahrer „Herkules", später nur SF genannt, der Öffentlichkeit vor. Der SF ist ein Längsflussmähdrescher mit 2,40 m Frontschneidwerk, 1250 mm breiter Dreschtrommel, vier Hordenschüttler und dem damals üblichen Absackstand.

Der erste europäische Selbstfahrer war der im Sommer des Jahres vorgestellte MZ von Leon Claeys aus Zedelgem in Belgien.

Viele Landwirte, die nun zunehmend selbstfahrende Mähdrescher einsetzen, stört, dass diese gut motorisierten Maschinen die meiste Zeit des Jahres nutzlos herumstehen. Sie wünschten sich von der Industrie, die Antriebseinheit auch für andere Einsätze nutzen zu können.

... bietet Claas mit dem „Hucke-pack" eine erste Lösung an. Es handelt sich um einen Doppel-holm-Geräteträger mit einem 12-PS-Dieselmotor. Nach Entfernen eines Holmes kann man einen Mähdrescher mit einem 34-PS-VW-Motor in den Geräteträger einschieben. Das Schneidwerk mit Einzug wird anschließend vorgebaut. Die Umrüstung können zwei Mann in einer halben Stunde bewerkstelligen. Das Trägerfahrzeug ist für die Zweirichtungsfahrt ausgestattet.

Claas Huckepack Mähdrescher, Geräteträger.

Etwas später entwickelt in den USA die Firma Minneapolis-Moline einen asymmetrischen Vielzweck-Triebsatz, „Uni-Tractor" genannt, mit dem in die jeweiligen Maschinen (Mähdrescher, Hochdruckpresse, Feldhäcksler, Körnermais-Pflücker, Pflückrebler usw.) eingefahren werden kann. Nach der Firmenübernahme erfolgt die Weiterentwicklung durch die AVCO-New Idea zum „Uni-System".

Auch aus der Sowjetunion wird ein solches Fahrzeug bekannt, jedoch sind die Markterfolge dieser Sonderbauarten nicht bedeutend.

Maschinenträger UdSSR.

Maschinenträger Uni-System, USA.

... erfolgen die ersten Vorführungen zur Körnermaisernte. Die Anbau-fläche beträgt damals 6.247 ha. Sie steigt bis 2006 auf über 400.000 ha (einschließlich Corn-Cob-Mix) an. Zuerst werden die aus den USA bekannten Geräte verwendet. Das sind entweder Pflücker mit anschließender Trocknung der Lieschkolben oder Pflückrebler, bei dem die Körner aus den Maiskolben ausgerieben werden. Es gibt sie angebaut und in gezogener Ausführung, 1- oder 2-reihig. In den USA werden diese Erntegeräte an die dort weit verbreiteten Dreirad-Trak-toren angebaut, sodass der Fahrer die Pflückaggregate im Blickfeld hat.

Gezogener Mais-Pflückrebler, Frank-reich.

Anbau-Mais-Pflücker, USA.

Die leistungsschwachen Mähdre-scher können nur mit 1- oder 2-reihigen Maiserntevorsätzen arbeiten. Lediglich die großen Maschinen mit 1 m und breite-rer Dreschtrommel sind in der Lage, 3- oder 4-reihige Pflücker einzusetzen und damit voll in den Bestand zu fahren. Dieses Verfahren setzt sich mit bis zu 8-reihigen Erntevorsätzen am Mähdrescher durch.

Anbau-Mähdrescher von JF.

... überrascht die dänische Firma JF (Jens Freudendahl) die Fachwelt mit einem Traktor-Seiten-Mähdrescher. Das fünf oder sechs Fuß breite Front- Schneidwerk sowie der Absackstand am Traktorheck, der später durch einen Korntank ersetzt wird, überdecken die gesamte Traktorbreite. Die eigentliche Dreschmaschine befindet sich auf der rechten Traktorseite. Mit Jahresproduktionszahlen zwischen 2.000 und 3.000 Einheiten gelingt JF in den 70er-Jahren – bei einem insgesamt abflauenden Bedarf an gezogenen Mähdreschern – ein beachtlicher Erfolg. Ein Erfolg, wie er JF bereits zuvor bei den Mähbindern gelang.

Eintuchbinder von JF.

... sind in der Bundesrepublick bereits mehr als 100.000 Mähdrescher im Einsatz. Zu Beginn der Entwicklung sind die Maschinen für die verschiedenen Einsätze speziell konstruiert worden. Seit Mitte der 60er-Jahre werden die selbstfahrenden Mähdrescher im wirtschaftlichen Baukastenverfahren hergestellt und in mehreren unterschiedlichen Leistungsklassen angeboten. Zuerst besitzen sie Trommelbreiten von 800 bis 1300 mm. In den 90er-Jahren verfügen sie über Dreschtrommelbreiten von 1000 bis 1700 mm.

Die Leistung der installierten Benzin- und Dieselmotoren beläuft sich anfangs auf 29 bis 110 PS. Später werden bei den ausschließlich eingebauten Dieselmotoren Leistungen zwischen 100 PS und 425 PS angeboten.

Die Durchsatzleistungen weisen einen Anstieg von 2 bis 12 t je Stunde auf bis etwa 40 t je Stunde heutzutage auf. Der Absackstand ist dem Korntank mit immer größerem Fassungsvermögen gewichen und die Anbaustrohpresse vom Anbauhäcksler verdrängt worden.

Die ersten Selbstfahrer sind schon mit einem Dreiganggetriebe über Keilriemenvariator für die stufenlose Fahrgeschwindigkeitsregelung ausgerüstet.

Erster Mähdrescher mit hydrostatischem Antrieb, von Ködel & Böhm, Lauingen 1966.

1965

... bringt Ködel & Böhm in Lauingen den hydrostatischen Antrieb auf den Markt, der zum Standardantrieb für alle Mähdrescher wird.

1970

... entwickelt Claas mit dem „Dominator 80" ein von den eigenen Mähdreschern abweichendes Modell, das nach und nach zu einer kompletten Baureihe ausgebaut wird und zugleich die Basis für die erfolgreichen Nachfolger darstellt.

Eine neue Klasse entsteht:
Claas Dominator 80.

1975

... stellt New Holland mit dem Modell TR 70 als erster in den USA einen Axialmähdrescher mit zwei Rotoren vor. Ihm folgen von International Harvester IH drei Modelle (1440, 1460 und 1480) mit einem Rotor. Die Maschine von Western Roto-Thresh verfügt über eine übliche Dreschtrommel und einen nachgeschalteten großen Rotor. Gleaner bringt sein Dreschwerk im Förderkanal unter.

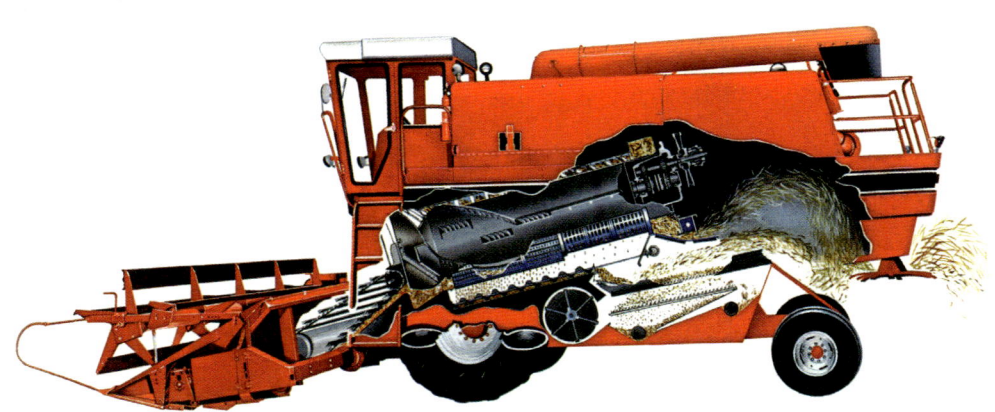

Axialmähdrescher mit einem Rotor von IHC, USA.

Das ist der Beginn der Anwendung neuer unterschiedlicher Dresch-systeme

Tangentialdreschtrommel			
	tang. Trennzylinder	axialer Trennrotor	axiale Trennrotoren
tang. Zuführung	axiale Zuführung	axiale Zuführung	axiale Zuführung

Zusammenstellung nach Prof. Dr. Kutzbach und Dr. Wacker, Institut für Agrartechnik, Universität Hohenheim.

1976

... bieten Claas und Fahr den Allradantrieb für die großen Mähdrescher an. Halbraupenlaufwerke anstelle von Antriebsrädern stehen schon seit den 50er-Jahren für den Einsatz in der Reisernte zur Verfügung. Spezialmaschinen für das Dreschen am Hang gibt es – leider nur mit sehr teuren Einrichtungen – auch schon seit Beginn der Mähdrescher-entwicklung. Die horizontale Ausrichtung der Maschine mit voller Kapazitätsauslastung bei Fahrten in Schichtlinie, erreicht man durch gegensinniges Verdrehen der Portalachsen.

Allradantrieb.

Mähdrescher mit Hangausgleich.

Dieser Seitenausgleich bis 20 % Hangneigung wird ...

1976

... erstmals von John Deere auch in Deutschland angeboten. Aus Italien sind hydraulische Höhensteuerungen der Hinterachse über einen zweiten Rahmen zur Ausrichtung der Mähdrescher, bei Fahrten in Schichtlinie für mehr als 20 % Hangneigung, bekannt. Selbstverständlich gibt es auch die Kombination beider

Systeme. Wesentlich preiswertere Einrichtungen für den Hangausgleich sind pendelnd aufgehängte Reinigungsanlagen, eingeführt mit der TX-Serie von New Holland.

1981

... ersetzt Claas bei den großen Modellen den üblichen Hordenschütt-ler durch ein Zylinder-Abscheideystem und ...

1982

... führt New Holland das TF-System ein. Hierbei handelt es sich um einen Mähdrescher mit Tangential-Dreschwerk und einem quer eingebauten Trenn-rotor.

1986

... bringt Deutz-Fahr eine Regel-einrichtung heraus, wodurch die Reinigungsanlage bei Fahrten am Hang bis zu 17 % Neigung waagerecht gehalten wird. Die einfachste und kostengünstigste Lösung bietet jedoch Claas schon seit ...

Hangreinigungsanlage im Mähdrescher.

1984

... mit der sogenannten „3-D-Reinigung" an, die an Hanglagen bis zu 20 % funktioniert, und bei der durch Querbewegung des Siebes eine gleichmäßige Erntegutverteilung auf dem Sieb erreicht wird.

Sehr bald erkennt man, dass die Hordenschüttler das leistungs-begrenzende Organ im Mähdrescher sind. Deshalb versuchen die Hersteller, durch den Einbau von Schüttlerhilfen eine zusätzliche Auf-

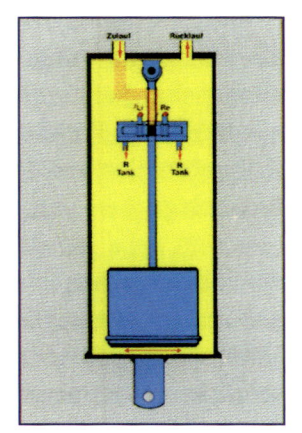

| Siebkastenbelastung am Hang ohne ... | ... und mit 3-D-Wirkung sowie das ... | ... dazugehörige Steuerpendel |

lockerung des Materials zu erreichen. Zuerst bringt John Deere in der ersten Hälfte der 70er-Jahre den „Querschüttler" mit rotierenden Taumelzinken auf den Markt. Kurz darauf folgt Claas mit dem „Intensivschüttler", der mit zwei Rafferzinkenreihen zur Gutauflockerung arbeitet. Die Hersteller Ford New Holland und Deutz-Fahr entlasten die Schüttler durch einen dem Dreschwerk nachgeschalteten Trennrotor.

Claas mit Hangreinigungssystem und Intensivschüttler.

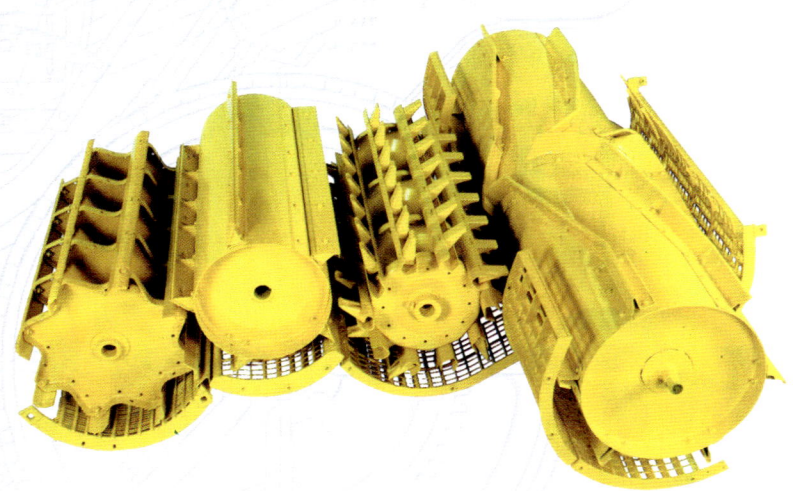

New Holland Dreschwerk mit Trennrotoren.

1995

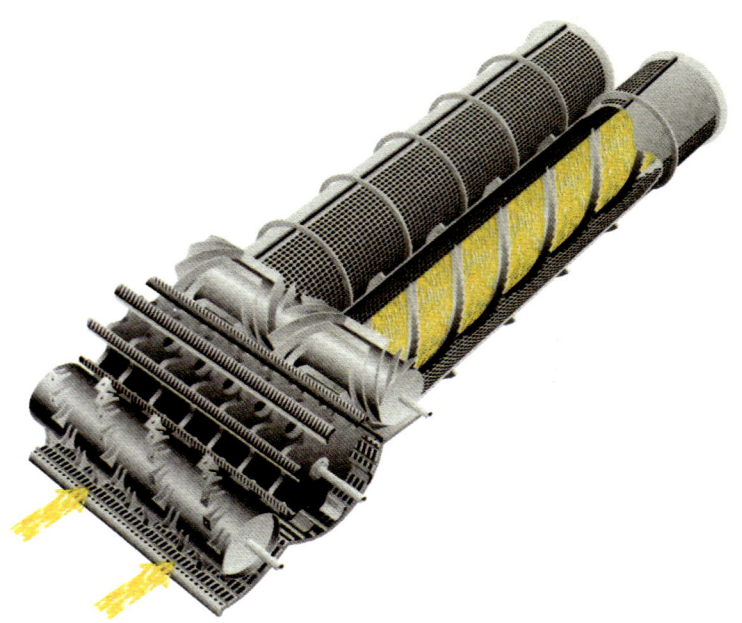

Claas Dreschsystem APS und ROTO PLUS.

... stellt Claas den „Lexion 480" vor. Er besitzt ein Tangential-Dreschwerk mit zwei nachgeschalteten Axial- Trennrotoren wie bei den John Deere CTS-Maschinen, die jetzt auch in Europa angeboten werden. Claas hat beim Lexion das 1992 bei der Mega-Baureihe eingeführte, APS-System (Accelerated Pre-Separation) übernommen. Dabei wird eine dem Dreschwerk vorgeschaltete Beschleunigertrommel mit Korb eingesetzt. Damit hat Claas einen anderen Weg als die übrigen Wettbewerber beschritten, die auf nachgeschaltete Beschleuniger bis hin zum Zentrifugalabscheider setzen, wie beispielsweise Sperry-New Holland.

1997

... werden mehrere neue Mähdrescher auf der Agritechnica vorgestellt. Von Deutz-Fahr der 8XL mit 1521 mm breitem Tangential-Mehrtrommel-Dreschwerk sowie acht Schüttlern, die eine über 2 m breite Schüttlerfläche ergeben. Für die gleichmäßige Verteilung auf die Schüttler sorgt eine Verteiltrommel (Turboseparator). Ein schmales Dreschwerk und breitere Schüttler hat – nebenbei bemerkt – schon Massey Ferguson in den 60er-Jahren bei den Typen 410/415 und 510/515 verwendet.

Deutz-Fahr 8 XL.

Case-IH stellt den Arcus 2500 (ehemals MDW in Singwitz/Sachsen) vor, einen Axialmähdrescher mit zwei längs eingebauten Rotoren im Einzugskanal. Bei dieser Maschine sind die kleinen Lenkräder vorn, was die hohe Fahrgeschwindigkeit von 40 km/h begünstigt. Die großen Antriebsräder befinden sich hinten und darüber der 12.000 Liter fassende Korntank.

2001

... bietet John Deere unterschiedliche Systeme an: Schüttler-Mähdrescher mit normalen Dreschwerken WTS, die CTS mit Tangential- und die STS mit Axial-Dreschwerk. Ab ...

2003

... sind etwa 50 % der Mähdrescher mit Mehrtrommeldreschwerken zur Schüttlerentlastung ausgestattet. CNH New Holland erweitert die CX-Reihe um Modelle, die nun über einen, von 600 auf 750 mm vergrößerten Trommeldurchmesser verfügen.

2005

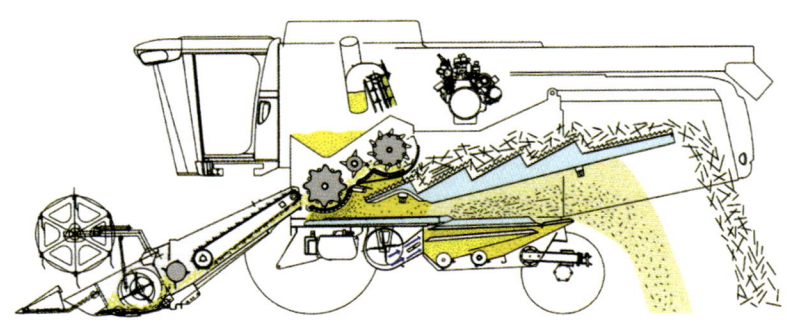

... übernimmt Agco folgende Mähdrescher in sein Lieferprogramm: Die Maschinen von Laverda sowie die Baureihen „Activa" und „Beta" von Massey Ferguson. Für Fendt werden die Baureihen 5000 und 6000 im Werk Breganze in Italien gebaut. Die Baureihe 8000 für Fendt und der „Ceria" für Massey Ferguson stammen aus dem Werk Randers in Dänemark.

Same Deutz-Fahr hat nach Produktionseinstellung in Lauingen das Werk Duro Dakowic in Zupanja, Kroatien übernommen, wo die „Ektron" und die 56er-Reihe gebaut wird. Die 54er- und 55er-Baureihen werden von Sampo in Pori, Finnland geliefert.

... hat Claas mit dem „Lexion" 600 den leistungsstärksten Mähdrescher der Welt im Programm. Mit 9,12 m Schneidwerk, Hybrid-Dreschwerk APS und Roto-Plus, Jet-Stream-Reinigungssystem mit 6-fachen Turbinengebläse, Nebenstromkanal und hohen Fallstufen, 12.000-l-Korntank und 585-PS-Motor sowie präziser Durchsatzregelung und Strohhäcksler mit Radialverteiler für 9 m Arbeitsbreite, bietet diese Maschine beeindruckende Daten.

Technische Entwicklungen im Zeitraffer

Schneidwerke

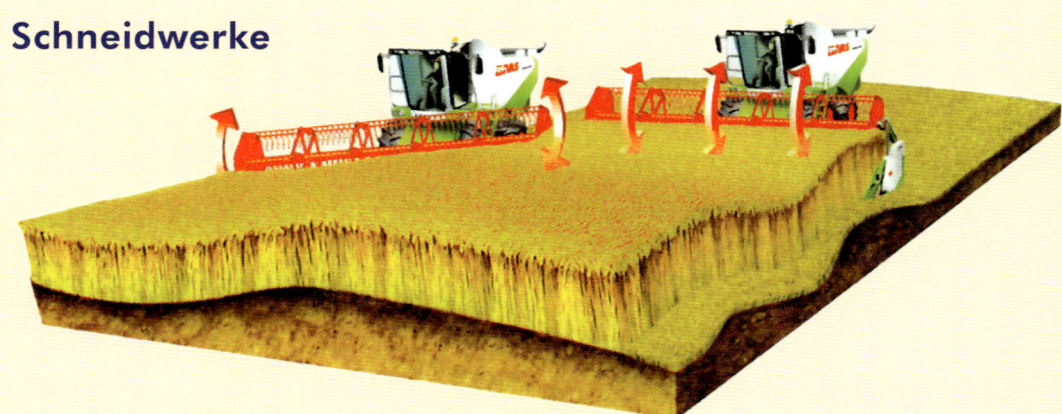

**Claas Auto-Contour II
Schneidwerk.**

1997 zeigt Claas an seinen Mähdreschern das „Vario-Schneidwerk" zur besseren Anpassung an die jeweiligen Erntebedingungen. Bei diesem Schneidwerk kann der Schneidtisch verlängert werden. Grundsätzlich haben die Scheidwerke im Laufe der Zeit eine enorme Entwicklung durchlaufen. Bereits **1972** wird von Massey Ferguson eine Regelung der Schneidwerkshöhe vorgestellt, die einen gleichmäßigen Abstand zum Boden gewährleistet (mittels Taster und elektrohydraulischen Stellelementen). Zwei Jahre später bringt Schumacher eine solche Lösung über federnde Ährenheber auf den Markt. Eine automatische Schneidwerksanpassung zum Boden, einschließlich Auflagedruckregelung und Seitenausgleich, unabhängig von der Neigung der Maschine, bietet Claas erstmals zur Saison **1989/90** an. Diese „Auto-Contour" genannte Einrichtung ist zur besseren Bodenanpassung der bis zu 9 m breiten Schneidwerke notwendig geworden.

4-reihiger Maispflückversatz.

Zur optimalen Anpassung der Mähdrescher an die jeweiligen Erntefrüchte gibt es unterschiedliche Vorsätze, die gegeneinander ausgetauscht werden können. Neben den bekannten Getreideschneidwerken gibt es Rapsschneidwerke mit eingebauter Tischverlängerung und seitlichen Trennmessern. Sie lösen die bis Ende der 70er-Jahre verwendeten Pick-up-Vorrichtungen zum Aufnehmen von Raps-Schwaden ab.

Für die Körnermaisernte stehen Maispflückvorsätze für vier, sechs und acht Reihen zur Verfügung sowie weitere Zusatzeinrichtungen für die Ernte von Sonnenblumen, Sojabohnen, Reis und Corn-Cob-Mix.

Wegen der großen Arbeitsbreite werden diese Vorsätze auf speziellen Schneidwerkswagen zum Feld transportiert. Weil man aber den Umbau für schnelles Umsetzen der Mähdrescher auf kleinen Feldstücken einsparen will, befassen sich die Konstrukteure schon sehr früh mit Lösungen dieses Problems.

1960

... stellt Lely-Dechentreiter ein mittig teilbares und hochklappbares Schneidwerk vor, was allerdings die Sicht des Fahrers bei Straßenfahrt einschränkt.

1969

... versucht Massey Ferguson bei dem Modell MF 185 eine teleskopierbare Lösung. Dazu wird ein Teilstück des Messerbalkens herausgenommen und über einen Spindeltrieb Schneidwerk und Haspel von 3 m auf 2,40 m zusammengeschoben.

Schnellkupplungs-Anbaumähdrescher (Erprobung).

Mähdrescher mit veränderlicher Transportbreite.

1990

... bietet Geringhoff eine Lösung an, bei der ein Teil des 4,80 m breiten Schneidwerkes übereinandergelegt werden kann.

Klappbares Schneidewerk.

1991

... hat Claas ein nach vorne zusammenklappbares Schneidwerk mit 4,50 m und 5,40 m Arbeitsbreite im Lieferprogramm. Auch bei den Maispflückvorsätzen lassen sich die äußeren Reihenaggregate einklappen, so dass selbst die sechs- oder achtreihigen Pflücker nicht mehr abgebaut werden müssen, weil sie für den Straßentransport geeignet sind.

Durch laufende Verbesserungen von Verstell- und Regeleinrichtungen bis hin zur automatischen Einstellung der Drescheinrichtungen wird die Bedienung der inzwischen sehr komplexen Mähdrescher erleichtert.

Der Fahrerstand ist kontinuierlich dem Stand der Technik bei den Traktoren angepasst worden und hat heute in der geräuscharmen Komfortkabine mit Klimaanlage, neben dem bequemen Fahrersitz, sämtliche Regel- und Überwachungseinrichtungen eingebaut. Zur Entlastung des Fahrers bei der Steuerung der großen Maschine sind die einzelnen Stellhebel in einem sogenannten Multifunktionshebel zusammengefasst.

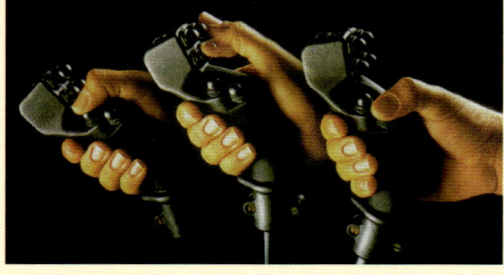

1970

... und später hält auch die Elektronik verstärkt Einzug. Die ersten Anwendungen befassen sich mit der Überwachung der einzelnen Arbeitsorgane in den Mähdreschern. Anschließend folgt die Verlustüberwachung, um die Maschinen sicher bis an ihre Leistungsgrenze fahren zu können.

1992

... dienen die Informationssysteme wie Claas-Cebis, Massey-Ferguson-Datavision oder John Deere-AME zur automatischen Einstellung von Trommeldrehzahl, Korbabstand, Gebläsedrehzahl, Sieb- oder Überkehröffnung, bis hin

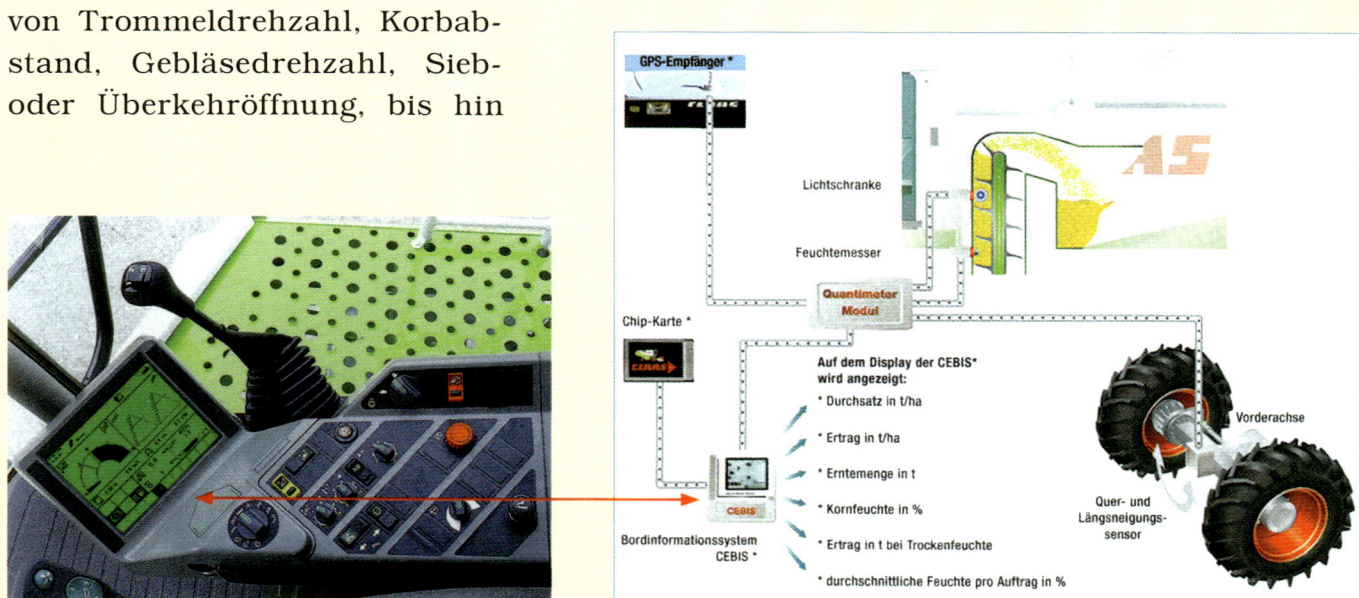

zur Anpassung des Mähdreschers an die verschiedenen Erntefrüchte. Heute sind es bereits komplexe Steuerungs- und Informationssysteme, die bis zum „Precision-Farming" ausgebaut sind.

Die Grundlage hierzu schafft der Mähdrescher, der über die Ertragsmessung im Zusammenhang mit dem Satellitennavigationssystem GPS eine Ertragskartierung ermöglicht.

Die Daten werden über das Landwirtschaftliche BUS-System (LBS) in den Betriebsrechner übertragen und dort bearbeitet. Es wird eine Karte der unterschiedlichen Ertragspotentiale eines Ackers erstellt. Auf dieser Basis kann eine teilschlagspezifische Ausbringung von Saatgut, Dünger und Pflanzenschutzmitteln erfolgen. Alle Hersteller bieten hierzu entsprechende Systeme an. Beispiele sind Claas-Agrocom, Agco-MF-Fieldstar, Case-IH-AFC und John Deere-Greenstar.

Wohin geht die Entwicklung?

Die Motorleistung der Mähdrescher ist von 75 PS im Jahr 1953 auf 568 PS heutzutage angestiegen. Ein stärkerer Motor führt allerdings nicht automatisch zu einer Leistungssteigerung im Mähdrusch.

Soll beispielsweise das Dreschwerk verbreitert werden, muss ein neu konstruiertes Fahrwerk dies erst ermöglichen. Vorstellbar sind kleinere Räder mit drei oder vier Achsen oder ein Bandlaufwerk. Oder ein diesel-elektrischer Antrieb mit Radmotoren für den Allradantrieb und zur Vereinfachung der einzelnen Nebenantriebe. Die heute verwendeten Ketten- und Riemenantriebe benötigen Raum und tragen mit 18 % zum Gesamtgewicht des Mähdreschers bei.

Standard wird in Zukunft die Allradlenkung zur Verbesserung der Wendigkeit sein. Außerdem die Hundeganglenkung zum Versatz der Maschine, sodass die Räder zur Verminderung des Bodendrucks – wie bei den Rübenvollerntern üblich – in unterschiedlichen Spuren laufen.

Ein Schwerpunkt wird zudem die Weiterentwicklung von Informations- und Regeleinrichtungen sein, um komplexe Prozesse sowie die Fahrerentlastung bis zur fahrerlosen Folgemaschine zu ermöglichen.

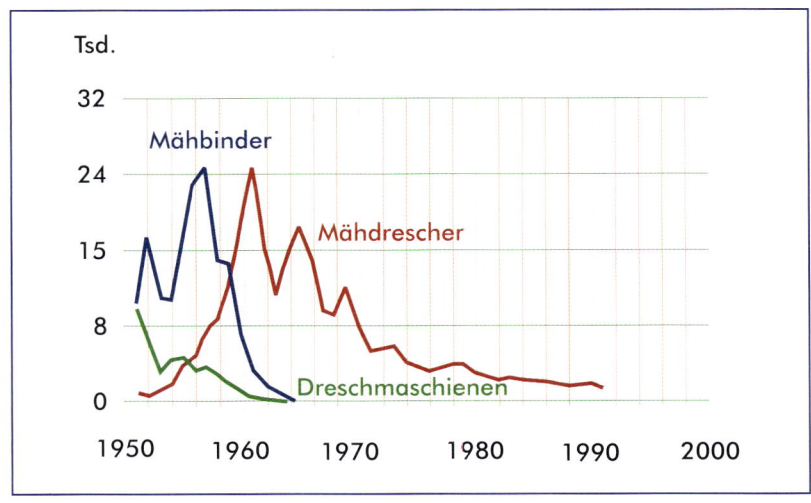

Mähdreschermärkte					
Mähdrescher	**1985**	**1990**	**1995**	**2000**	**2005**
	Ges. Markt	Ges. Markt	Ges. Markt	Ges. Markt	Ges. Markt
Westeuropa	19.346	12.624	7.058	8.041	6.787
Deutschland	3.005	2.413	2.624	2.465	2.228
Frankreich	4.386	3.010	1.450	2.233	1.754
Italien	1.264	1.007	588	587	447
Spanien	1.171	815	304	620	368
England	3.100	1.310	1.007	566	633
Welt	43.486	28.565		24.272	26.194
Nordamerika	11.200	11.260	1.128	6.942	8.688

Mähdrescherabsatz in ausgewählten Märkten				
Jahr	Kanada	Mexiko	Südafrika	Australien
1991	1.501	85	104	218
1993	2.077	100	126	417
1995	1.970	40	185	731
1997	3.281	57	269	1.366
2001	1.211	102	103	756
Quellen: Länderstatistiken, Firmenangaben				

Getreideanbauflächen der Welt 2002 / Getreideernten der Welt 2002/03

Getreideart	1000 ha	Anteil %	1000 Lo	Anteil%
Weizen	210,8	31,8	569,5	28,2
Reis (Paddy)	146,0	22,0	588,8	29,2
Mais	138,9	20,9	590,5	29,3
Hirse/Sergohim	78,9	11,9	51,5	2,6
Gerste	54,0	8,1	132,2	6,6
Anderes Getreide	34,9	5,3	85,8	4,1
Insgesamt	**663,5**	**100,0**	**2.018,3**	**100,0**

Quelle: FAO,USDA,IGC,ZNP

Die fünfzehn größten Länder die Weizen produzieren und importieren

Rang	Land	Fläche				Gesamt Inland
		Geerntet	Ertrag	Produktion	Export	Verbrauch
1	China	25.000,0	3,7	94.000,0	500,0	113.000,0
2	Indien	25.000,0	2,7	68.500,0	3.000,0	68.100,0
3	USA	19.689,0	2,7	53.278,0	27.896,0	33.937,0
4	Russland	23.800,0	1,9	44.500,0	2.000,0	37.500,0
5	Frankreich	4.825,0	6,6	32.000,0	14.600,0	20.650,0
6	Deutschland	2.900,0	7,9	22.800,0	6.600,0	17.472,0
7	Australien	12.000,0	1,8	22.000,0	17.500,0	5.500,0
8	Ukraine	7.100,0	3,0	21.000,0	4.000,0	13.850,0
9	Kanada	11.000,0	1,9	20.700,0	15.500,0	8.200,0
10	Pakistan	8.300,0	2,3	19.000,0	1.000,0	20.400,0
11	Argentinien	6.700,0	2,5	17.000,0	12.500,0	4.600,0
12	Türkei	8.600,0	1,7	15.000,0	3.500,0	4.965,0
13	Kazakhstan	10.400,0	1,3	13.000,0	3.500,0	4.965,0
14	Großbritannien	1.663,0	7,2	12.000,0	3.000,0	12.400,0
15	Polen	2.650,0	3,5	9.400,0	150,0	9.400,0
	Welt	214.654,0	2,7	575.083,0	128.811,0	595.566,0
Top 15	**% von Welt**	**79%**	**NM**	**81%**	**87%**	**65%**

(Wirtschaftsjahr- Tausende von ha,Tonnen pro ha, und tausende Tonnen)   Quelle USDA

Mähen

Dem Mähen von Gras geht das Mähen und Ernten von Getreide voraus.

1780

... ergreift man in England die Initiative zur Entwicklung einer Mähmaschine zur Ablösung der Handarbeit mit der Sense. Eine Vielzahl von Erfindungen werden erprobt, jedoch keine funktioniert so richtig. Der englische Farmer Boyce versucht es mit einem sechteiligen Sensenstern und erhält 1799 ein Patent.

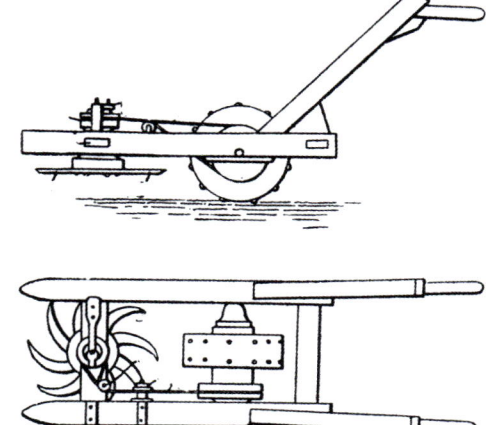

Persons Mähkarre.

In Deutschland wird eine Maschine des Franzosen Person bekannt. An seiner Mähkarre verwendet er mehrere, an einer Scheibe befestigte, sichelartige Messe, die über den Bodenantrieb rotierend bewegt werden.

1807

... führt der Schotte Salomon aus Woburn eine Handmähmaschine mit Selbstablage vor, die nach dem Scherenprinzip arbeitet und damit einen beachtlichen Fortschritt bedeutet.

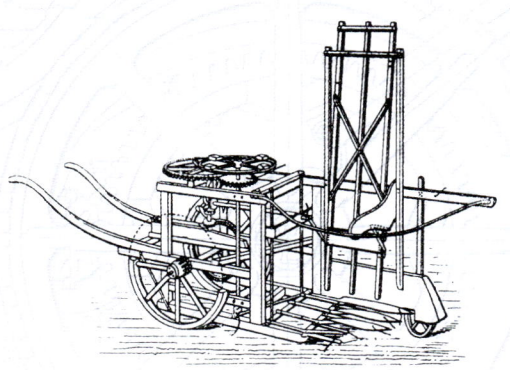

Sowohl Bell´s Mähwerk von 1826 oder der Mäher 1831 von Mc Cormick und anderen Erfindern arbeiteten gut im Getreide. Viel schwieriger jedoch ist es, das weiche, leicht zum Verstopfen neigende Gras zu schneiden.

Salomons Handmähmaschine.

1833

... löst Obed Hussey dieses Problem. Er erfindet einen Mähbalken, bei dem auf der unteren, feststehenden Schiene Finger angebracht sind. Darüber befindet sich eine Schiene mit aufgenieteten, dreieckigen Messern, die hin und hergleiten kann. 1846 verbessert er dieses System nochmals.

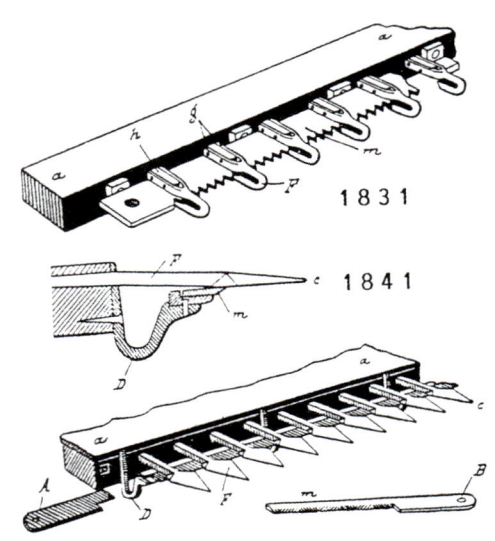

1859

... erst, wird die Grundform des Grasmähers bekannter Art von dem Amerikaner Walter Abott Wood entwickelt. Bereits

1910

... sind diese Gespannmäher voll ausgereift, denn sie verfügen schon über alle Merkmale, die auch Mähwerke in den späteren Jahren aufweisen. Sie werden in Arbeitsbreiten von 1,05, 1,20 und 1,35 m angeboten und von vielen renomierten Landmaschinenfirmen millionenfach hergestellt. Beispielsweise beginnt Fahr 1899, Bautz 1908 und Kuhn 1928 damit, wobei Fahr bis 1960 fast ein halbe Million der Gespannmäher produziert.

Mit der zunehmenden Verwendung von Traktoren entsteht die Forderung, das Mähwerk im Blickfeld des Fahrers, also seitlich zwischen den Achsen anzubringen. Bereits 1916 hat dies Epple Buxbaum, Augsburg, ausgeführt und Mörtl, Starnberg, verbesserte es Anfang der 20er-Jahre.

Husseys Mähmaschine.

... wird dieses System durch einen eigenen Mähantrieb aus dem Traktorgetriebe weiterentwickelt, den Walter Schosnig von Deutz, Köln, 1936 patentieren lässt und erstmals bei dem berühmten 11 PS Deutz-Bauernschlepper einführt. Dies hat den Vorteil, dass das 1,50 m breite Anbaumähwerk am Traktor verbleiben kann, weil es bei allen anderen Arbeiten nicht stört, denn Ackerschiene, Zugmaul und Zapfwelle sind für andere Arbeiten frei.

1. *Mähwerk mit Antrieb*
2. *Aufzugshebel*
3. *Kupplungshebel*
4. *Schnittiefen-Verstellung*
5. *Fuß-Schnellhub*
6. *Stützstange.*

In anderen Ländern werden die Mähwerke am Schlepperheck gezogen und später in der Dreipunktkupplung angebaut und über die Zapfwelle angetrieben.

1950

... entwickelt Busatis in Lennep ein Doppelmesser-Mähwerk mit zwei gegenläufigen Messern, das verstopfungsfrei arbeiten soll. Dabei greift er auf Erfahrungen mit dem Vorläufer von der Sendenhorster Maschinenfabrik zurück. Es erreicht jedoch nur einen bescheidenen Marktanteil.

Doppelmesser-Mähwerk.

1956

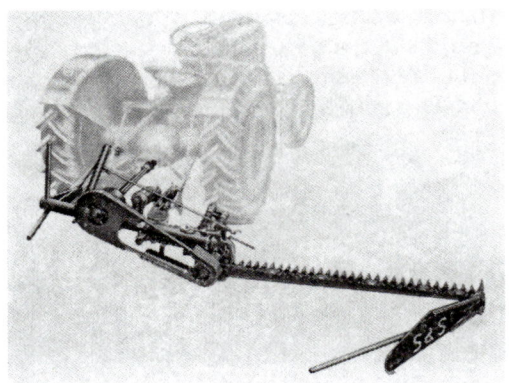

Anbaumähwerk für 3-Punkt-Kupplung.

... bietet Stockey & Schmitz, ein großer Hersteller von Anbaumähwerken, den Zweischeibenmäher „Diskus" zum Mähen von Obstwiesen an. Aber erst 130 Jahre nach der Entwicklung des bewährten Fingerbalken durch die Amerikaner Hussey und Mc Cormick gelingt...

1964

... Piet Zweegers von PZ in Geldrop, Niederlande, mit seiner Erfindung, die er mit der Patentschrift vom Juli 1965 umfassend schützen lässt, der Durchbruch zum rotierenden Mähwerk – sowohl als Trommel- oder Scheibenmäher.

Erster Rotor-Mäher

PZ-Versuchsmäher

**Fahr Serienmäher
1,65 m.**

Die Tommelmäher der Firmen Zweegers und Fahr mit vier, über Keilriemen und Wellen von oben angetriebenen Trommeln arbeiteten paarweise gegenläufig zusammen und sind jeweils mit zwei schnell auswechselbaren, beweglichen Messern bestückt. Nur wenig später bringt Kuhn aus Saverne, Frankreich, einem rotierenden Mäher auf dem Markt, der mit vier ovalen Mähscheiben mit je zwei Messern, von unten über Zahnräder angetrieben wird.

Alle rotierenden Mähwerke haben bei ihrer Markteinführung eine Arbeitsbreite von 1,65 m und werden durch Keilriemen angetrieben. Sie können

**Der erste Kuhn
Scheibenmäher.**

mit einer Geschwindigkeit bis zu 12 km/h absolut verstopfungsfrei mähen. Diese Vorzüge führen zu einer raschen Verbreitung auf dem Markt, weshalb dann sehr schnell weitere Firmen die Produktion aufnehmen. Zuerst ist dies Krone in Spelle, der erstmals einen Winkelantrieb mit Gelenkwelle anstatt des Keilriemenantriebs verwendet. Dann folgen die Firmen Bautz, Fella und Niemeyer mit Trommeln, während die Firmen Kemper, Vicon und Taarup mit Scheiben arbeiteten.

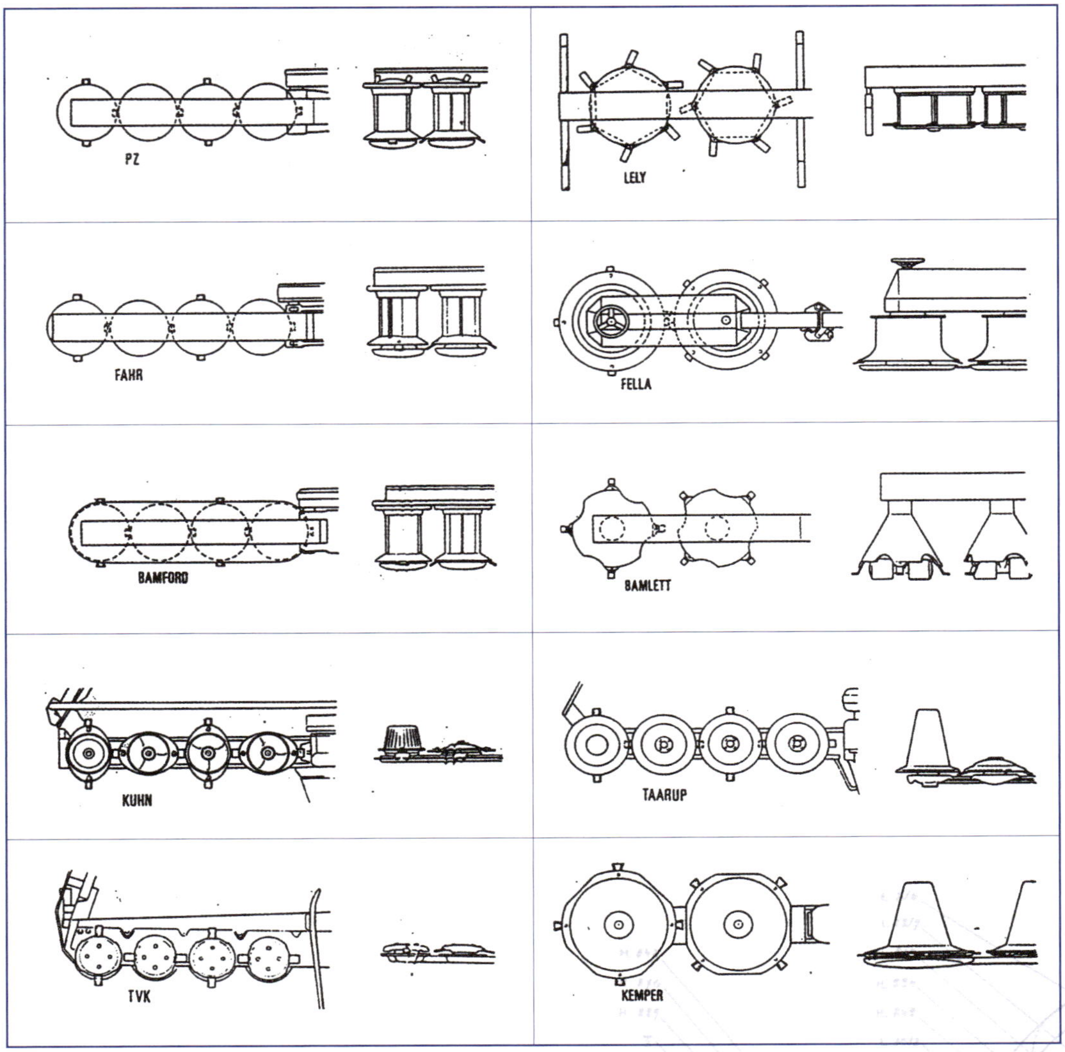

Übersicht von verschiedenen Mähsystemen aus der Anfangsphase.

Der Kreiselmäher ist die erste Landmaschine, die aufgrund der notwendigen hohen Drehzahlen bis etwa 3.000 U/min eine sehr präzise Fertigung voraussetzt. Im Laufe der Jahre werden auch andere Bauformen entwickelt, wobei Arbeitsbreiten mit 1,65 m und nur zwei Trommeln mit jeweils drei Messern favorisiert werden.

Die ebenfalls angebotene 1,35 m breite Maschine ist nur eine Konzession an die vielen existierenden, leistungsschwachen Traktoren.

Im Laufe der Zeit finden die Frontmäher mit Arbeitsbreiten bis zu 2,40 m immer mehr Interessenten. Der die Traktorbreite überdeckende Frontschnitt ermöglicht die Verwendung ohne Einschränkung. Ein weiterer Vorteil ist der gleichzeitige Einsatz des Ladewagens, um das tägliche Grünfutter einzuholen. Außerdem können sie in Kombination mit einem Heckmähwerk bei genügend starken Traktoren bei einer Gesamtarbeitsbreite von 4,0 m enorme Flächenleistungen erreichen.

Front-Mähwerk.

Seit Mitte der 70er-Jahre gibt es auch gezogene Maschinen mit Schwenkdeichsel und Arbeitsbreiten von 3 m und mehr auf dem Markt. Heute liegen die größten Arbeitsbreiten bei über 5 m. In Kombination mit einem 2,40 m breiten Frontmähwerk können so 7,50 m Arbeitsbreite erreicht werden.

Gezogener Mäher.

Zwischenzeitlich gibt es dreiteilige 8,5 m breite Anbaumäher für den Front- oder Heckanbau und aufgelöste Bauformen mit einem Frontmähwerk und einem Heckmähwerk links und rechts vom Traktor, so dass eine Gesamtarbeitsbreite von bis zu 9,0 m möglich wird. Diese Kombination nennt man Schmetterlingsmähwerk. Zur Zeit ist die gezo-

Schmetterlings-Mähwerk.

gene Triple-Mähwerkskombination GXT 12000 von JF-Stoll mit 11,55 m die breiteste im Angebot. Kuhn bietet einen Mähknickzetter an mit einer Arbeitsbreite von 8,80 m in Dreierkombination und Schwadlegerband mit mittiger Zusammenlegung zu einem 2,00 bis 2.40 m breiten Schwad.

Mähknickzetter Dreierkombination.

1996

... gehen die neueren Entwicklungen zum Selbstfahrer hin. Hier ist es zuerst Krone mit dem 350 PS starken „Big M", der eine Arbeitsbreite von 9,0 m erreicht und über 3 einzelne Mähwerke verfügt, die auch mit Aufbereitern auszurüsten sind. Schließlich ...

Krone „Big M", 9m.

2003

... bringt Claas den Selbstfahrer „Cougar" heraus. Er hat 5 Mähwerke und eine Arbeitsbreite von 14 m, die wahlweise mit Intensivaufbereiter oder Quetschwalzen ausgerüstet werden kann. Des Weiteren besitzt er eine elektrohydraulische Allradlenkung und eine Motorleistung von 480 PS.

Zur Beschleunigung der Trocknung des gemähten Futters nutzt man Aufbereiter hinter den Mähwerken. Die aus den USA bekannten profilierten Gummi-Quetschwalzen, die dort in den gezogenen Mähkon-

Claas „Cougar", 14 m.

ditonierern (Mower Conditioner) verwendet werden, haben sich nur bei den grobstengeligen Luguminosenpflanzen wie Klee oder Luzerne bewährt. Dazu muss man wissen, dass in den USA etwa 80 % der Futterfläche auf Alfalfa, also Luzerne, entfällt. Von diesen Mähkonditionierern werden in Amerika in den 70er-Jahren mehr als 20.000 Einheiten jährlich verkauft.

Gezogener Mäher, USA.

Für das feine Wiesengras musste man jedoch andere, aggressivere Werkzeuge entwickeln. Anfang der 70er-Jahre waren es zuerst Schlegel-, Ketten- und Fingerrotoren mit verstellbarem Aufbereitungskamm. Neuerdings werden die Aufbereitungsrotoren auch mit flexiblen V-förmigen Zinken mit hoher Elastizität in Kombination mit einem verstellbaren Leitblech angewendet, wobei diese im Vergleich einen schnelleren Trocknungseffekt erreichen. Pionierleistungen hierzu stammen in erster Linie von Kuhn, Saverne.

Krone geht mit dem Intensiv-Conditionierer dabei noch einen Schritt weiter. Dieses Gerät wird nach einem an der Traktorfront angebauten Mähkonditionierer eingesetzt. Dabei wird das aufgenommene Gras durch zwei Press- und Förderwalzen einer Ambosswelle in Kombination mit einer Hammerwalze zugeführt, die das Erntegut so stark aufbereitet, dass es bereits nach fünf Stunden auf 30 % Trockenmasse abgetrocknet ist. Dieses offenbar zu aufwendige ICS-System gab Krone wieder auf und ersetzt es durch einen nach Wirkung einstellbaren Aufbereiter.

Greenland bietet zur Aufbereitung seinen High-Performance-Conditioner HPC zu den Trommel- oder Scheibenmähwerken an. Dabei wirken eine Stab- und eine Bürstenwalze zusammen, die neben dem Anknicken gleichzeitig die Wachsschicht entfernen. Eine Verteilwalze sorgt für eine lockere Ablage.

Grasliner von Deutz-Fahr.

Arbeiten zur Intensivaufbereitung mit Reißwalzenkombinationen werden in den 80er-Jahren aus den USA, den Niederlanden und Deutschland bekannt. Das zunächst für Luzerne entwickelte Verfahren muss noch für das Gras adaptiert werden. Die Matten-Systemtechnik erreicht offensichtlich die Marktreife noch nicht. Das zeigt die laufende Verschiebung der Markteinführung des „Grasliner" von Deutz-Fahr, der nach diesem Prinzip arbeitet. Zur Agritechnica ,97 stellt Deutz-Fahr erstmals den „Grasant" vor, einen Selbstfahrer mit 6 m breiten Scheibenmähwerk, Aufbereiter mit Knick- und Bürstenwalzen sowie stufenlos einstellbarer Ablage von 1,60 m bis 6,40 m und einer Motorleistung von 260 PS.

Zetten/Wenden

Zum schnellen Abtrocknen muss das nach dem Mähen in Schwaden liegende Futter auseinandergestreut werden, also gezettet und danach mehrfach gewendet werden.

1804

Der erste Versuch hierzu wird mit der Heuegge von Prof. Schulze in Salzburg durchgeführt. Vier eierförmige Räder mit zwei Zinkenträgern verrichteten die Arbeit gerade mal so recht und schlecht.

Prof. Schulzes Heuegge.

1816

... gelingt das mit dem patentierten, von dem Schotten Salmon aus Woburn entwickelten, Trommelwender schon viel besser.

Dabei handelt es sich um ein zweirädriges Fahrgestell mit einer um eine Achse nach vorn rotierenden Zinkentrommel, die das Mähgut hochwirft.

Später ersetzt der Amerikaner Perry die Trommel durch eine

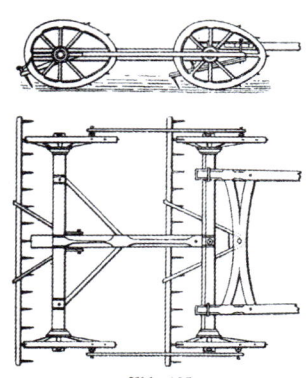

Heuwendemaschine von Perry, USA.

Haspel, an der zwei Zinkenträger befestigt sind. Die dünnen Stahldrahtzinken hat er in Form einer Drehfeder (Torsionsfeder) um das Rechenrohr gewunden und daran befestigt.

Die wesentlichen Heuwerbegeräte zur damaligen Zeit sind der Gabelheuwender und der Heurechen.

1862

... beschreibt Dr. Rau aus Hohenheim ein Gerät, das dem allseits bekannten Heurechen schon sehr nahe kommt. Es ist wieder eine zweirädrige Karre mit einem aus Einzelzinken bestehenden Rechenkorb der von dem hinterher gehenden Bedienungsmann über ein Hubwerk entleert werden kann und somit das Rechengut zu Querschwad zusammenfügt.

1865

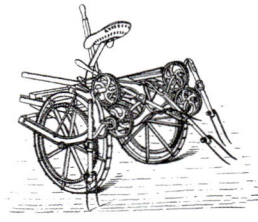

Gabelheuwender von Richardson, USA.

... gelingt Bullard in Amerika eine Konstruktion unter Verwendung von gefederten Gabeln auf einer Kurbelwelle. Entsprechend der bekannten Handarbeit werfen die Gabeln das Heu nach oben. Die Firma Richardson übernimmt nach Verbesserungen dieses System zur Herstellung ihres Gabelwenders. Diese Maschine mit 1,70 bis 2,10 m Arbeitsbreite wird nun von vielen Firmen in Produktion genommen und laufend weiterentwickelt.

In der Folge werden noch spezielle Graszetter entwickelt, Dies sind der Trommelzetter, der Kreiselzetter mit einem einzigen Kreisel und der Rüttelzetter. Alle besitzen gefederte Zinken.

Die Rechwender sind Vielzweckheumaschinen, die etwa 100 Jahre lang den Markt beherrschen. Bei ihnen dominiert lange Zeit die Trommelbauart.

Trommelwender.

Trommel-
Rechwender.

Bandrechwender.

... erhält Fahr in Deutschland ein Reichs- und mehrere Auslandspatente auf einen Trommelrechwender, der zum Zetten, Breitwenden, Schwadrechen, -wenden und -streuen eingesetzt werden kann. Diese Heuerntemaschinen werden zuerst für tierische Anspannung mit Bodenantrieb und später mit einer Zugdeichsel für Traktorzug und Zapfwellenantrieb geliefert.

... beginnen bei Krupp die Entwicklungsarbeiten für einen Schubrechwender. Er ist eine Ableitung des Trommelrechwenders, der weltweit millionenfach im Einsatz ist. Der Vorteil gegenüber den bekannten Heumaschinen ist, dass er auch für den Traktorenanbau geeignet ist. Bei dieser Maschinenart wird die Trommel zum Zetten und Wenden quer zur Fahrtrichtung benutzt und zum Schwaden schräg nach hinten gestellt.

Trommelrechwender.

Bandrechwender.

... meldet der Schweizer Erfinder A. Kehrli ein Patent für eine kompakte Vielzweckheumaschine an, die zwei Jahre später von Fahr in Gottmadingen in Produktion genommen wird und mit der Bezeichnung „Schnellheuer", einem Bandrechwender, auf den Markt kommt. Die leichte Maschine arbeitet auch in Hanglagen bis zu 60 % noch einwandfrei, sodass sie nicht nur für Traktoren sondern auch für Einachsschlepper geeignet ist. Pöttinger in Grieskirchen, Österreich, erhält hierfür auch Patente. Diese Bauart wird dann von mehreren Firmen gefertigt.

Beispiele sind die österreichischen Firmen Vogel & Noot in Wartenberg und die Reformwerke in Wels. Die Einachser, die vorzugsweise in der Berglandwirtschaft eingesetzt werden, werden von Aebi in Burgdorf oder Bucher in Niederweningen (beide Schweiz) gebaut sowie von Zweegers, Geldrop, in den Niederlanden und vielen anderen.

Großes Interesse erregt ein Radrechwender aus den USA. Der „Roto-Rake" wird von der Firma Automatic Industries Mc Plathe, Kansas hergestellt. Ein Exemplar kommt gleich nach dem Krieg an die Technische Hochschule von Braunschweig und erzeugt dort großes Aufsehen. Das Arbeitsprinzip ist jedoch schon seit ...

1893

... bekannt durch den von der Firma Stoddard, Dayton/ Ohio, gebauten Radrechen. Er hat Selbstantrieb und federnd aufgehängte Räder. Die Erfindung ist aber offensichtlich in Vergessenheit geraten.

1948

... gelingt diesem System der große Durchbruch, als Cornelis van der Lely aus Holland seine Entdeckung weiterentwickelt und eine den europäischen Verhältnissen angepasste Sternradmaschine vorstellt. Zum ersten Mal kann mit einer Heuerntemaschine bis zu 16 km/h gefahren

Erste Sternradmaschine von Lely, 1948.

werden. Alle übrigen Heumaschinen können nur Gespanngeschwindigkeit erbringen, weil sei nur mit 4 bis 5 km/h gute Arbeit verrichten. Die Wende- und Zettarbeit der Sternradmaschine überzeugt weniger gut als das Schwaden.

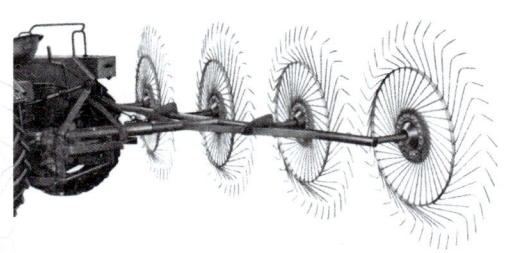

Sie ist patentrechtlich gut abgesichert, sodass nur wenige ausgewählte Hersteller eine Lizenz zur Fertigung bekommen. In Deutschland sind es die Firmen Bautz in Saulgau, die Bayerische Pflugfabrik in Landsberg und, der nach Stückzahl Größte, Niemeyer & Söhne in Hörstel/Riesenbeck. In den Niederlanden werden sie von Vicon in Nieuw Vennep, gebaut und in Frankreich von der Firma Remy & Fils in Senoches, die später von John Deere übernommen wird. Niemeyer baut 1951 75 Sternradmaschinen. Fünf Jahre später gibt es bereits 180.000 Einheiten auf dem deutschen Markt.

Heuma von Niemeyer.

... revolutioniert die Erfindung des Kreiselzettwenders durch den Landwirt J. Maugg die Futterernte von Grund auf. Fahr in Gottmadingen setzt sie technisch hervorragend um. Die Erfindung des Kreiselzettwenders wird umfassend patentiert und 1960 in höchsten Stückzahlen auf den Markt gebracht.

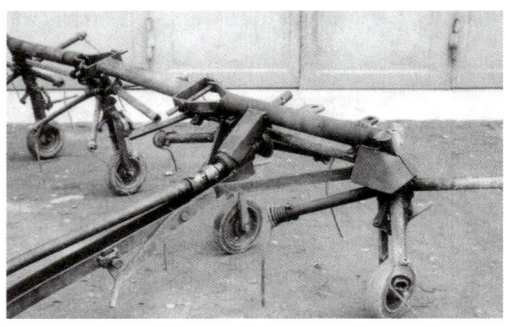

Kreiselzettwender, erste Versuchsmaschine.

Bei dieser Maschine drehen sich zwei um eine Hochachse umlaufende Zinkenträger mit jeweils vier Armen, an denen je ein Doppelzinken befestigt ist, gegenläufig. Dabei wird jeder

Fahr KH 6 Kreiselheuer.

Zinkenträger durch ein Laufrad nahe am Doppelzinken in dessen tiefste Stellung geführt. Durch die Kombination von sechs, später auch vier beweglich aneinandergefügte Zinkenträgern erreicht man große Arbeitsbreiten bis zu 4,80 m bei ausgezeichneter Bodenanpassung und schneller Fahrweise – je nach Futtermenge und -beschaffenheit bis zu 12 km/h – sowie enorme Flächenleistungen. Der richtige Winkel der Zinkenträger sorgt für eine bis dahin nicht gekannte Zett- und Wendearbeit. Mit einem Untersetzungsgetriebe können sogar bei langsamer Kreiseldrehzahl kleine Nachtschwaden, sogenannte Loreien, gezogen werden. Später verwendete man größere Kreiseldurchmesser mit mehreren Zinkenträgern, die jedoch bei hohen Fahrge-

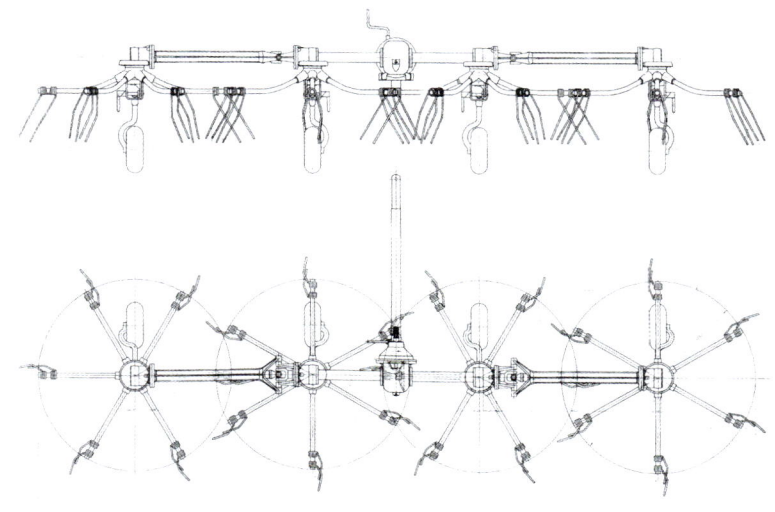

schwindigkeiten nicht mehr so gut und gleichmäßig arbeiten, so dass wieder langsamer gefahren werden muss. Man empfiehlt, mit 6 km/h

zu arbeiten, um ausgezeichnete Ergebnisse bei der Zett- und Wendearbeit zu erzielen. Später wird dieses Problem mit verstellbaren Winkelstellung der Kreisel gelöst. Hohe Flächenleistungen erreicht man heute zusätzlich mit noch größeren Arbeitsbreiten bis 17,20 m.

Die Kreiselzettwender gibt es zum Anbau oder Anhängen an den Traktor, die ganz großen werden nur für den Traktorzug angeboten. Die Kreiselzettwender sind weltweit der größte Produktionserfolg von Geräten in der Landmaschinenindustrie.

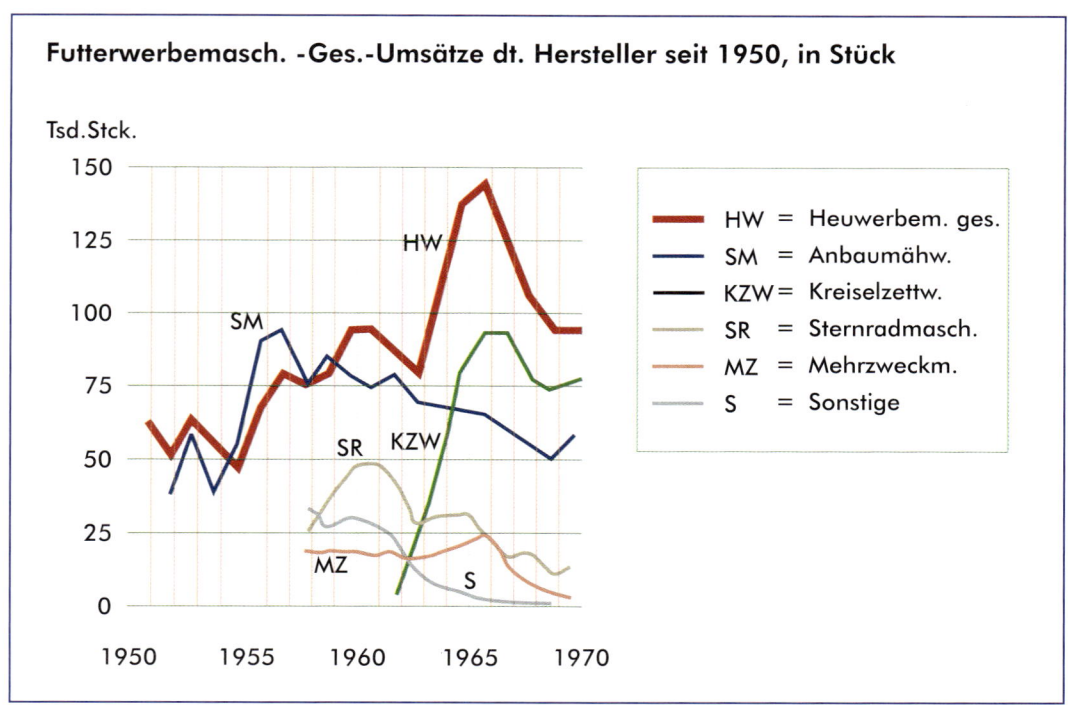

Futterwerbemasch. -Ges.-Umsätze dt. Hersteller seit 1950, in Stück

HW	=	Heuwerbem. ges.
SM	=	Anbaumähw.
KZW	=	Kreiselzettw.
SR	=	Sternradmasch.
MZ	=	Mehrzweckm.
S	=	Sonstige

Marktentwicklung Futtererntemaschinen			
Jahr	**89/90**	**94/95**	**99/00**	**04/05**
Westeuropa				
Trommelmäher	32.923	19.956	13.445	8.617
Scheibenmäher	22.243	26.503	26.282	32.942
Wender	28.155	19.949	17.931	17.963
Schreder	31.911	22.807	21.558	20.386
Deutschland				
Trommelmäher	15.613	8.516	5.835	3.565
Scheibenmäher	2.413	6.233	6.607	7.290
Wender	2.400	3.000	4.400	4.800
Schreder	3.500	3.000	4.640	6.025
Frankreich				
Trommelmäher	1.700	1.400	800	600
Scheibenmäher	6.500	6.500	6.700	8.175
Wender	2.400	3.000	4.400	4.800
Schreder	3.500	3.000	4.640	6.025
Italien				
Trommelmäher	2.500	2.000	1.450	1.500
Scheibenmäher	1.300	2.000	1.750	2.000
Wender	2.600	2.000	1.350	1.000
Schreder	3.500	2.700	1.950	1.500
Großbritanien				
Trommelmäher	2.570	1.960	750	652
Scheibenmäher	1.730	2.170	1:915	3:502
Wender	50	880	510	997
Schreder	300	840	580	974

Schwaden

Weil die eingedrehten und verzopften Schwaden der Sternradmaschinen vor allem bei der Ladearbeit nicht mehr befriedigen, suchte man sehr intensiv nach anderen Lösungen.

Erster Rotorrechen von Bucher.

1968

... erhält Bucher Guyer in Niederwenningen, Schweiz, die Patentrechte für den Kreiselschwadrechen, der zeitgleich von der Tochterfirma Kuhn in Saverne, Frankreich, und der Maschinenfabrik Fahr in Gottmadingen 1968 auf den Markt gebracht wird. Bei den Kreiselschwadrechen werden die Zinkenträger mit jeweils drei Doppelzinken auf einer Kurvenbahn so gesteuert, dass sie in einer Kreisbewegung das Erntegut portionsweise zur Seite gegen einen Schwadformer führen. Dabei werden die Rechen zuerst senkrecht über den Boden geführt und dann bis zur Waagerechtstellung aus dem Schwad herausgehoben. Das alte Konstruktionsprinzip vom Getreidemäher mit Ableger, die Kurvenbahn, kommt hier noch einmal zur Anwendung.

Fahr Kreiselschwader.

Universal Heumaschine.

setzen kleine Futterbau- oder Extensivbetriebe, für die das Zweimaschinensystem zu teuer ist, bevorzugt Universalmaschinen ein. Zweegers PZ in Geldrop, Niederlande, bringt zuvor die Universalmaschine „Strela" heraus. Sie wird im Internationalen Markt die erfolgreichste Universalmaschine. Hierbei drehen sich zwei konische Trommeln gegenläufig. Durch die Fliehkraft werden die Doppelzinken in Waagrechtstellung für die Streuarbeit gebracht. Zum Schwaden wird ein Schwadformer angebaut.

Aus diesem Maschinensystem entwickelt Zweegers einen Schnellschwader, dessen drei, in einer Richtung rotierende flache Trommeln mit radialen Zinken, bei schräg gestellter Maschine eine Arbeitsbreite von 4,50 m erreichen.

PZ-Schwader.

Stoll, Broistedt, geht mit dem Kreiselzettrechwender einen anderen Weg. Ihm gelingt die Kombination der bekannten Systeme Kreisel-Zettwender und Kreiselschwader.

An einem quer zur Fahrtrichtung stehenden Rahmen drehen sich zwei Kreisel gegenläufig und können so bei entsprechender Winkelstellung einwandfrei Zetten und Wenden. Zum Schwaden werden die Zinken nach Umstellung in einer Kurvenbahn gesteuert, sodass nach dem Waagrechtstellen und Auseinanderziehen des Rahmens die beiden Kreisel gegenläufig einen Mittelschwad formen.

Stoll Universalmschine.

... baut Kuhn einen rotierenden Schwader, der vier Trommeln mit flexiblen Kreistellern besitzt, unter denen je eine Boden-stützrolle läuft. Zum besseren Guttransport haben die vier gleichsinnig drehenden Trom-meln flexible Mitnehmer. Durch die nach hinten schräggestellte Maschine wird der Schwad geformt. Auch Deutz-Fahr hat dieses Produkt im Programm.

Trommelschwader.

Es gelingt jedoch keinem dieser Maschinensysteme der erfolgrei-che Durchbruch im Markt.

Allerdings gibt es nun Kreiselschwader für alle Einsatzzwecke, auch als Frontschwader für die gleichzeitige Kombination mit entsprechenden Ladegeräten.

1988

... wird in den USA ein neues System zum Schwadenwenden vorge-stellt. Eine Pick-up nimmt die Schwaden auf, und ein Förderband

Schwadenwender, USA.

bringt sie zu einer Wendeeinrichtung, die das Futter um 180 Grad dreht und wieder locker auf dem Boden ablegt. Dabei wird die Dampfsperre zwischen dem Boden und dem Mähgut aufgehoben, sodass die nasse Oberfläche rasch abtrocknen kann. Diese Geräte werden in den USA nach den Mähconditionierern „Mower-Conditioners" eingesetzt, weil dort 80 % der Futterfläche Alfalfa, also Luzerne, sind und daher vorzugsweise nur die Schwadtrocknung durchgeführt wird. Auf das Zetten wird wegen der Blattverluste verzichtet.

Mittelschwad.

1990

... gibt es Doppelkreiselschwader mit mittlerer Schwadbildung und einer Arbeitsbreite von 7,00 m. Die Bodenanpassung der Arbeitswerkzeuge wird dabei durch Tandem-Laufräder verbessert. Sie ermöglichen hohe Flächenleistungen und große Schwaden, wie sie für die leistungsstarken Pressen oder Feldhäcksler gebraucht werden.

Die großen Kreiselschwader sind aufgesattelt oder in gezogener Ausführung lieferbar. Die beiden, versetzt nach einer Seite arbeitenden, Kreisel mit hydraulischem Kreiselantrieb, kardanischer Kreiselanlenkung und schwenkbaren Kreiselfahrwerken mit vier Rädern, erlauben ausgezeich-

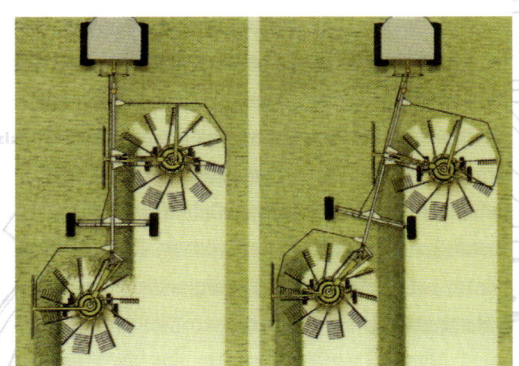

Seitenschwad.

nete Bodenanpassung und Fahr-
verhalten am Hang. Sie haben
eine Arbeitsbreite bis 7,80 m.

Mit dem Großschwaderkonzept
von vier Kreiseln ist der Engpass
beim Schwaden nunmehr beho-
ben. In einer Überfahrt wird ein
Schwad von 12,50 m gebildet.

Krone in Spelle hat eine Kombination von Mittel- und Seiten-
schwader in einem Gerät.

2006

... stellt Kuhn erstmalig einen Bandschwader vor. Das Futter wird
zur besseren Bodenanpassung von drei unabhängigen Pick-ups aufgenommen, über Bänder weiterbefördert und dann links oder rechts
oder in der Mitte zu einem perfekten Schwad abgelegt. Dadurch wird
das Futter sauber aufgenommen und nicht über längere Strecken auf
dem Boden gerecht. Zum Transport werden die beiden äußeren Pick-
ups einfach eingeklappt.

Die italienische Firma Tonuti bietet ebenfalls einen Bandschwader an.

Heute führt man die Futterernte im Wesentlichen nur noch mit Kreiselgeräten durch. Dies sind vor allem Kreiselmähwerke mit Trommeln oder Scheiben, mit und ohne Aufbereiter. Weiterhin Kreiselzettwender in unterschiedlichen Arbeitsbreiten, mit starken Zinken für gute Streuarbeit im nassen und schweren Futter und Kreiselschwadrechen mit weichen Zinken zur Schonung des trockenen Erntegutes.

Bandschwader.

Langgut

Als erste Ladegeräte sind zu Beginn des letzten Jahrhunderts in England, aber vor allem in Amerika Heuauflader, die an die Transport-Wagen angehängt werden können, weit verbreitet. In Deutschland erfolgt der Einsatz dennoch zögerlich.

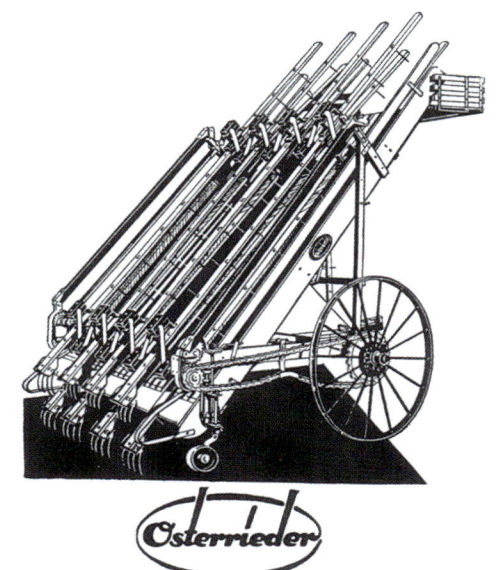

Einer der ersten Fuderlader.

1908

... entwickelt die durch Höhenförderer bekannte Firma Osterrieder in Memmingen daraus ein fahrbares Modell. Noch im gleichen Jahr kommt ein Heuauflader von L. Neuner in Leutkirch hinzu. Die Fuderlader, so nennt man diese Maschinen, werden vor dem Zweiten Weltkrieg nur von den Firmen Osterrieder und IHC in Neuss, angeboten.

Nach dem Krieg gibt es gleich mehrere Anbieter, wie Huber in Leutkirch, Schmied in Traunstein und Mörtl in Starnberg, die ihre Lader am Wagenende anhängen. Heinrich Wilhelm Dreyer in Wittlage bei Bad Essen setzt seinen Förderband-Lader Diadem zwischen Traktor und Wagen, während Mörtl den Schubstangen-Lader seitlich hinter dem Traktor anhängt, sodass sich der Lader neben dem Wagen befindet und dadurch diesen in der Mitte beladen kann. Ein weiterer Vorteil ist, dass man ohne Hilfskraft auf dem Wagen arbeiten kann. Die Erfolge dieser Lader sind so

Mörle Lader.

Lanz Lader.

groß, dass nun mehrere Firmen sie in Produktion nehmen. Die Geräte werden laufend verbessert und für den Einmann-Einsatz verändert. Nach dem Aufsammler übernehmen umlaufende Rechenketten oder Schubstangen auf Kurbelwellen den Weitertransport des Ladegutes, sodass dieses von oben über eine Rutsche in den Wagen fällt. Alternativ wird ein Wurfband oder eine Wurftrommel eingesetzt, die das Futter bis an das Wagenende schleudert. Die bekanntesten Hersteller sind die Bayerische Pflugfabrik in Landsberg, Eicher in Forstern, Ogela-Osterrieder in Lautrach und vor allem Heinrich Lanz in Mannheim.

Es werden große Stückzahlen abgesetzt. Die Fuderlader verlieren ihre Marktstellung erst mit dem Aufkommen des Ladewagens.

1960

... stellt der schwäbische Landwirt und Autodidakt Ernst Weichel seinen Ladewagen „Hamster" auf der DLG-Ausstellung in Köln vor. Dort wird dieser Wagen zuerst belächelt und auch von der Wissenschaft nicht ganz ernst genommen. Trotzdem ist es der Start zu einer unglaublichen Erfolgsgeschichte. Bei diesem Fahrzeug handelt es sich um die Kombination von einem Fuderlader, also einem Aufnehmer mit Ladeeinrichtung, und einem Plattformwagen mit Kratzboden, wie vom Stalldungstreuer her bekannt, dazu gibt es ein Rundumladegatter mit öffnender Rückwand.

Der erste Weichel Ladewagen.

Wo liegen seine Wurzeln?

Man findet einige davon ...

1917

... in den USA bei Georg Underwood, der einen Wagen mit Aufnehmer, Förderzinken, Rollboden und Hinterklappe anbietet.

1920

... erfindet der amerikanische Landwirt Varland einen Wagen mit vor- und rückwärts laufender Kratzkette, dem er als Ladegerät eine Fördertrommel zuordnet, die allerdings nur zum Aufnehmen und Ausstreuen von Strohmist dient.

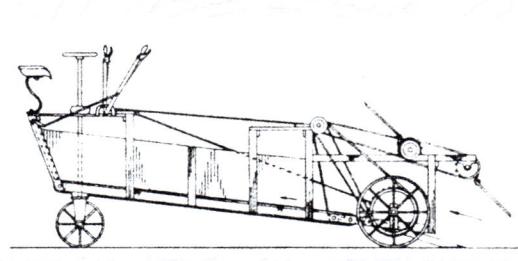
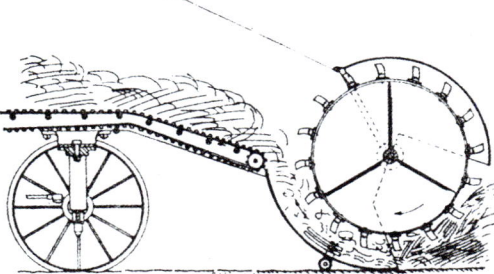

Danach gibt es noch mehrere Erfinder, darunter auch ...

1934

... Dr. W.G. Brenner, der als Förder- und Pressorgan eine Claas Aufsammelpresse verwendet, um damit einen hinten angebrachten, abkippbaren Laderaum zu befüllen.

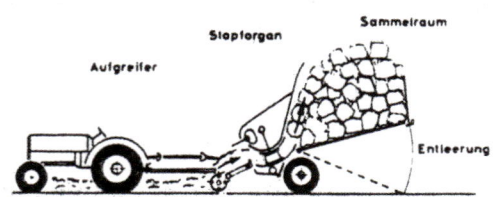

1943

... versucht Bucher in Niederweningen, Schweiz, mit Hilfe eines in einem Wagen eingebauten Graszetters diesen zu beladen. Obwohl das System funktioniert, bekunden bei Umfragen schweizerische Landwirte kein Interesse.

1955

... greift Bucher noch einmal diese Idee auf, wobei auch hier Teile einer Strohpresse als Ladeaggregat dienen.

... baut Bucher einen Ladewagen mit Kettenförderer, bei dem die paketweise Obenbefüllung patentiert wird.

Jedoch keiner dieser zum Teil guten Entwürfe schafft den Durchbruch. Nur von Weichels Ladewagen „Hamster" werden 1961 schon 20 Wagen verkauft.

... stellen auf der DLG-Ausstellung in Hannover bereits 36 Firmen 40 Modelle von Ladewagen aus, von denen noch im gleichen Jahr 25.000 Einheiten verkauft werden. Nach wenigen Jahren sind bereits 200.000 Ladewagen auf dem Markt.

Es gibt alle Arten von Ladesystemen: Trommel- und Rechenförderer, mit und ohne gesteuerten Zinken, sowie Schrauben-, Schubstangen- und Rechenkettenförderer. Fahr in Gottmadingen bringt den Wiedemann-Rechenkettenförderer zur Serienreife und ist der erste, der ausklappbare Schneidmesser einsetzen kann, was das Abladen und Weiterbefördern auf dem Hof wesentlich erleichtert. Denn dieser Vorgang ist, wie sich bei den unterschiedlichen Einsätzen herausstellt, die Achillesferse des Systems.

Die Handeinlage in den Gebläsehäckslern ist aus dem schnell abgeladenen Haufen sehr kraftanstrengend und schwierig, so dass bald Dosiereinrichtungen dafür entwickelt werden, die aber zu teuer sind und daher wenig Verbreitung finden. Nur die Weiterförderung mit dem Greiferaufzug befriedigt bei diesem Ernte-System.

Zwischenzeitlich werden auch Ladewagen mit Schwenkdeichseln gebaut, wodurch der Traktor neben dem Schwad fahren oder beim Grünfutter holen gleichzeitig mähen und laden kann. Aber die immer stärker geforderten Leistungssteigerungen und Wagengrößen führen aus technischen Gründen zur Produktionseinstellung dieser Fahrzeuge. Hingegen sind hydraulische Knickdeichseln zum störungsfreien Befahren des Flachsilos verbreitet im Angebot.

Die ersten Pöttinger Ladewagen mit Spannboden.

Krone Ladeaggregat mit ungesteuerter Pick-Up und nachfolgender Fördertrommel.

Heute haben die Ladewagen, als Ladeeinrichtung nach dem Aufsammler, lenkergesteuerte Fördertrommeln oder ungesteuerte Schneidrotoren mit bis zu 40 Schneidmessern, die schon mit 38 mm Schnittlänge eine Art Kurzgut herstellen, was sehr vorteilhaft für eine gute Grassilage ist.

Die Ladewagen werden für Lohnunternehmer auch in Ganzstahl-
ausführung und mit gefederter
Schnellläuferachse bis 80 km/h
ausgeliefert. Außerdem ist an der
Rückseite eine Dosiereinrichtung
mit zwei bis drei Abkämmwalzen
und darunterliegendem abnehm-
baren Querförderband. Es kann
eine Ladegeschwindigkeit bis zu
17 km/h erreicht werden. Wenn
140 bis 150 PS starke Traktoren zur Verfügung stehen, ist es

auch möglich, im hängigen Gelände bis an die Leistungsgrenze der
Maschine zu fahren. Dabei sind Zuladungen von bis zu 7 t möglich,
bei einer stündlichen Ladeleistung von nahezu 60 t, natürlich ohne
Wende- und Transportzeiten.

Derzeit bietet Pöttinger in Grießkirchen, Österreich, als größter Hersteller, auch den größten Ladewagen an. Der neue „Jumbo" 10000 hat
ein Fassungsvermögen von 100 Kubikmetern, 30 t Gesamtgewicht,
Zwangslenkung des Tridemfahrwerkes und eine hydropneumatische
Federung.

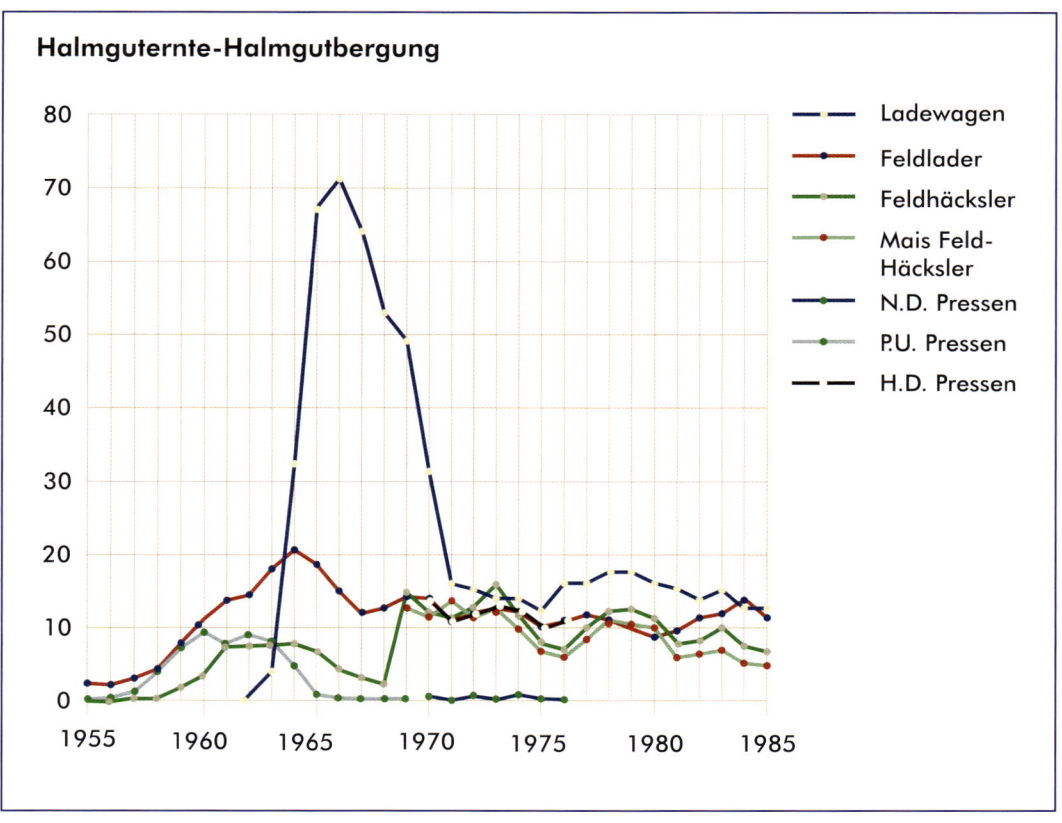

Halmguternte-Halmgutbergung

Marktentwicklung Ladewagen				
Jahr	**89/90**	**94/95**	**99/00**	**04/05**
Westeuropa	.	6.342	2.868	2.102
Deutschland	6.497	2.875	1.040	974
Frankreich	200	100	70	103
Italien	1.000	400	300	66
Großbritanien	34	12	0	40
Österreich				241
Schweiz				222

Pressgut

Vorbilder für die Aufsammel-pressen sind die stationären Pressen hinter den Dreschma-schinen.

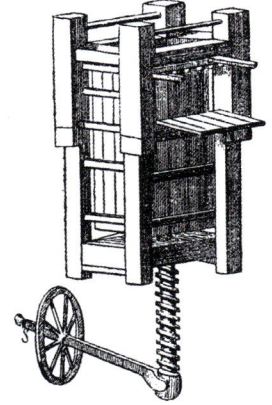

Alte amerikanische Heupresse.

1857

... wird bereits aus der Heimat der Heu- und Strohpressen, es ist Amerika, berichtet:

1870

... macht Peter Kells Dederick in Albany mit einer sogenannten Schlauchpresse mit rechteckigem Preßkanal, in dem ein Stempel durch eine Kurbelstange hin- und hergeschoben wird, auf seine „Perpetual"-Heupresse aufmerksam. Die deutschen Firmen können allerdings für sich in Anspruch nehmen, die Strohpresse in kurzer Zeit perfektioniert zu haben. Hersteller sind die Gebr. Böhm und Schulz in Magdeburg-Neustadt sowie die Gebr. Welger in Seehausen-Wolfenbüttel. Dazu kommen noch vor der Jahrhundertwende die Firmen Klinger und Lanz in Mannheim, bei denen eine Drahtbindung von Hand erfolgt. Sichere automatische Drahtbindungen gibt es erst seit 1950.

Perpetual-Heupresse von Dederick, Albany, USA.

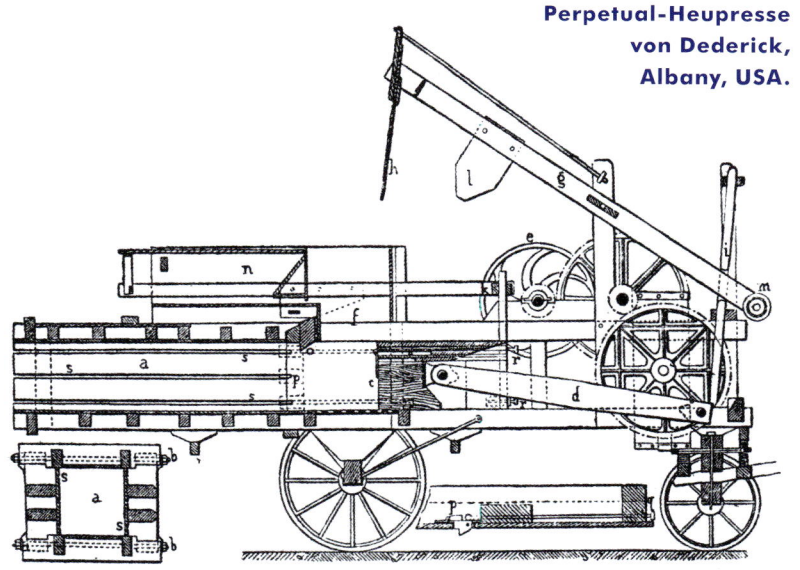

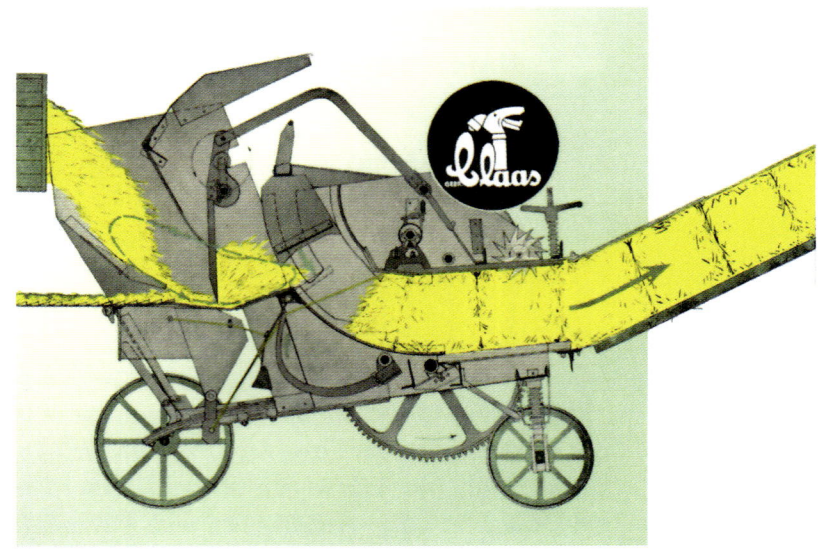

**Schnitt
Claas Strohpresse.**

Strohbinder werden hinter kleinen stationären Dreschmaschinen eingesetzt, erreichen hohe Stückzahlen und werden von mehreren Herstellern, beispielsweise Claas, angeboten. Sie werden jedoch später durch das Aufkommen der Mähdrescher aus dem Markt gedrängt.

Die Entwicklung geht zur Glattstrohpresse, die später als Schwingkolbenpresse große Verbreitung erlangt, weil dabei auch die automatische Garnbindung leichter zu realisieren ist.

1910

**Erste selbstbindende Breitstrohpresse
von Welger.**

... erhält Welger auf eine derartige Presse bereits ein Patent, wobei Raußendorf bereits 1906 die erste Schwingkolbenpresse vorgestellt hat. Aber erst zehn Jahre später werden sie von Lanz, Klinger und Welger in größeren Stückzahlen gebaut.

1928

... unternimmt Welger erste Versuche mit einer Aufsammelpresse.

... wird Claas in Harsewinkel für eine Schwingkolbenpresse, eine Mitteldruckpresse, wie diese Konstruktionen in England bezeichnet werden, ein Patent erteilt und 1939 mit der silbernen DLG-Preismünze ausgezeichnet.

Schwingkolbenpresse, Claas.

Um 1940

... beginnt man mit den Niederdruckpressen. Es handelt sich dabei um stationäre, auf Räder gesetzte Schwingkolbenpressen, die mit einem Aufsammler, zum Teil mit anschließendem Fördertuch, und mit Zapfwellenantrieb ausgerüstet sind. Die Niederdruckpressen werden später auch als vielseitige Lademaschine im Wettbewerb zum Fuderlader eingesetzt. Nach Abschalten der Bindeeinrichtung und dem Austausch der Ladeschurre gegen ein Förderband ist es möglich die Maschine sogar zum Grünfutterladen zu verwenden. Mit einem zusätzlichen Wurfrotor kann der Wagen ohne Bedienungsmann besser befüllt werden.

**Niederdruckpresse,
Bautz.**

Hochdruckpressen.

... gelingt New Holland in New Holland, Pensilvanien, USA, die erste vollautomatische Hochdruckpresse, die nach dem Quer-Längsfluss-Prinzip arbeitetet. Dem in Längsrichtung befindlichen Presskanal mit Kolben und Kurbelantrieb hat man seitlich einen Aufsammler mit einer Zuführeinrichtung zum Presskanal angebaut, und das ganze auf einen Rahmen mit Rädern gestellt.

Damit ist gleichzeitig der Grundstein zum größten Hersteller von Hochdruckpressen der Welt gelegt. Diese Pressen haben als Zuführung über Ketten gesteuerte Zinken, die mit großer Laufruhe arbeiten. Andere Hersteller verwenden dazu Rafferzinken oder Förderschnecken. Wesentliche deutsche Hersteller sind Claas, Ködel & Böhm und bereits seit 1951 Welger. In Frankreich dominieren Rivierre Casalis, Orleans, die schon 1949 mit der Entwicklung von Hochdruckpressen beginnen. In England sind es Bamford, IHC und

Massey Ferguson sowie in Italien Galligniani, um nur einige bedeutende zu nennen. Bei den Hochdruckpressen können die Ballen auf dem Feld abgelegt oder über die Schurre direkt auf den an der Presse angehängten Wagen geladen werden. Mit einer Ballenschleuder oder einem Ballenwerfer kann das Laden sogar im Einmann-Betrieb erfolgen, sofern die Transportwagen mit einem Rundum-Ladegatter ausgerüstet sind.

Presse mit Ballenwerfer.

Die auf dem Boden abgelegten Ballen werden zum einen von Hand aufgeladen. Aber auch von Ballenladern mit Bodenantrieb, die seitlich am Transportwagen, im Ausland auch am LKW befestigt sind. Zum anderen übernehmen dies traktormontierte Ballenwerfer oder spezielle Ballenladewagen.

1965

Brikettierpresse.

... werden aus den USA Brikettierpressen bekannt. Die Idee, Halmgut durch Anwelken auf 30 bis 40 % Trockenmasse mit einer Radialdruckpresse in Form von schüttfähigem Brikett zu pressen, löst zahlreiche Entwicklungen aus. Lundell und Massey Ferguson sind in Amerika mit einer traktorgezogenen Lösung, John Deere mit dem selbstfahrenden „Hay-Cuber" auf dem Markt. Die damals sehr teuren Maschinen sind jedoch nicht lange in Betrieb, denn ihr Kraftbedarf ist sehr hoch und die Leistung zu gering. Kalifornische Farmer, die ihre 500 ha Luzerne fünf bis sechs mal im Jahr ernten, können wegen der geringen Leistung oftmals zu spät mit der Bewässerung beginnen, was den Ausfall einer ganzen Ernte, im ungünstigsten Fall von zwei Ernten, bedeutet.

Spätere Verfahren zum Hochverdichten von Halmgut nach dem Wickel-
prinzip, mit denen man sogenannte Wickelbriketts erzeugt kommen
über das Versuchsstadium nicht hinaus.

Auch das nachfolgende, 1991 vorgestellte Compactrollen-Verfahren
nach Prof. H. J. Matthies, Braunschweig, dem eine andere Konzeption
zu Grunde liegt, hat zwar die Praxisreife erreicht, aber noch keinen
Hersteller gefunden.

**Mobile Grünfutter-
trockner, Claas.**

In Europa versucht man es zuerst
mit mechanischen Dehydrieren in Schnecken pressen. Bei
zu hohem Pressdruck gehen mit
dem abgepressten Wasser bald
auch die wichtigen Nährstoffe
verloren. Erhöht man den Druck
erhält man verbessertes Trocken-
gut aber der aufgefangene Pflan-
zensaft ist gäranfällig.

Danach wählt man thermisches
Dehydrieren, ansich nichts neues
weil aus stationären Anlagen hin-
reichend bekannt. Drei Firmen
entwickeln mobile Anlagen für
den Feldeinsatz. In Dänemark ist es Taarup, die sich vorzugsweise
mit Strohaufschluss zur Zufütterung beschäftigen.

Auf der DLG-Ausstellung 1972 in Hannover zeigen Fahr eine Muster-
maschine und Claas bietet dazu ein System und bringt danach 15
Einheiten auf den Markt, obwohl diese Anlagen einwandfrei Arbeiten
werden sie Opfer der Ölkrise.

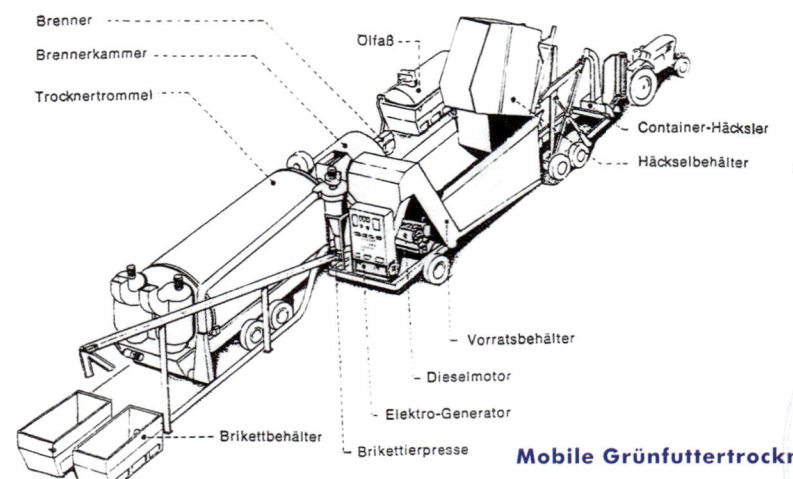

Brenner

Brennerkammer

Trocknertrommel

Ölfaß

Container-Häcksler

Häckselbehälter

Vorratsbehälter

Dieselmotor

Elektro-Generator

Brikettbehälter

Brikettierpresse

Mobile Grünfuttertrockner, Fahr.

**Anfang der 70er-Jahre kommen
in Europa Rundballenpressen
auf den Markt. Sie arbeiten
nach dem Radialdruckverfah-
ren.**

... wird eine solche Maschine von Allis Chalmers angeboten. Der „Roto Baler" ist eine Rundballenpresse mit variabler Presskammer. Dieses System wird später von mehreren amerikanischen Herstellern übernommen.

Roto Baler, USA.

1967

... stellen Haverdink und Buchele, USA, eine Ballenwickelmaschine vor, bei der das Halmgutschwad über ein Zuführband mit Niederhalter, einem Rollorgan, das aus einem feststehenden Begrenzungsblech mit zwei Spindeln besteht, den Ballen aufwickelt. Wegen der geringen Verdichtung wird dieses Verfahren aber wieder eingestellt.

1970

Bodenroller, USA.

... arbeitet die Firma Hawk Bilt, USA, mit einem Bodenroller, bei dem das Halmgutschwad von einer umlaufenden Zinkenkette erfasst und über dem Boden aufgerollt wird. Wegen der hohen Verluste, der Verschmutzung und zu geringer Ballendichte wird auch dieses Verfahren nach einigen Jahren aufgegeben.

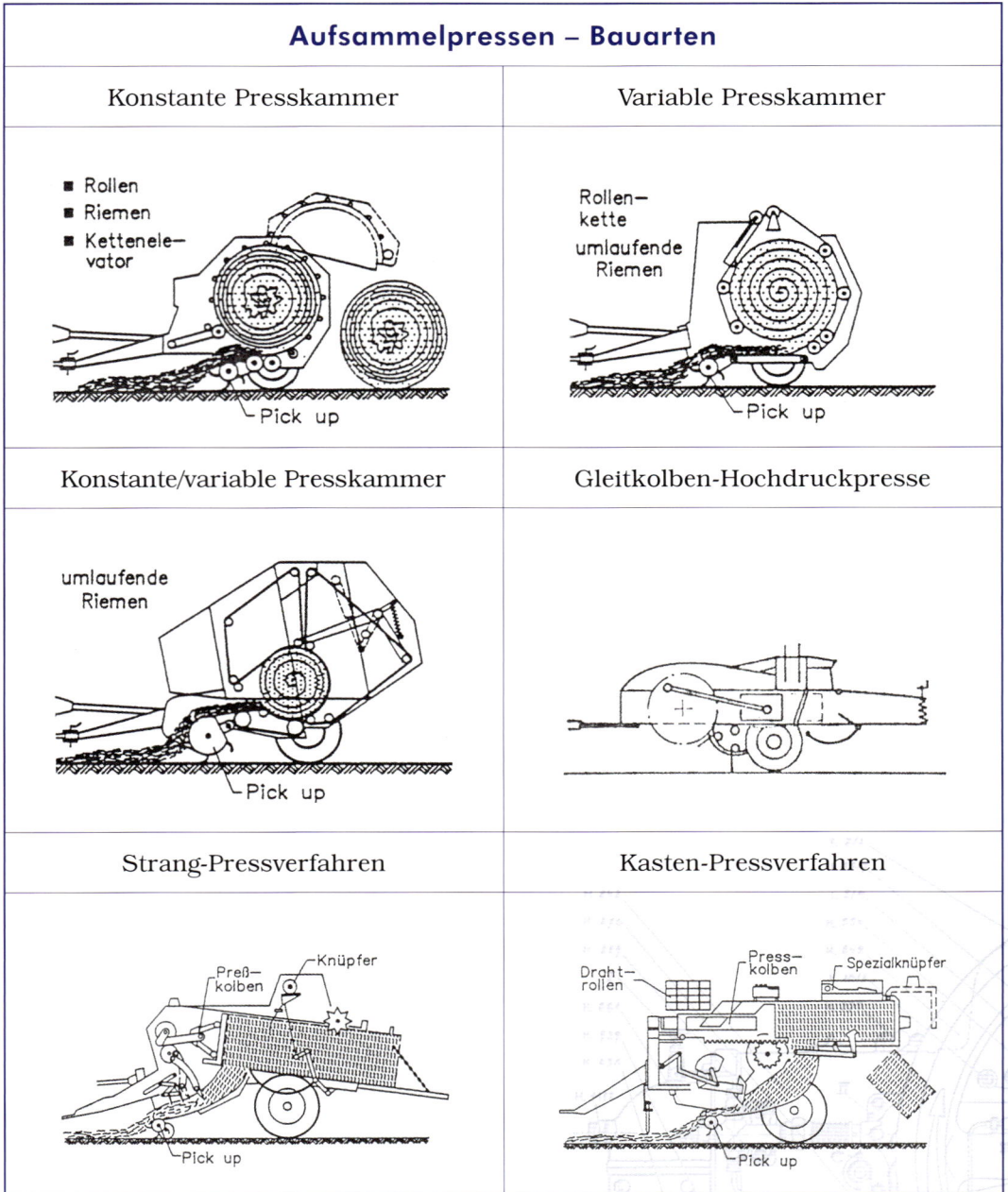

Aufsammelpressen – Bauarten

Konstante Presskammer	Variable Presskammer
■ Rollen ■ Riemen ■ Kettenelevator	Rollenkette umlaufende Riemen — Pick up
Pick up	

Konstante/variable Presskammer	Gleitkolben-Hochdruckpresse
umlaufende Riemen — Pick up	

Strang-Pressverfahren	Kasten-Pressverfahren
Preßkolben — Knüpfer — Pick up	Drahtrollen — Presskolben — Spezialknüpfer — Pick up

Der Durchbruch gelingt der Firma Vermeer. Deren Maschine arbeitet mit Riemen und hat eine sogenannte Variokammer. Die Ballen werden hierbei, bei relativ konstanter Dichte, von innen nach außen gewickelt.

Rundballenpresse mit Stahlwalzen.

... bringt Welger in Wolfenbüttel ein anderes System auf den Markt, das im Gegensatz zum Vermeer-System mit einer konstanten Rollkammer und Riemen arbeitet. Claas verwendet anstelle der Riemen kreisförmig angeordnete Stahlwalzen (Spiralkammer). Vicon benutzt zuerst mehrere nacheinander folgende Kettenförderer und danach 18 Faltenprofil-Presswalzen. Ganz anders macht das die Firma Krone in Spelle, die ein geschlossenes Stahlblechgehäuse mit einem endlos umlaufenden Stabkettenförderer anwendet. Auch Welger setzt später anstatt der Riemen, „Powergrip"-Stahlrohr-Presswalzen ein. Gebunden werden diese Rundballen mit Bindegarn, das den Ballen spiralförmig umwickelt, oder mit einem Kunststoffnetz. Nach dem Binden werden die Ballen ausgestoßen.

Rundballenpresse mit Stabkettenförderer.

Da während des Bindevorganges und Ausstoßens die Presse angehalten werden muss, haben die Firmen Claas und Vicon eine Rundballenpresse mit Vorkammer auf den Markt gebracht, die diesen Nachteil ausschaltet, jedoch des hohen Preises wegen vom Markt nicht ausreichend angenommen wird.

Später werden diese Pressen mit einer Schneidvorrichtung ausgestattet und danach erfolgreich zur Rundballensilage eingesetzt. Dabei überstülpt man zuerst dem vom Frontlader gehaltenen Ballen einen Kunststoffsack und verknotet ihn anschließend. Heute verwendet man hierzu Ballenwickelmaschinen in verschiedener Ausführung, die mit

Rundballenpresse mit Riemen.

Rundballenpresse mit variabler Presskammer.

einer Stretchfolie arbeiten und die Handarbeit weitgehend ausschalten. Später kommen dann Rundballenpressen mit integriertem Ballenwickler auf dem Markt, die beide Arbeitsgänge in einer Maschine zusammenfassen, was höchste Futterqualität für die Silageprofis bedeutet. Die Firmen Claas, Deere, Greenland, Krone und New Holland bieten auch Rundballenpressen mit variabler Ballenkammer an. Diese produzieren Ballen mit einer gleichmäßigen Dichte, im Gegensatz zu den Pressen mit Konstantkammer, deren Ballen einen lockeren Kern mit fester Außenschicht aufweisen.

1972

... wird die erste Großpackenpresse von der Firma Howard in England entwickelt und in geringen Stückzahlen bis 1981 gebaut und verkauft. Das Gesamtkonzept gleicht einem Ladewagen, arbeitet nach dem Kastenpressenprinzip und ist zusätzlich mit einem Bindeapparat ausgerüstet. Zum Bindevorgang muss man anhalten.

Howard Big Baler.

„Stack-Hand" Wagen, USA.

Diese Art der Großballenform findet ihre Herkunft im „Stack-Hand" Wagen aus den USA, der später auch in Skandinavien eingesetzt wird. Dieser Stack-Wagen ist eine ladewagenähnliche Maschine, die das Ladegut mit Hilfe des hydraulisch absenkbaren Wagendaches zusammenpressen kann und anschließend den Inhalt (Stack) als Ganzes absetzt.

1976

... gibt es die ersten Quaderballenpressen in den USA und zwei Jahre danach wird diese Presse erstmals von Hesston in Europa vorgestellt. Später bieten auch New Holland, Claas, Fahr, Fortschritt, Mengele, Rivierre Casalis mit Strangpressen und Vicon mit einer Kastenpresse dieses System an.

Eine der ersten Quaderballenpressen.

Während die Hochdruckpressen nach dem Quer-Längsfluss-Prinzip aufgebaut sind, arbeiten die Quaderballenpressen nach dem Längsflussprinzip. Dabei wird nach der Pick-up das Pressgut mit seitlichen Schnecken auf Kanalbreite gebracht, danach mit Förderelementen – hier gibt es Ausführungen mit einer oder zwei Förderwellen – dem Presskolben zugeführt und anschließend gebunden. Die Funktionshydraulik und -elektrik ist vorzugsweise maschinenseitig gebunden, die Betätigung erfolgt aus der Traktorkabine, wo auch die Informationsanzeigen wie Ballenzähler, Fehlbindungsanzeige usw. untergebracht

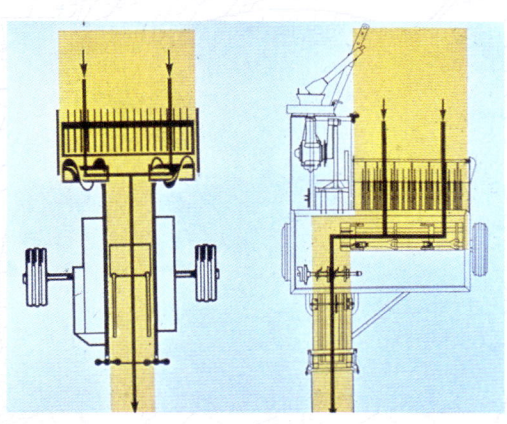

sind. Die Großballenpressen sind voll silagetauglich. Hierfür werden sie mit Schneidrotoren mit bis zu 25 Messern ausgerüstet, die ein Schnittgut von 45 mm Länge liefern.

Die Quaderballen sind wie auch die Rundballen, nur mit Ladegeräten, beispielsweise mit starken Frontladertraktoren, Rad- oder

Teleskopladern handhabbar. Ballensammeleinrichtungen verschiedenster Art können an diese Pressen angehängt werden. Die Ballenstapel verkürzen die Ladezeit bei den Transportwagen.

1994

... stellt erstmals Deutz-Fahr eine selbstfahrende Quader-Großballenpresse, die „Power Press" vor mit einer Motorleistung von 223 PS vor.

Deutz-Fahr „Power Press".

Rollpressen					
Mähdrescher	**1985**	**1990**	**1995**	**2000**	**2005**
	Ges. Markt	Ges. Markt	Ges. Markt	Ges. Markt	Ges. Markt
Westeuropa	20.472	15.827	13.497	13.926	13.602
Deutschland	1.708	1.871	2.463	1.988	1.697
Frankreich	10.673	6.730	5.231	5.499	6.025
Italien	4.000	2.650	1.150	1.450	1.300
Spanien	150	380	560	700	388
England	2.300	1.700	1.698	982	1.178

Großballenpressen					
Mähdrescher	**1985**	**1990**	**1995**	**2000**	**2005**
	Ges. Markt	Ges. Markt	Ges. Markt	Ges. Markt	Ges. Markt
Westeuropa	301	1.363	1.864	1.791	1.865
Deutschland	36	147	543	446	517
Frankreich	58	511	456	457	421
Italien	24	85	90	70	85
Spanien	-	92	125	282	256
England	43	168	264	149	195

Hochdruckpressen					
Mähdrescher	**1985**	**1990**	**1995**	**2000**	**2005**
	Ges. Markt	Ges. Markt	Ges. Markt	Ges. Markt	Ges. Markt
Westeuropa	17.014	6.908	1.796	1.017	264
Deutschland	2.638	691	209	66	45
Frankreich	554	540	489	432	340
Italien	3.050	1.207	250	140	103
Spanien	2.200	1.600	400	280	103
England	1.725	600	276	163	53

Häckselgut

Häcksler an sich sind schon seit ihrem Einsatz zur Futterberei-
tung in den Betrieben bekannt. Als ältestes Beispiel dürfte die
Häcksellade gelten, bei der das Futter von Hand zusammenge-
drückt und anschließend mit einem einseitig montiertem Messer
abgeschnitten wird. Daraus wird später die

Häckselmaschine mit eigenem Vorschub und dem Zusammenpressen des Gutes entwickelt. Die Schneidmesser montiert man in ein
Schwungrad, damit ein kraftvoller Schnitt erfolgen kann.

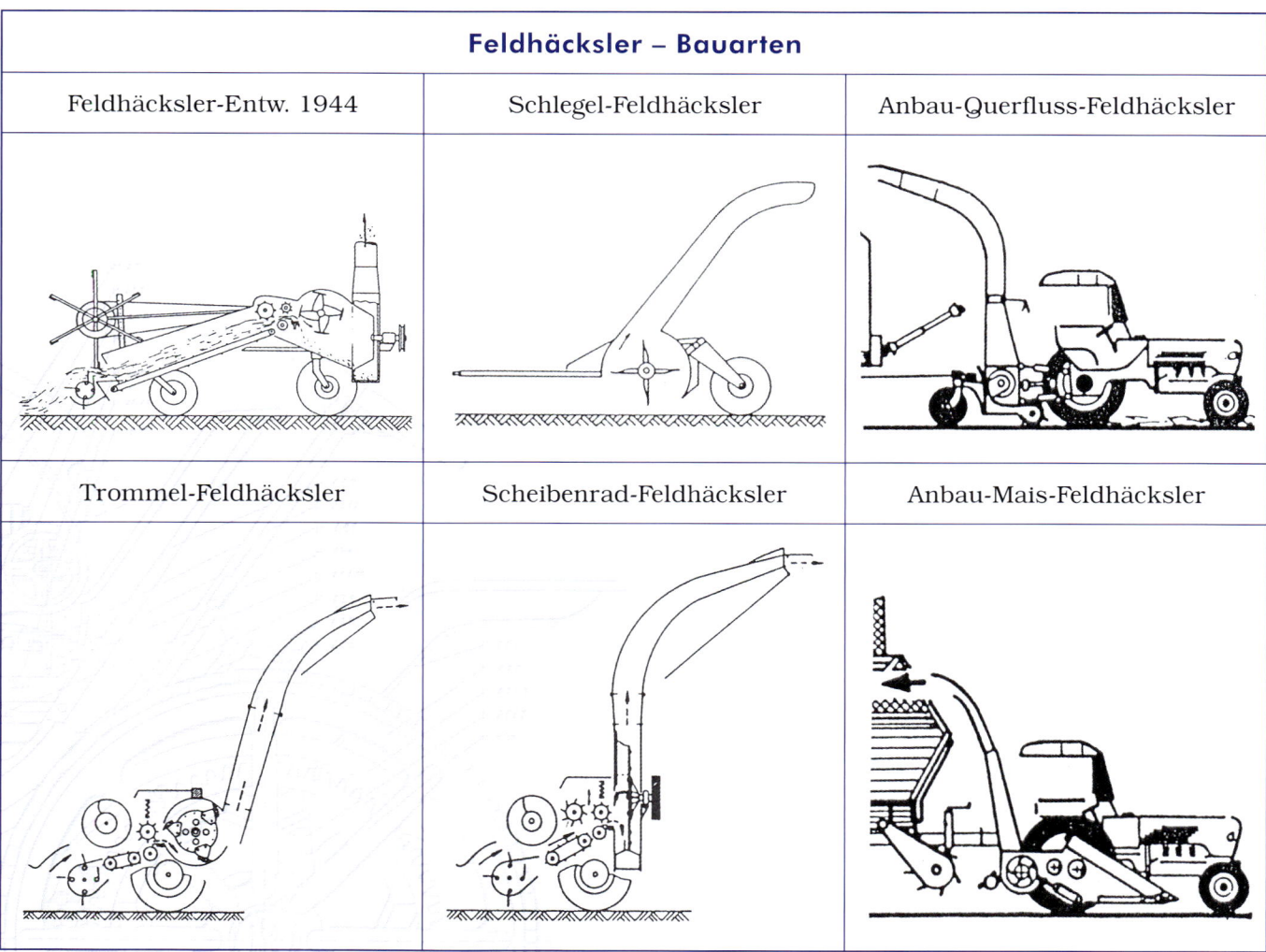

Feldhäcksler – Bauarten		
Feldhäcksler-Entw. 1944	Schlegel-Feldhäcksler	Anbau-Querfluss-Feldhäcksler
Trommel-Feldhäcksler	Scheibenrad-Feldhäcksler	Anbau-Mais-Feldhäcksler

Feldhäckslerbauarten nach KTBL und Landtechnik Weihenstephan.

1804

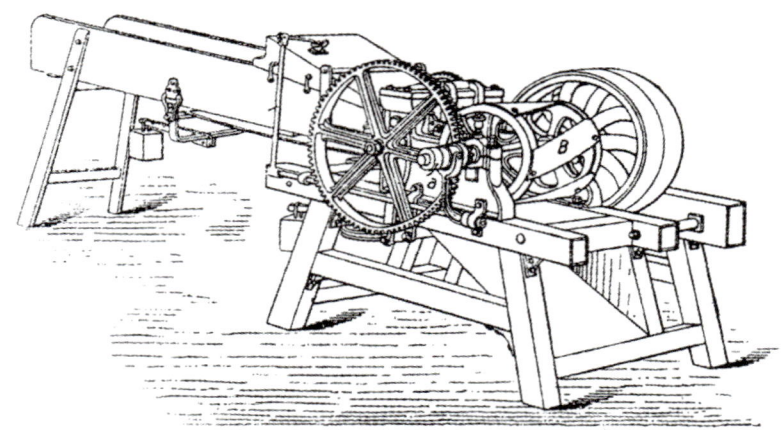

... erfindet Salmon in England die Trommelhäckselmaschine.

Damit sind beide Grundbauarten vorgestellt.

Trommelhäcksler von Glogowski & Sohn, Hohensalza.

1937

... berichtet C. H. Arens über fahrbare Feldhäcksler in den USA, damals sind schon 600 bei den Farmern im Einsatz. Zusätzlich beschreibt er 1940 noch zwei neue Konstruktionen der Firmen Allis Chalmers und John Deere.

1941

... gibt es dazu auch Überlegungen bei der Landmaschinenfabrik Krupp in Essen. Weil aber die Firma Segler in Schlawe, Pommern, ein Hersteller von stationären Trommelhäckslern, entscheidende Patente besitzt, trifft man mit ihr eine Abmachung über die Entwicklung von Feldhäckslern. Aber erst nach dem Krieg werden erste Versuche unternommen.

Erster Trommelfeldhäcksler von Segler.

... baut Poensgen einen Trommelfeldhäcksler, der die Grundlage für den ersten, von Fahr, Gottmadingen, in Serie gebauten Feldhäcksler in Deutschland darstellt. Wegen des hohen Kraftbedarfs und der damals noch wenig vorhandenen leistungsstarken Traktoren ist der Markterfolg eher bescheiden. Deshalb wird der Trommelfeldhäcksler in der ersten Phase vom Scheibenradfeldhäcksler, wie er von den stark verbreiteten stationären Häckslern her bekannt ist, verdrängt. Durch die große Schwungmasse des Scheibenrades benötigt er auch weniger Antriebskraft. Wichtige Hersteller sind damals Esterer in Altötting, Fahr in Gottmadingen, und Ködel & Böhm in Lauingen. Später stoßen noch Mengele in Günzburg und Speiser in Göppingen dazu.

Zur Silomaisernte hat man den Aufsammler gegen eine spezielle Mähvorrichtungen ausgetauscht, deren Zuführketten für einen sicheren Zwangseinzug der Maispflanzen sorgen.

Erster Fahr-Trommelfeldhäcksler.

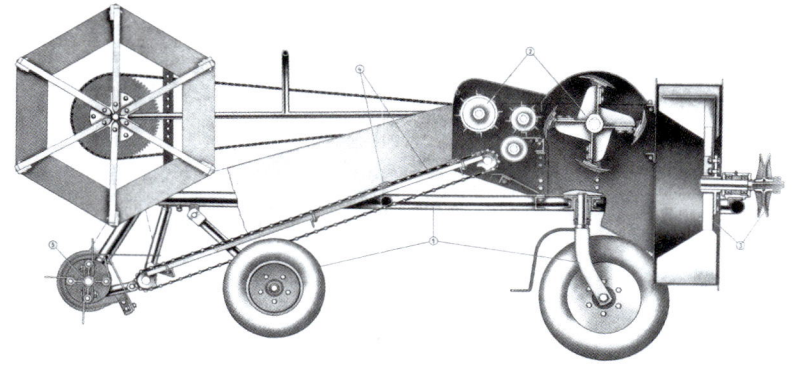

Scheibenradfeldhäcksler.

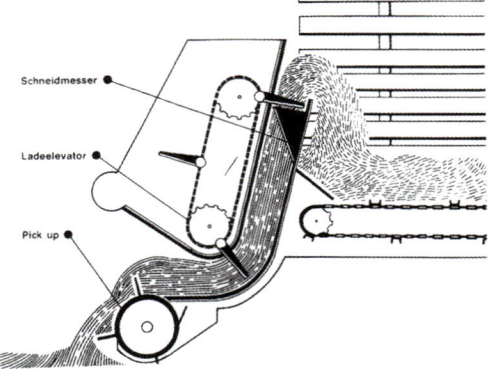

Erste Schneidvorrichtung im Fahr-Ladewagen.

... sind bereits 42.500 Feldhäcksler in Deutschland im Einsatz. Die Landwirte beurteilen dieses Verfahren als sehr unhandlich und umständlich. Der lange Zug, bestehend aus Traktor, Feldhäcksler und Häckselwagen mit den notwendigen großen Wenderadien sowie das schwierige Umhängen der beladenen Wagen an den Transporttraktor stören sehr.

Deshalb gibt man dem aufkommenden Ladewagen, der später sogar mit Schneidvorrichtung ausgerüstet ist, den Vorzug beim Einsatz für die Grassilage.

Man setzt auch Gebläse mit Schneidvorrichtung und vorgeschalteten Aufsammler auf ein Fahrwerk, um eine Variante für geringen Kraftbedarf anbieten zu können.

Neben diesen Feldhäckslern gibt es noch eine andere Bauart, nämlich den Schlegelfeldhäcksler, den die Firma Lundell in den USA entwickelt und der später auch von europäischen Firmen, vorzugsweise in Skandinavien, Großbritannien und einigen in Deutschland angeboten wird. Dieser wird auch zum täglichen Grünfutter holen eingesetzt sowie bei der Nasssilage, die zu dieser Zeit in Skandinavien und Großbritannien sehr verbreitet ist. Weitere Einsatzgebiete sind die Niederlande und Teile von Norddeutschland.

Aus Amerika werden auch Schlegelfeldhäcksler bekannt, bei denen das abgeschlagene Schnittgut in einer Wanne gesammelt und mit einer angetriebenen Schnecke dem seitlich angebauten Schneidgebläse zuge-

Schlegel-Feldhäcksler.

führt wird. Diese sogenannten Schlegel-Schneid-Feldhäcksler, in Amerika „Chopper" genannt, kommen auch nach Europa, wo sie in den angestammten Schlegelgebieten Abnehmer finden. Der mit Abstand größte Hersteller dieser Konstruktion ist New Holland.

Querfluss-Trommelfeldhäcksler.

... beginnt Prof. Dr. W.G. Brenner im Institut für Landtechnik, Weihenstephan, mit der Entwicklung eines kleinen Querfluss-Trommelfeldhäckslers zum direkten Anbau in die Dreipunktkupplung des Traktors. Hierbei kann man den Aufsammler gegen eine Silomais-Erntevorrichtung austauschen.

Die Industrie steht dieser Entwicklung jedoch noch zurückhaltend gegenüber.

... kommt eine Neuentwicklung auf den Markt. Es handelt sich um den Anbau-Maisfeldhäcksler, der, vor allem für die kleineren Betriebe, den Ladewagen ergänzen soll. Das einreihige Häckselaggregat ist über die Dreipunkt-Kupplung mit Zapfwellenantrieb seitlich am Traktor angebracht und liegt damit gut im Blickfeld des Fahrers. Der Ladewagen dient jetzt meist als Häckseltransportwagen, was ein kurzes, wendiges Gespann ergibt. Die ersten Hersteller sind die Firmen Eberhardt in Ulm und Mengele in Günzburg, später kommen Speiser in Göppingen und Pöttinger in Grieskirchen, Österreich, hinzu. Sehr einfache Bauarten mit unten liegenden Messern bringen später Zweegers PZ und danach Krone auf den Markt.

Anbau-Mais Feldhäcksler.

1967

gezogener Feldhäcks-
ler mit Maisvorsatz.

... gibt es in Weihenstephan auch erste Untersuchungen über den Einbau von Feldhäckslern in spezielle Abladewagen. Diese Idee wird von der Industrie rasch aufgegriffen und als spezieller Häckselladewagen mit fest eingebauten Häckslern mit Abladeeinrichtungen angeboten. Dabei werden neben den Trommelquerflusshäckslern von Speiser und Fahr auch die Scheibenradsysteme von Mengele und Pöttinger vermarktet. Als Einzelmaschine erreicht der Trommelquerfluss-Feldhäcksler jedoch nur eine ge-ringe Marktbedeutung. Eine zufriedenstellende Silage erfordert eine sehr gute Arbeitsqualität des Häckselaggregates mit gleichmäßigem Kurzschnitt sowie eine rasche Befüllung des Silos. Daher kommt es in der ersten Hälfte der 70er-Jahre zur zweiten Auflage der Trommelfeldhäcksler, weil die Messertrommel einen höheren Gutdurchsatz zulässt. Zur Verbesserung bei der Maissilage werden Reibeinsätze und sogenannte „Corn-Cracker" zum Aufschluss der Körner und der Restpflanze eingesetzt.

1973

Erster selbstfahrender
Claas-Feldhäcksler.

... stellt Claas, Harsewinkel, zum ersten Mal einen selbstfahrenden Feldhäcksler vor. Er besteht aus dem bewährten „Jaguar" Feldhäcksler, der mit einem Mähdrescher-Fahrgestell kombiniert wird. Danach finden immer mehr Selbstfahr-Feldhäcksler Eingang in den Markt, der bald von ihnen beherrscht wird.

Verbesserter Einzug, Fremdkörpersicherung, Messerschleifeinrichtung, Messertrommeln mit 600 bis 800 mm Breite und ganzen Messern (New Holland), V-förmig geteilten Messern (Claas) oder segmentierten Messern (John Deere, Case IH) sowie Motorleistungen von 490 bis 544 PS kommen zur Anwendung. Verschiedene austauschbare Vorsätze wie das Getreide- oder Feldfutter-Schneidwerk zur Ganzpflanzensilage (GPS), die Pick-up-Vorrichtung zur Anwelksilage, den Maispflücker für Lieschkolbenschrot (LKS), vier-, sechs- oder achtreihige Maisgebisse oder reihenunabhängige Maiserntevorsätze machen die Selbstfahr-Feldhäcksler zur Schlüsselmaschine für die Silofutterernte und ermöglichen eine Verlängerung der Einsatzzeit nunmehr von April bis in den November.

Einzugsorgane mit Häckseltrommel.

1999

Hesston-Bunkerhäcksler.

... stellt Claas erstmalig als neue Bauart einen Selbstfahr-Bunker-Feldhäcksler vor und greift damit eine alte Idee von Hesston in den USA auf, die mit der „Fieldqueen" schon früher ein derartiges Produkt angeboten haben. Inzwischen weiß man, dass bei der Grassilageernte der Selbstfahrfeldhäcksler mit 64 % überwiegt. Daher ist die Organisation der Transportkette der entscheidende Faktor für eine schlagkräftige Ernte. So werden Wagen mit großem Transportvolumen und einer Schnellentleerung, auch mit einem Abschiebesystem, eingesetzt. Bei größeren Feldentfernungen werden auch LKWs zum Transport benützt, zu deren Befüllung die Bunkerfeldhäcksler gedacht sind. Neben Claas hat auch Vredo, aus den Niederlanden einen Bunkerhäcksler im Angebot.

2005

... zeigt Krone, Spelle, mit seinen sehr leistungsstarken Selbstfahrfeldhäckslern erstmalig den Bunkerhäcksler „Big X Cargo", der in Zusammenarbeit mit der Firma Bomech entwickelt wurde. Das Dreichs-Fahrwerk mit hydrostatischem Antrieb über Einzelradmotoren ermöglicht zuverlässiges Fahren in schwierigem Gelände und 40 km/h auf der Straße. Für hohe Leistung sorgt ein 980-PS-Dieselmotor. John Deere bietet bei seinen Selbstfahrfeldhäckslern den zweistufigen Hydrostat-Antrieb bis 40 km/h. New Holland führt bei den neuen FR 900 Feldhäckslern einen 710 mm Trommelduchmesser bei 900 mm Breite und den 768-PS-Motor vor.

Krone Big X Cargo.

Selbstfahrende Feldhäcksler					
Mähdrescher	**1985**	**1990**	**1995**	**2000**	**2005**
	Ges. Markt	Ges. Markt	Ges. Markt	Ges. Markt	Ges. Markt
Westeuropa	1.348	1.306	1.545	1.341	1.228
Deutschland	398	344	549	410	481
Frankreich	554	540	489	432	340
Italien	123	113	101	65	57
Spanien	3	8	3	22	23
England	41	95	128	88	97

Kartoffelernte

Etwa Mitte des 19. Jahrhunderts wird der Ruf nach einer Mechanisierung der Kartoffelernte immer lauter.

1855

... lässt sich der Schotte J. Hansen einen einachsigen Kartoffelroder patentieren, der mit rotierenden Grabgabeln die Kartoffeln aus dem Damm herausschleudert. R. Coleman aus Chelmsford fügt diesem wesentliche Verbesserungen hinzu. Nämlich eine Höhenversteilbarkeit, ein Auffangnetz für die Kartoffeln und

eine höhere Festigkeit der Maschine. Der Roder arbeitet sehr erfolgreich und wird durch zahlreiche Patente geschützt.

1866

... bieten deutsche Firmen noch Kartoffelrodepflüge an – zum Beispiel Rudolf Sack in Leipzig – als Zusatzgerät zum normalen Beetpflug. Dabei handelt es sich um eine Art Häufelpflug mit streifenförmigen Streichblechen. Diese sind bereits durch Berichte von Prof. Rau in Hohenheim aus Amerika bekannt.

1870

Hansen-Coleman-Roder.

... kommt erstmals ein Hansen-Coleman-Roder nach Deutschland. Mehrere Hersteller greifen die Idee des Schleuderradroders auf, so zum Beispiel die Firma Graf in Münster, die die Hansen-Coleman Maschine hinsichtlich der Haltbarkeit verbessert. Aber erst ...

1896

... gelingt Georg Harder in Lübeck eine wesentliche Weiterentwicklung. Mit an drei hölzernen Stangen befestigten Grabgabeln hat er das Handroden maschinell nachempfunden, was zu einer schonenden Behandlung der Kartoffeln führt. Die später verwendeten gefederten Gabeln verringern die Wurfweite der gerodeten Kartoffeln.

Kartoffelroder Harder, Lübeck.

1897

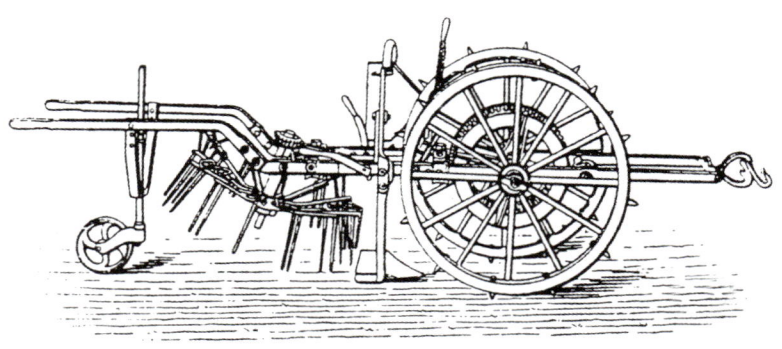

... wird der Schleuderroder von Hampel mit einem liegenden Wurfrad – heute bezeichnet man dieses als Wühlrad – bekannt.

Die häufigen Federbrüche bei den Schleuderradrodern veranlassen verschiedene Firmen, zum Beispiel die Firma Kuxmann in Bielefeld, die Lagerung der Gabeln zu verbessern. Weitere Firmen die sich damit erfolgreich beschäftigen sind Hagedorn in Warendorf, W. Stoll in Torgau und A. Gruse in Scheidemühl. Heinrich Lanz in Mannheim beispielsweise produziert von 1932 bis 1941 227.000 Schleuderradroder, einige tausend davon sogar als Zweireiher.

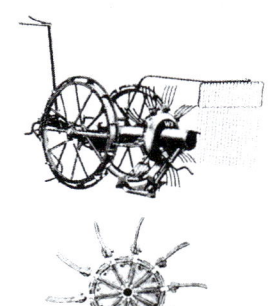

Weil die Kartoffeln beim Roden mit dem Schleuderradroder sehr breit verstreut werden, sucht man nach Lösungen diesen Mangel zu beheben. Die meisten Firmen gehen dazu über, mit einem zusätzlichen Ablegerad die Wurfweite zu begrenzen und nehmen dafür Beschädigungen der Kartoffeln in Kauf.

Schleuderroder von Kuxmann.

In den 30er-Jahren gelingt es dann Vorratsroder zu entwickeln. W. Helwig in Laubach/Treysa bringt unter Verwendung der Patente von Schillert aus 1927, einen Roder mit einem liegenden Siebrad, Querrost und Ablegerad auf den Markt. Kuxmann folgt mit einem Doppelsiebradroder und Schmotzer, Willdsheim, mit einem Wühlradroder. Bei letzterem arbeitet hinter dem Rodeschar ein mit Zinken besetztes Wühlrad (ähnlich dem Kreisel eines Kreiselheuers), wobei die Kartoffeln auf ein schräg stehendes Ablegerad geworfen werden. Schleuderroder, Siebradroder und Wühlräder legen die Kartoffeln mehr oder weniger mit Erde und Kraut zugedeckt ab.

Siebradroder von Helwig.

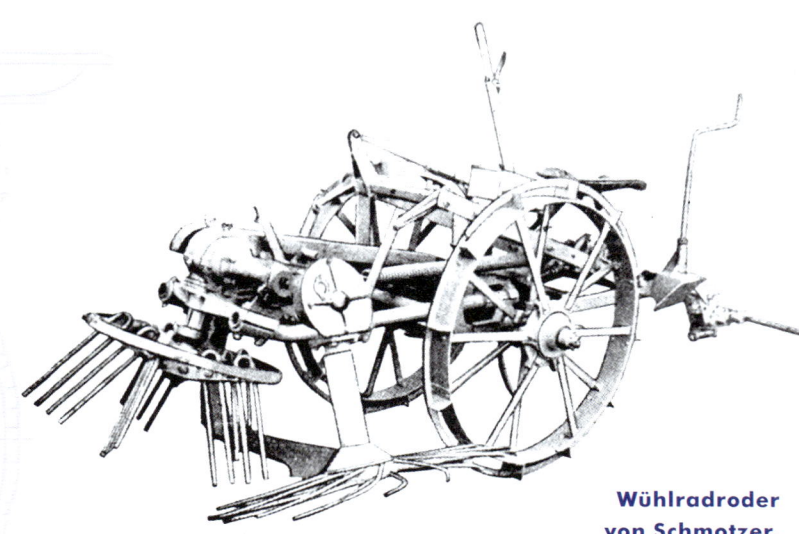

Wühlradroder von Schmotzer.

1950

... kombiniert die Firma L. Niemeyer in Oese/Westfalen ein Siebrad und einen Siebrost zu einer Einheit, die sich in der Praxis bewähren. Nach ...

1956

... werden alle Bauarten von Schleuderrodern nach und nach durch die Siebkettenroder verdrängt.

Die Entwicklung dieses Rodertyps geht auf Egbert von Kobylinski aus Wörterkeim zurück, der seine Maschinen bereits ...

1842

Siebkettenroder von Kobylinnski.

... in Königsberg vorführte. Er hat an einem zweirädrigen Maschinengestell an dessen Vorderseite ein Grabschar befestigt, woran sich eine schräg ansteigende Endlossiebkette mit Querstäben anschließt. Dabei wird das Erdreich abgesiebt, die Kartoffeln und das Kraut gelangen von dort über ein Schüttelsieb auf den Boden. Allerdings versagt diese Maschine bei der Vorführung. Nur dem unerschütterlichen Glauben an seine Maschine und der Zähigkeit von Kobylinski ist es zu danken, dass seine Maschine nach Jahrzenten Entwicklungsarbeit funktioniert.

1868

... wird diese Bauform aus Amerika bekannt. Der Erfinder E. Smith soll sie unabhängig von Kobylinski entwickelt haben. Dieses System wird zur Grundlage für die nachfolgenden Entwicklungen bis hin zur selbstfahrenden Vollerntemaschine Leider blieb es seinerzeit bei diesem einzigen Versuch. Erst die Verfügbarkeit von Gurten mit aufgenieteten Siebstäben ermöglicht Jahrzehnte später den Erfolg dieses Systems.

1922

... etwa hat der Landwirt E. Burgwedel aus Meklenburg eine ausgezeichnete Idee. Er baut einen Siebkettenroder an einen Fordson-Traktor seitlich zwischen den Achsen an. Dabei hatte er die Hinterachse des Traktors verlängert, so dass sie den Roder stützt. Das rechte Vorderrad hat er durch eine Walze, die bisher auf dem Kartoffeldamm vor dem Rodeschar gelaufen ist, ersetzt. Die Kartoffeln werden nun auf dem vorher wieder eingeebneten Boden abgelegt. Leider ist es bei diesem Prototyp geblieben.

1931

... hat die DLG den traktorgezogenen Zapfwellen-Siebkettenroder der IHC geprüft. Trotz der befriedigenden Arbeit findet dieser, wegen der noch nicht weit genug fortgeschrittenen Motorisierung in Deutschland, keine Verbreitung.

1946

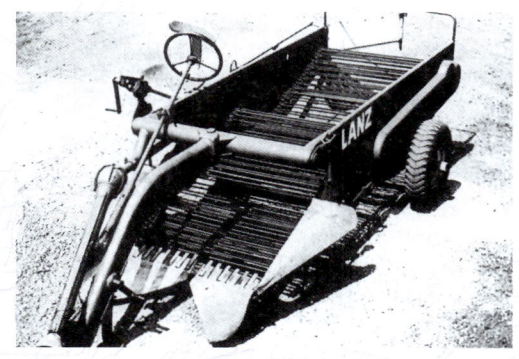

Siebkettenroder von Lanz.

... bringt H. Lanz, Mannheim, den von seinem Konstrukteur Heinrich Kamplade geschaffenen zweireihigen Siebkettenroder mit einem geteilten Rodeschar – dessen Ursprung auf Cummings in den USA von 1885 zurückgeht – auf den Markt. Die annähernd dreieckigen Stahlplatten sind später gewölbt und zur Mitte hin stärker geneigt worden.

Der Däne Vestergaard erreicht schon 1929 an den Vorratsrodern der Firma Fasterholt mit zwei rotierenden Scheiben eine gleichmäßige Dammaufnahme, auch bei starkem Unkraut. Dieses System verwenden später die Weimar-Werke an ihren zweireihigen Sammelrodern.

Der Bauer Ahlmann und der Schmied Schröder aus Wildeshausen bei Oldenburg bauen bereits gegen Ende des 19. Jahrhunderts einen

**Erster Kartoffel-Voll-
roder von Amazone.**

vierrädrigen Siebkettenroder mit Grabschar und fügten eine Siebtrommel mit Auffangvorrichtungen für die gereinigten und in zwei Größen sorIierten Kartoffeln dazu. Dieses in die Technikgeschichte eingegangene Gerät benötigt zur Arbeit vier bis sechs Pferde.

Erst nach Jahrzehnten wird dieses Konzept wieder aufgegriffen. Während des zweiten Weltkrieges baut H. Dreyer in Hasbergengen-Gaste, den ersten zapfwellengetriebenen Kartoffelvollernter „Amazone S 42" – ein Schleuderradroder verbunden mit Siebtrommel, Förderband, Schüttelsieb und Bunkerwagen. Auch andere Firmen, wie beispielsweise H. Hagedorn, B. Niewöhner, H. Sack und F. Stille arbeiten daran.

1948

**„Schatzgräber"
von H. Sack.**

... stellt H. Sack den „Schatzgräber 1002" vor. Diese Maschine kann Kartoffeln aufnehmen, reinigen, vom Kraut trennen und bis zu einer Tonne Gewicht in einem Bunker mitführen.

Viele andere folgen: Die Amazonen-Werke stellen auf Siebkettenroder um, B. Niewöhner in Avenwedde/Westfalen, und der Landwirt Lippold bauen den „Maulwurf", die Firma Gebr. Hagedorn in Warendorf, bauen

Samro Vollernter aus der Schweiz.

den „Wiesent", Stille baut den Sammelroder „KEM 49" und die Firma Niemeyer in Oese baut den „Samro", eine Roderentwicklung aus der Schweiz.

Kartoffel-Sammelroder mit mechanischer Steintrennung

1955

... entwickelt die Firma Franz Dettmann in Lübeck einen Baukastenroder. Die Bestandteile des Baukastens: ein Siebkettenroder und angehängt ein Gerät mit Kar1offelkraut- und Steintrenneinrichtung mit Querelevator und/oder Überladeband. Dieses System wurde aber nach wenigen Jahren wieder aufgegeben, weil keine Abstimmung zwischen Sieb- und Verleseband erreicht werden konnte.

1956

... bieten schon acht Firmen Kartoffelsammelroder an. In England befassen sich die Firmen Johnson in Whitsed und Massey Ferguson mit dem Typ 711, der vom NIAE in Silsoe entwickelt wurde. Des weiteren beginntn Ransomes nach Übernahme von Johnson's Engineering sowie die Firma Standen mit der Herstellung von Sammelrodern. In Norwegen ist es die Firma Underhaug.

Heute werden in Deutschland die Kartoffeln überwiegend im direkten Verfahren geerntet. Der Sammelroder vereinigt folgende Grundfunktionen: Aufnehmen des gesamten Dammquerschnitts, fördern dieses Gutgemisches unter Abtrennung von zunächst der Erde, anschließend des Grob- und Feinkrautes. Es folgt das Aussortieren von Steinen, Kluten und Mutterknollen sowie der kleinen Kartoffeln. Danach erfolgt die Ablage der Kartoffeln im Bunker (und Kisten/Wagen) und schließlich das Entleeren des Bunkers auf Transportfahrzeuge.

Die Firma Grimme, Damme, hat hierzu mit wesentlichen Entwicklungen beigetragen.

1960

... ist bei den Sammelrodern aber auch bei den Rodeladern noch keine einheitliche Tendenz zu den Entwicklungen bei den Siebeinrichtungen erkennbar. Es befinden sich Siebräder, Trommelräder, Schwingsiebe und Siebketten im Einsatz.

Trotzdem ist eine gewisse Grundform des Sammelroders erkennbar. Nun beginnt man mit der Mechanisierung der verschiedenen Trennvorgänge. Oberstes Ziel ist die schonende Behandlung der Kartoffeln. Zur Absonderung von Kraut benutzt man eine weitmaschige Krautkette, zur Absonderung von Steinen und Klauten wird eine Gummifinger- oder Steinbürstenbänder entwickelt.

1965

... sind in den alten Bundesländern meist noch einreihige Sammelroder, zum Teil mit seitlicher Dammaufnahme, anzutreffen.

In der DDR dagegen beherrschen zweireihige Roder das Feld. Sie werden zum größten Teil als Bunkerroder oder als Überladeroder zum direkten Beladen des nebenherfahrenden Transportfahrzeuges genutzt.

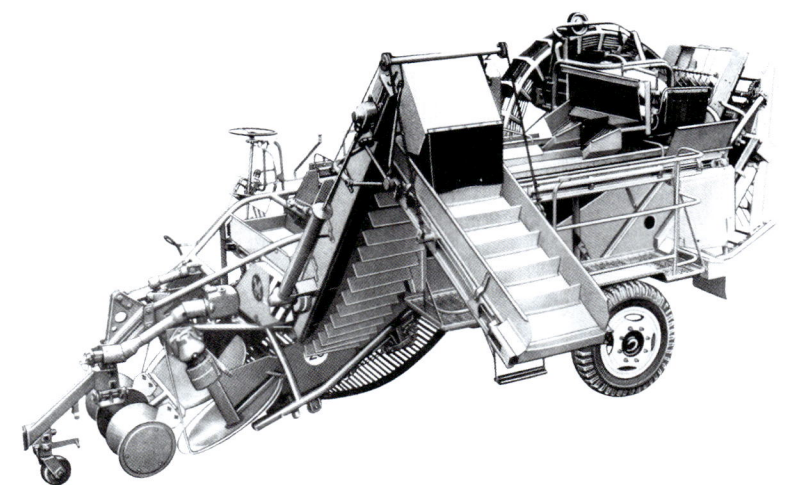

1974

... ist der erste zweireihige selbstfahrende Kartoffelvollernter der Welt auf dem Markt – entwickelt von Grimme in Damme. Er hat einen hydrostatischen Antrieb und einen 3,5 t fassenden Sammelbehälter.

1980

... ist das geteilte Ernteverfahren intensiv weiterentwickelt worden. Es entstand aus der Nutzung zweireihiger Vorratroder mit Schwadablage. Die schnelle Abtrocknung auf dem Feld – verbunden mit einer Erwärmung der Kartoffeln – ergab saubere, helle Kartoffeln mit einer geringeren Empfindlichkeit bei den nachfolgenden Arbeitsgängen. Förderlich war das vorherige Krautabschlagen. Zur Schwadaufnahme wurden 1- oder 2-reihige Seitenroder eingesetzt. Später hatten verschiedene Firmen spezielle Schwadaufsammler im Programm.

Für das geteilte Ernteverfahren entwickelte man auch zwei- bis vier-reihigen Schubroder die am rückwärts fahrenden Traktor angebaut wurden. Sie ermöglichen ein schnelles Abtrocknen der Kartoffeln auf dem Feld. Auch hier hat man zur Schwadaufnahme ein- oder zweirei-hige Sammelroder oder spezielle Schwadsammler mit Bunker oder Überladeband eingesetzt.

In den folgenden Jahren haben namhafte Hersteller wie Grimme in Damme, Bergmann in Goldenstedt, Niewöhner in Gütersloh sowie Wei-marwerke und Kverneland-Underhaug in Norwegen – um nur einige

zu nennen – ein umfangreiches Programm an Kartoffelerntema-schinen geschaffen und erheb-lich weiterentwickelt.

Selbstfahrer gab es damals – zweireihig – von der Firma Dewulf aus Belgien, Simon aus Frankreich oder – vierreihig – von Riecam aus Holland mit bis zu 12 t Eigengewicht und 5 t Zuladung im Bunker.

1993

... kommen die ersten zweireihigen Roder mit seitlicher Dammauf-nahme auf den Markt. Weil hierbei die Traktoren auf der bereits gero-deten Fläche fahren, können leistungsstarke Traktoren eingesetzt werden, weil die Spurweite des Traktors nicht mehr mit dem Reihen-abstand der Kartoffeln übereinstimmen.

1997

... liegt der Entwicklungsschwerpunkt bei den mehrreihigen Sammel-rodern mit Axialwalzentrennung die besser bei feuchten Rodebedin-gungen arbeitet.

2001

... geht die Tendenz zu den vierreihigen Selbstfahrern mit großen Bunkerfassungsvermögen von bis zu 8 t. Dabei werden Rodeleistungen von 40 bis 50 t je Stunde erreicht.

2003

... erfassen elektronische Messkörper Knollenbeschädigungen, die bei der natürlichen Belastung der Knollen entstehen.

2005

... besteht neben den Bunkerrodern auch die Möglichkeit einer Befüllung von 4-t-Kisten auf dem Feld.

2006

... ist mit der Tendenz zum spezialisierten Kartoffelanbau auf großen Flächen zugleich eine Verwendung von Hochleistungsrodern in Richtung Selbstfahrer erkennbar.

In den USA werden zur Kartoffelernte 2- bis 4-reihige Überladeroder eingesetzt. Alle Roder sind mit riesigen Ventilatoren zur Stab- und Krauttrennung ausgerüstet. Um die Kartoffeln zu ernten wird bei den innovativen „Airhead-Rodern" in einer geschlossenen Glocke ein Unterdruck erzeugt. Die Kartoffeln werden aufgrund ihres geringeren Gewichtes „angesaugt" und so von Steinen und Kluten getrennt. Diese Technik wird von der Grimme Tochtergesellschaft Spudnik in Idaho/USA genutzt. Spudnik ist im Jahr 2003 (nach Beginn des Joint Ventures 2001) – komplett von Grimme komplett übernommen.

Grimme/Spudnik „Airhead-Roder", USA.

Ploeger-Roder, Niederlande.

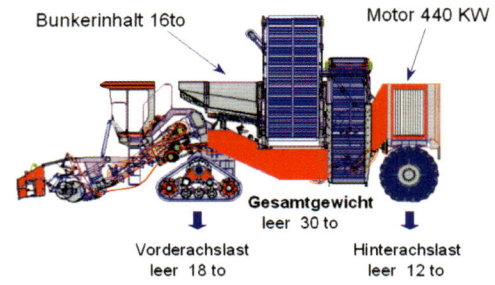

Bunkerinhalt 16to

Motor 440 KW

Gesamtgewicht
leer 30 to

Vorderachslast
leer 18 to

Hinterachslast
leer 12 to

Harain Quadro 600.

Weltweiter Kartoffelanbau 2003				
Land	Erntemenge 1.000 l	Anbaufläche 1.000 ha	Erträge dt/ha	Anteile an Weltproduktion
China	72.066	4.528,7	159,1	23,2
EU-25*	63.188	2.286,7	276,3	21,3
Russland	36.747	3.172,0	115,8	11,8
Indien	25.000	1.370,0	182,5	8,0
USA	20.766	505,3	411,0	6,7
Ukraine	18.453	1.578,0	116,3	5,9
Kanada	5.324	180,5	295,0	1,7
Türkei	5.300	200,0	265,0	1,7
Weißrussland	8.649	530,0	163,2	2,8
Rumänien	3.947	281,8	140,0	1,3
* davon				
Deutschland	10.232	283,6	360,7	
Niederlande	6.469	159,0	406,8	
Frankreich	6.348	157,3	403,6	
Großbritanien	5.918	145,0	408,0	
Polen	13.732	765,8	179,0	
Summe	**205.358,14**	**17.012.717**		
Durchschnitl.	**4.688,22**	**274.398,66**	**216,1**	

Zuckerrübenernte

Die zunehmende Zuckerproduktion ab Mitte des 19. Jahrhunderts einhergehend mit dem großen Aufschwung des Zuckerrübenanbaus weckt das Bedürfnis nach Rübenerntegeräten.

1869

... entwickelt R. Sack in Leipzig aus einem Pflug, an dessen Grindel eine Art Meißelschar ähnlich einem Tiefenlockerer angebracht ist, ein Gerät, mit dem die Rüben seitlich unterfahren und dann von Hand aus der Erde gezogen werden. W. Siedersleben in Bemburg stellte aber bereits ...

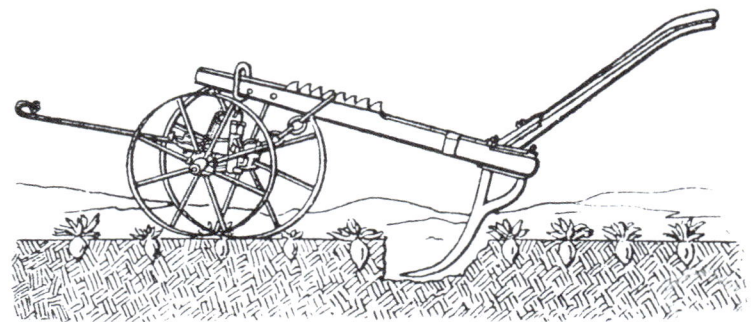

1861

... ein vierräderiges Gerät mit zwei Scharen vor, die auf den Rübenreihen-Abstand entsprechend einstellbar sind. Auch hierbei werden die Rüben unterfahren aber mit dem Erdreich hochgezogen. Dieses System ist für die spätere Entwicklung von größter Bedeutung.

1878

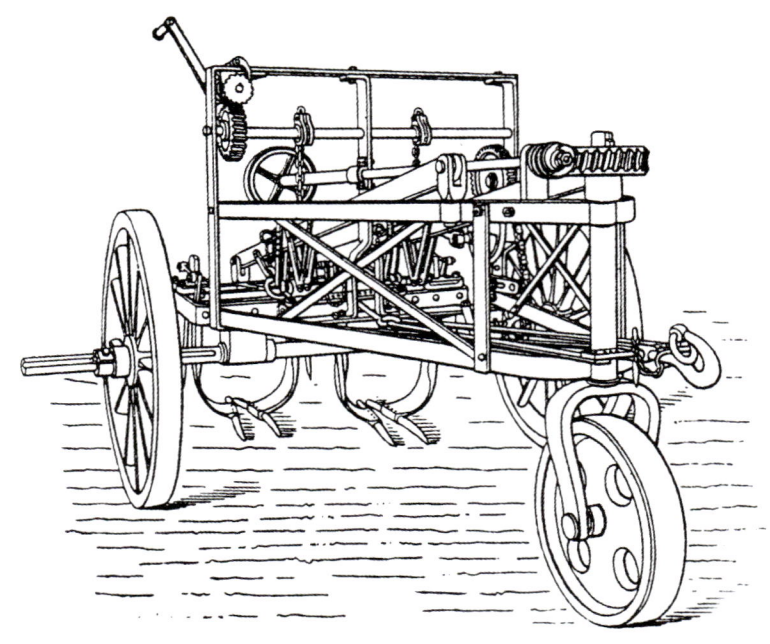

... verwendet der Franzose Paul Oliver Lecq erstmals zwei schlanke, meißelförmige Schare, deren Spitzen weiter und tiefer auseinander stehen als die Ferse. Diese Anordnung „zwei Spitzen, welche in den Boden dringen, um die Rübe zu entwurzeln", sind ihm durch ein deutsches Patent geschützt worden. Mit diesen Scharen baut erstmals die Firma Laaß & Co. in Magdeburg-Neustadt einen Rübenheber, der sehr erfolgreich arbeitet.

1900

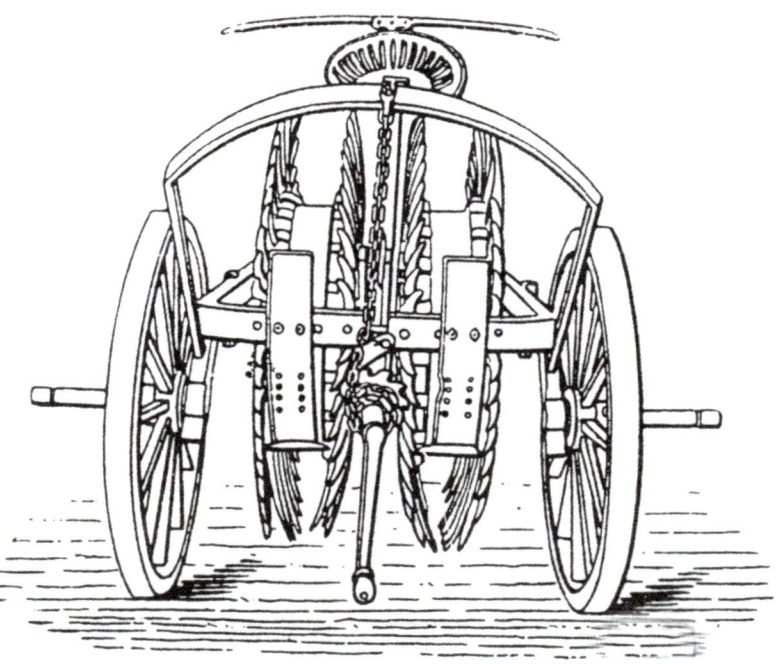

... etwa versuchen Lois Frennet-Mauthier in Ligny und Karl Thomann in Halle mit zwei schräg gegeneinander gestellten, und am Umfang geschärften Aushebescheiben die Rüben aus dem Boden zu ziehen. Zwischen den Scheiben ist noch ein Messer zum Abschneiden des Rübenkopfes waagrecht angebracht. Die Anfangserfolge sind enttäuschend, weil noch zu viele Rüben beschädigt und zum Teil im Boden stecken bleiben.

Später arbeiten mehrere Firmen an der Lösung dieses Problems, und bei einem Preisausschreiben der Zuckerindustrie von 1909 zeigt ein zweireihiger Köpfroder von Siederieben & Co. – diese Firma hat bereits 1905 die erste

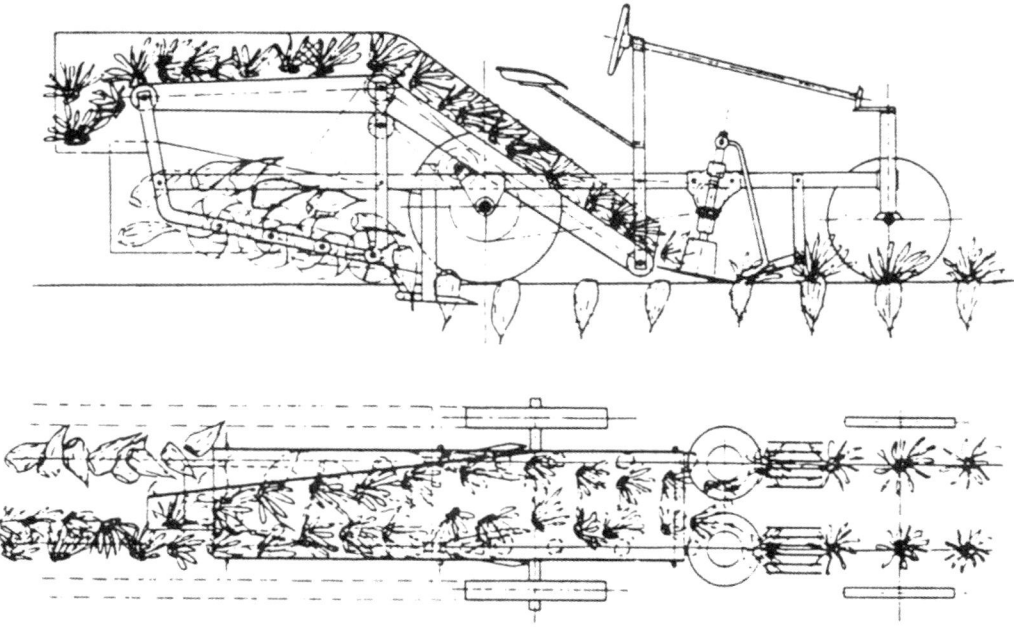

Rübenköpfmaschine gebaut – wie die Aufgabe gelöst werden kann. Er köpft und rodet befriedigend einen Morgen Zuckerrüben in 35 Minuten.

Nach und nach wird die Vielzahl der Einzelaufgaben wie das Köpfen, Sammeln, Laden und Abfahren von Blatt sowie das Roden, Reinigen, Sammeln, Laden und Abfahren von Rüben weiterentwickelt und technisch vervollkommnet.

Zuerst in getrennten Arbeitsgängen mit dem Köpfschlitten für das Rübenblatt, welches damals auch als Futter dient.

1940

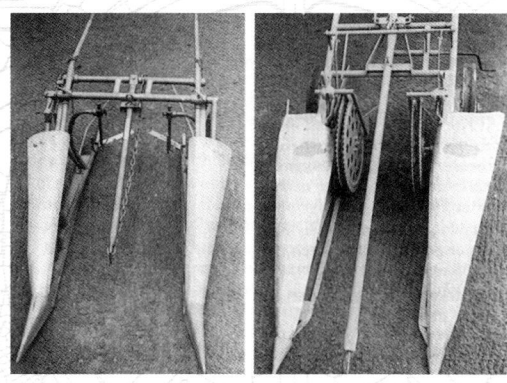

... baut H. Raussendorf in Klein-Singwitz, einen zweireihigen Rübenköpfschlitten.

1942

... hat Franz Kleine in Salzkotten eine lenkbare Rübenrodevorrichtung entwickelt, die man auch im Austausch der Schare an Kartoffelroder anbauen kann.

Kleine-Rübenroder.

1950

Erste Stoll-Rübenerntemaschine

... setzt sich das gleichzeitige Köpfen und Roden schnell durch, weil das Roden in der Gare die Schlepperarbeit erleichtert, gleichzeitig die Schmutzprozente verringert und dabei Verluste vermeidet.

Weil man die amerikanischen Entwicklungen mit den Wagenrodern, wegen der Notwendigkeit leistungsstarker Traktoren vermeiden will, setzt man in Deutschland auf die Entwicklung der Bunkerköpfroder. Damit lässt sich auch in kleinen Betrieben, die ihre Rüben selbst bei den Zuckerfabriken abliefern, die Ernte mechanisieren.

Es handelt sich bei der Zuckerrübenernte eigentlich um eine Doppelernte, nämlich der von Rüben und Blatt. Für eine Zusammenfassung beider Ernten gleichzeitig ist die Anzahl der einzelnen Arbeitsgänge sehr groß.

Stoll-Rübenernter mit Querschwadablagen, 1960.

Bei dem einreihigen Bunkerköpfroder wird das Blatt mit einem Messer, das von einem Radtaster geführt wird geköpft und zugleich über ein Längs- und Querförderband in einem Bunker gesammelt.

Die Zuckerrüben werden nach dem Roden über Siebräder einer Siebtrommel zur Reinigung zugeführt und anschließend über eine Rutsche oder ein Querförderband zum Rübenbunker gebracht. Beide Bunker können getrennt voneinander entleert werden, sodass Rüben und Blatt je in einem Querschwad auf dem Feld abgelegt werden.

3-reihiger Bunkerroder von Stoll.

Das Aufladen der Erntegüter erfolgt mit dem Frontlader. Aber das Blatt kann auch mit dem Fuderlader geborgen werden. Oftmals hat man einen Unimog als Zugmaschine eingesetzt, dessen Ladefläche zugleich als Kippbunker verwendet worden ist. Dazu wurden die Rübenroder am Ende der Siebtrommel mit einem verlängerten Förderband anstatt des Bunkers ausgerüstet.

An diesen Entwicklungen sind die Firmen Bleinroth in Landringshausen, Stoll in Broistedt mit einer Siebtrommeln und Schmotzer in Windsheim mit Siebrad und Förderschnecke im Gitterstabrohrmantel wesentlich beteiligt.

Rübenernte mit Traktor-Überkopf-Kippbunker.

1952

BBG-Rübenrodeeinrichtung an einer russischen Erntemaschine.

... werden in der DDR mehr als hundert SKEM-3-Maschinen aus der UdSSR eingesetzt. Das sind Vollerntemaschinen, die nach dem Raufprinzip arbeiteten: Bei der dreireihigen Maschine werden die Rüben im Boden zunächst gelockert, dann von Klappgreifern am Krautschopf gepackt und mit einem Ausrichtmechanismus zur richtigen Stellung dem Köpfmesser zugeführt. Blatt und Rübe werden in getrennten Bunkern gesammelt und im Querschwad abgelegt.

Als mit den leistungsstarken Allradtraktoren genügend Zugkraft zur Verfügung steht, wird die Forderung nach zwei- und dreireihigen Rübenrodern immer stärker. Zusätzliche Impulse kommen aus Frankreich, wo sich eine völlig andersgeartete Mechanisierung der Zuckerrübenernte entwickelt hat. Dort sind einfache sechsreihige Geräte nacheinander im Einsatz, als Längsschwadköpfer, Längsschwadrader und Wagenlader.

1970

6-reihiger Köpfroder von Kleine im Schubfahrt, um 1980.

... etwa hält man den Aufwand für das dreiphasige Verfahren für nicht mehr tragbar, deshalb kombiniert man am Traktor den frontgeschobenen Köpfer mit dem heckgezogenen, oder angebauten Roder. Der nachfolgende Rodelader mit dem entsprechenden Wagen verkürzt die Ernte zum zweiphasigen Verfahren. Anstatt des Heckroders kann man auch einen Rodelader einsetzen. Dann gibt es vorne den Köpfroder am Traktor und in der nächsten Phase den Ladebunker. Später kombiniert man die einzelnen Systeme in einem selbstfahrenden Rahmenfahrzeug. Diese werden laufend optimiert.

Frontköpfer mit Rodelader.

1971

... ist daher auch die Geburtsstunde der sechreihigen Zuckerrübenerntemaschinen. Die Südzucker AG hat von dem belgischen Landmaschinen-Mechaniker Duquenne, dessen selbstfahrende 6-reihige Versuchsmaschine gekauft. Diese Maschine hatte vor der Vorderachse mit sechs Antriebsrädern Radtastköpfer montiert. Das Rübenblatt ist unzerkleinert über ein Förderband unter der Maschine zu einem Blattbunker für Querschwadablage transportiert worden. Wurden die Zuckerrüben mit Polderscharen gerodet, hat man sie über reinigende Siebsysteme und dem Elevator einem Bunker zugeführt. Der Südzucker AG in Verbindung mit dem Maschinenring Landshut und dem Landwirt und Erfinder Hermann Paintner sowie dem Landmaschinenmechaniker und Maschinenbauer Alfons Holmer ist es zu danken, daß daraus der „Betaking" 3000 realisiert worden ist.

Betaking 3000, 6-reihiger Bunkerroder.

In England wurden noch Zuckerrübenroder mit Ziehriemen verwendet. Das Erntegerät, automatisch geführt, greift die Rüben am Blatt und führt sie dem Köpfer zu. Danach bringt sie die Rüben über Stabketten unbeschädigt zum Bunker und das Blatt in den Blattbunker zum Ablegen in Schwaden. Eine Blattbergung zur Fütterung erfolgt in einem gesonderten Arbeitsgang.

Rad- und Gurtbandfahrwerke von selbstfahrenden Bunkerkopfrodern

3-Achs-Fahwerk mit Knicklenkung und Achsschenkellenkung an der Vorderachse und beiden Hinterachsen (Ropa)	2-Achs-Fahrwerk mit Knicklenkung und Achssechenkellenkung an der Vorder- und Hinterachse (Holmer)	3-Achs-Fahrwerk mit teleskopierbaren Cantilever-Vorderachs-Aggregat mit Achsschenkel- und Hinterachse mit Drehschemellenkung (Agifac/WKM)
3-Achs-Fahrwerk mit teleskopierbarer Vorder- und Hinterachse mit Hinterachs-Drehschemellenkung (Vervaet)	2-Achs-Fahrwerk mit Gurtbandlaufwerk an der Vorderachse und Hinterachse mit Drehschemellenkung (Grimme)	2-Achs-Fahrwerk mit Achsschenkellenkung an der Vorder- und Hinterachse, Hinterachse mit kleineren Rädern (Kleine)

... hat dann der erste Holmer-Roder in Franken seine Arbeit aufgenommen. Danach beginnt der Siegeszug der 6-reihigen Rübenernter mit dem Roden aus der Gare, wobei heute auf die Blatternte verzichtet wird. Damals hat man das Zuckerrübenblatt geborgen um den Nährstoffgehalt über die Fütterung zu nutzen. Heute führt man die Nährstoffe des Blattes durch Einarbeiten dem Boden als Dünger zu.

1987

... sind noch 59 Prozent der Zuckerrübenanbaufläche in Deutschland mit einreihigen Bunkerköpfrodern und elf Prozent mit zweireihigen gezogenen Maschinen abgeerntet worden und die restlichen 30 Prozent mit sechsreihigen Geräten verschiedenster Art, davon acht Prozent mit Selbstfahrern.

2-reihiger Bunkerroder von Kleine.

1991

1-reihiger selbstfahrender Bunkerroder von Italo-Svizzera, Italien.

... hingegen werden nur noch auf 29 Prozent einreihige und auf 18 Prozent zweireihige Vollernter eingesetzt und die restlichen 53 Prozent der Fläche mit sechsreihigen Maschinen abgeerntet. Die selbstfahrenden, sechsreihigen Köpfrodebunker ernten knapp 20 Prozent der gesamten Zuckerrübenfläche in Deutschland.

1995

... kommen die ersten selbstfahrenden Reinigungs- und Ladegeräte auf den Markt. Sie werden zum Beladen der LKW und anderer Transportfahrzeuge aus Feldrandmieten eingesetzt. Die sechsreihigen selbstfahrenden Rodebunker werden vorzugsweise überbetrieblich eingesetzt. Sie bleiben selbst unter schwierigen Bedingungen einsatzfähig und arbeiten auch auf durchnässten Böden sauber, beschädigungs- und verlustarm.

Reinigungslader.

1996

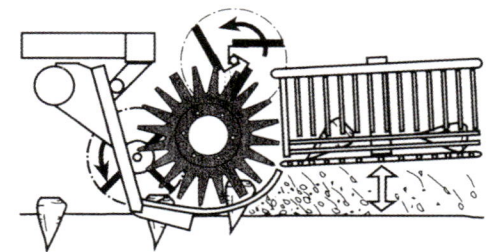

Stoll Rotalift.

... arbeiten der Stoll „Rotalift II" oder ähnliche Entwicklungen mit Hubrädern an der Rodegruppe. Die v-förmig sich öffnenden und nach außen verjüngenden Finger der Hubräder verbessern die Selbstreinigung und Absiebung im Rodebereich.

... stellt Grimme, Damme, an seinem Selbstfahrer ein richtungsweisendes Rodesystem vor, bei dem angetriebene Rodeschare, Aufnahme und Weiterförderung der Rüben über ein Siebband zu den Wendelwalzen mit großer Siebfläche zur Erdabtrennung gewährleisten.

Grimme-Rodeaggregat mit Fördereinrichtung.

... entfallen 74 Prozent der abgeernteten Fläche bereits auf sechsreihige Selbstfahrer mit weiter steigender Tendenz. Mit den einreihigen gezogenen werden dagegen nur noch vier Prozent und mit den Zweireihigen neun Prozent der Flächen gerodet, sicher bis zum Aufbrauch des noch vorhandenen Bestandes. Damit verbleiben für die dreireihigen

Borigelli, Italien.

und die zweiphasigen Systeme noch ganze 13 Prozent. Nachdem nur noch in Dänemark mehrreihige gezogene Rübenroder gebaut werden ist klar erkennbar, dass nach Aufbrauch der im Markt vorhandenen Roder die Selbstfahrer die komplette Ernte übernehmen werden.

Nachdem eine Bereinigung der Zuckerfabriken mit Rückgängen besonders im Norden und Osten stattgefunden hat, werden der Liefertermine wegen leistungsfähige Ernteverfahren verstärkt nachgefragt, die in kurzer Zeit die Bereitstellung großer Mengen ermöglichen. Diese Forderungen erfüllen sechsreihige selbstfahrende Erntemaschinen am besten. Sie erreichen heute Ernteleistungen von durchschnittlich einem ha/h. Wie ein Mähdrescher können sie ohne Anroden in den Bestand fahren, ein Vorteil auch auf kleineren Flächen im überbetrieblichen Einsatz.

Heriau, Frankreich.

Diese Selbstfahrer sind auch technisch im Detail so verbessert worden, so dass sie ihre Leistung auch unter schwierigen Bedingungen sicherstellen.

Die Köpfeinrichtung besteht derzeit meistens aus einem Schlegelköpfer, Blattransportschnecke mit seitlicher Blattschleuder oder Blattablage zwischen den Reihen, sowie anschließendem Kufentastnachköpfer. Die Rüben werden mit Rad-, Scheiben- oder Polderscharen schon mit wenig Erdanhang aus dem Boden gehoben. Nach einem Walzengang schließen sich mehrere Siebsterne an und über ein Förderband gelangen die Rüben in den Bunker mit Überladeband. Die Fassungsvermögen der Bunker sind inzwischen bis auf 40 m³ vergrößert vergrößert worden und reichen für etwa 1.500 m Schlaglänge, 5 m³ für 1.000 m Schlaglänge oder 14 m³ für rund 500 m. Letztere kommen vorzugsweise bei Köpfrodeladern als Zwischenbunker zur Anwendung. Durch diese hohen Zuladungen von 25 t bei 40 m³ Bunkern und dem hohen Eigengewicht der Maschinen werden Gesamtgewichte von rund 50 Tonnen erreicht. Zur Minderung des hohen Bodendrucks werden daher bei den ganz großen Selbstfahrern dreiachsige Fahrwerke verwendet, die durch entsprechende Einstellung versetzt fahren können, so dass die Terrareifen die gesamte sechsreihige Rodefläche abdecken können

(Holmer, Kleine, Ropa). Bei der Fünffachbereifung (Stoll)fährt das gelenkte Hinterrad zwischen der Doppelvorderachse.

Die Vierradlenkung verleiht diesen großen Maschinen zudem eine sehr gute Wendigkeit.

2001 hat der Kartoffeltechnik-Spezialist Grimme in Damme alle Rechte und Patente der Firma Stoll im Bereich der sechsreihi-

Matrot, Frankreich.

gen Rübenerntetechnik übernommen. Grimme hat das Fahrwerk mit einem Bandlaufwerk anstatt der Fünffachbereifung ausgerüstet und diese Maschine mit erheblich verbesserter Technik als „Maxtron 620" neu vorgestellt.

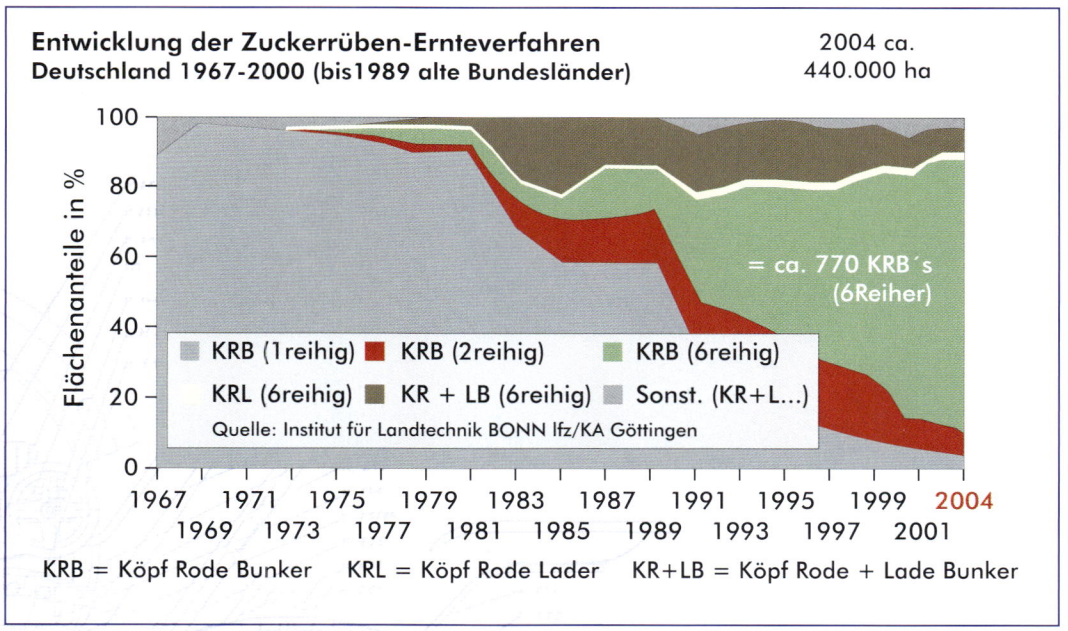

In Belgien und Frankreich kommen hauptsächlich die zweiphasigen Verfahren in der Zuckerrübenernte zur Anwendung. Es dominieren die angebauten oder selbstfahrenden sechsreihigen Köpfroder mit Schwadablage gefolgt von sehr leistungsfähigen Ladebunkern. Dieses Verfahren wird in Deutschland nur vereinzelt angewendet.

Das Beladen der Lkw zum Rübentransport aus der Feldrandmiete geschieht zunehmend mit selbstfahrenden Reinigungsladern um den restlichen Erdanhang zu beseitigen. Seit 1991 werden solche Geräte von Holmer, Kleine, Ropa, Thyregod usw. angeboten.

2006

... werden nur noch auf zehn Prozent der Fläche eigengenutze Erntemaschinen eingesetzt. 52 Prozent erledigen die Maschinenringe oder Maschinengemeinschaften und 38 Prozent der gewerbliche Lohnunternehmer.

Die sechsreihigen Rodeköpfbunker (RKB) dominieren mittlerweile mit 79 Prozent der Fläche die Ernte. Der zweireihige gezogene RKB erntet noch neun Prozent der Rübenfläche und der Rest fällt auf andere Verfahren.

Auch bei der Rübenabfuhr ist zwischenzeitlich eine wesentliche Änderung eigetreten. Nur noch sechs Prozent der Landwirte setzen auf Eigenabfuhr, 31 Prozent auf Abfuhrgemeinschaften und bereits 48 Prozent auf Speditionen. Diese Abgaben macht das Institut für Landtechnik der Universität Bonn.

2007

Im Sommer hat der derzeitige Weitmarktführer Holmer den 2.222sten Rübenroder an einen Kunden ausgeliefert. Nach eigenen Angaben beträgt seine Jahresproduktion 200 bis 250 sechsreihige selbstfahrende Rübenroder.

Holmer Bunkerroder, 6-reihig.

In der EU der 25 werden auf 22 Millionen ha Zuckerrüben angebaut. Davon in Deutschland auf 420.000 ha.

Auch in den neuen Märkten des Ostens spielt die Zuckerrübe eine wichtige Rolle. So beträgt die Anbaufläche in Russland 811.500 ha, Weißrussland 625.500 ha und in der Ukraine 80.000 ha.

Traubenernte

Mittlerweile wird auch so mancher edle Tropfen guten Weines mit der Maschine geerntet. Tatsächlich geht die Entwicklung und Erprobung von Traubenerntemaschinen in den USA bis in die Jahre 1957 bis 1959 zurück.

Schneideverfahren wurden zuerst in Amerika und Italien eingesetzt sowie Absaugverfahren oder Einsatz elektrischer Energie zur Trennung der Trauben zwischen 1968 und 1975 in der Bundesrepublik Deutschland versucht. Sie konnten sich gegenüber den in den USA und Frankreich in der Zeit von 1971 bis 1975 entwickelten Schwing- und Schüttelverfahren jedoch nicht durchsetzen. Erst 1977 sind in Deutschland die ersten Traubenernter als Selbstfahrer oder gezogene Erntemaschinen eingesetzt worden.

Trauben-Vollernter.

Aber bereits 1975 stellte der französische Mähdrescherhersteller Braud nach Aufgabe dieser Produktion den ersten selbstfahrenden Traubenvollernter vor.

Traubenvollernter werden heute in allen großen Weinanbaugebieten eingesetzt. Ob in Kalifornien, Chile, Argentinien, Südafrika, Austalien, Neuseeland oder in Europa, sie sind überall in den Erntegebieten anzutreffen.

Heute gehören die Braud-Erntemaschinen zu New Holland. Sie sind dort zu multifunktionalen Maschinen weiterentwickelt

worden, damit diese Hochleistungstraubenvollernter auch zu anderen Arbeiten eingesetzt werden können. Der Fahrer kann problemlos in weniger als 15 Minuten das Ernteaggregat ausbauen und in 10 Minuten hat er das von New Holland gemeinsam mit Berthoud entwickelte Sprühgerät auf der Basismaschine montiert. Auch ein Mähwerk zum vorschneiden der Rebstöcke kann angebaut werden.

Eine vollständige Ernte gewährleistet das international mehrfach preisgekrönte Schüttelsystem mit Reinigungsgebläse, das die Blätter von den Trauben trennt. Ein Becherfördersystem bringt das Erntegut zu den bis zu 3.200 Liter fassenden Edelstahlbehältern auf denen eine Abbeermaschine montiert werden kann.

New Holland hat seit der mehr als 30 Jahre dauernden Produktionszeit über 11.000 Vollernter im Einsatz.

Natürlich bieten auch andere Hersteller erfolgreich Traubenerntemaschinen an: Die Gregoire SA, ein Familienbetrieb aus Cocnac mit seinen Tochterfirmen Bobard, Spezialtraktoren und Paris, einem Weinbauspritzenhersteller, oder Lagard, Hersteller von Schneidgeräten, sowie die australische UR Machinery, alle bis vor kurzem zum Kvernelandkonzem gehörend. Die Firma Pellenc aus Pertuis, Frankreich, aus Deutschland die Firma ERO aus Niederkumbd. Erstmals ist auf der Intervitis 2007 in Stuttgart ein Prototyp von der Firma Leible in Durbach zur Ernte von Trauben in Steilhanglagen vorgestellt worden.

In der EU der 15 wird auf 3,2 Millionen ha Wein angebaut.

Daran ist Spanien mit 1,2 ha, Frankreich mit 0,92 und Italien mit 0,68 ha beteiligt, was rund 88 Prozent der gesamten Weinbaufläche umfasst. In Deutschland baut man auf rund 99.000 ha Wein an.

Zuckerrohr

Die Zuckererzeugung fußt auf zwei unterschiedlichen Kulturpflanzen:

Die Zuckerrohrpflanze ist ein tropisches Gras, das bis zu sieben Metern Höhe wachsen kann und dabei einen zwei bis fünf Zentimeter dicken Stenge! mit schilfähnlichen Blättern entwickelt. Es handelt sich dabei um eine Monokultur, die mehrere Jahre hintereinander aus der gleichen Ausgangspflanze kultiviert wird

und bis zu zehn Jahre genutzt werden kann. Bis zur erntereifen Pflanze dauert es etwa ein Jahr. Zuckerrohr ist in Klimaten mit stabilen hohen Temperaturen, hoher Luftfeuchtigkeit und hohen Niederschlägen weltweit anzutreffen.

Etwa 70 Prozent des Zuckerrohrs wird heute noch von Hand mit der Machete mühsam abgeerntet, dazu wird es zur Erleichterung der Arbeit noch abgebrannt. Umweltgesetze verbieten dieses schon jetzt und künftig auch weltweit immer mehr.

Zuckerrohr-Vollerntemaschine.

Schon 1970 befasste sich Claas daher mit der Entwicklung von Zucker-rohrerntemaschinen, die gehäckseltes grünes Zuckerohr von Blättern und grünen Spitzen getrennt ernten können, aber natürlich ebenso gut abgebranntes.

Vorhandene kleinere Spezialhersteller sind mittlerweile von den großen weltweit operierenden Landtechnikkonzernen übernommen worden.

In gemäßigten Klimaten ist die Zuckerrübe Ausgangsba-sis für die Zuckerproduktion. Wegen der hohen Ansprüche an die Bodenqualität, Was-serhaltigkeit und Nährstoff-verfügbarkeit sowie gute Durchwurzelbarkeit wächst sie aber noch lange nicht überall. 1747 entdeckte Marg-graf den Zuckergehalt der Rübe und 1802 gründete Archard die erste Rüben-zuckerfabrik in Cunem, Schlesien.

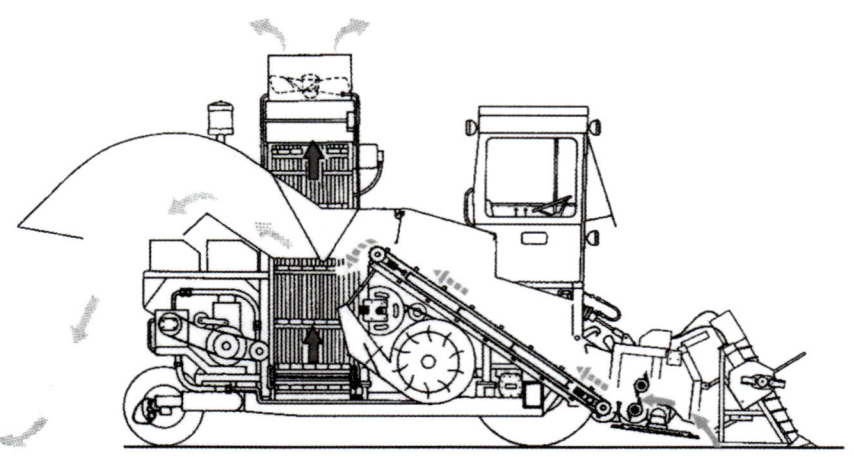

Schnitt ZuckerrohrVollernter.

Zuckerrohr und Zuckerrüben nach Weltregionen 2001					
Region	Anbaufläche In 1.000 ha	%	Ernte In 1.000 L	%	Erträge je ha % +/ha
Asien	9.400,0	37,0	44,2	32,0	4,7
Dav. Indien	4.050,0	16,0	18,8	14,0	4,7
China	1.334,0	5,0	8,4	6,0	6,3
Thailand	920,0	4,0	6,6	5,0	7,2
Südamerika	6.077,0	24,0	29,7	21,0	4,9
Dav. Brasilien	4.906,0	19,0	22,7	16,0	4,6
Nord.u. Mittelamerika	3.432,0	14,0	20,7	15,0	6,0
Wesreuropa	2.549,0	10,0	18,0	13,0	7,1
Afrika	1.510,0	6,0	8,2	6,0	5,5
Ozeanien	476,0	2,0	5,0	4,0	10,6
Quelle: FAO, USDA, ZMP					

Baumwolle

Über 34 Millionen ha werden weltweit mit Baumwolle bepflanzt. Sie ist eine wesentliche Industriepflanze für die Landwirtschaft.

Die Baumwolle ist eine Pflanze aus der Gattung der Malvengewächse. Die Baumwollpflanzen werden etwa ein- bis zwei Meter hoch und verzweigen sich reichlich. Aus den Achseln der Blätter entwickeln sich die Blüten zu haarigen Büscheln.

Je nach Herkunftsland gibt es unterschiedliche Güteklassen.

Baumwollerntemaschine.

Jahrhunderte war die Baumwollernte harte Knochenarbeit für die vielen Pflücker, die nun einmal zur Ernte notwendig waren.

Heute wird diese Ernte überwiegend von speziellen Baumwollerntemaschinen erledigt. In der Hauptsache sind es selbstfahrende Erntemaschinen aber auch Anbaumaschinen für Schubfahrt des Traktors sind anzutreffen.

Die Erntevorsätze können den unterschiedlichen Reihenweiten angepasst werden. Das Pflücksystem arbeitet mit Spiralsägen und Reinigungsbürsten damit wird der Baumwollbüschel aus der Fruchtkapsel (Kokon) gelöst. Die gepflückte Baumwolle gelangt über einen Luftstrom in den Bunker, der mit einer hydraulischen Pressvorrichtung zur vollständigen Befüllung ausgerüstet ist.

Anbauerntemaschine für Baumwolle, Traktorschubfahrt.

		Fläche				Gesamt Inland
Rang	**Land**	**Geerntet**	**Ertrag**	**Produktion**	**Export**	**Verbrauch**
1	China	4.800,0	1,1	5.117,0	87,0	5.117,0
2	USA	5.722,0	0,8	4.393,0	2.047,0	1.764,0
3	Indien	8.740,0	0,3	2.656,0	11,0	2.896,0
4	Pakistan	3.150,0	0,6	1.807,0	87,0	1.796,0
5	Usbekistan	1.430,0	0,7	1.023,0	697,0	283,0
6	Türkei	700,0	1,3	882,0	33,0	1.197,0
7	Brasilien	730,0	1,0	718,0	76,0	914,0
8	Australien	4430,0	1,6	675,0	686,0	33,0
9	Griechenland	410,0	1,0	414,0	250,0	152,0
10	Syrien	260,0	1,3	348,0	223,0	120,0
11	Ägypten	315,0	0,9	272,0	98,0	142,0
12	Mali	520,0	0,5	239,0	196,0	3,0
13	Turkmenistan	500,0	0,4	196,0	109,0	76,0
14	Burkina	350,0	0,5	163,0	147,0	1,0
15	Elfenbeinküste	300,0	0,5	163,0	131,0	20,0
	Welt	34.258,0	0,6	21.091,0	6.121,0	19.952,0
Top 15	**% von Welt**	**83%**	**NM**	**90%**	**80%**	
		Anbaufläche in 1000 ha	Tonnen/ha	Erntemenge in 1000 Tonnen	Inlandsverbrauch	

Die fünfzehn größten Baumwolle-produzierenden Länder

(Wirtschaftsjahr- Tausende von ha,Tonnen pro ha, und tausende Tonnen)   Quelle: USDA

Holzernte

Über Jahrhunderte war die Wald-
arbeit nicht nur sehr schwer sondern auch gefährlich. Nach dem
Krieg brachte der Einsatz der
Motorsäge, in Verbindung mit der
entsprechenden Schutzkleidung,
erhebliche Verbesserungen.

Seit Jahrzehnten ist nunmehr
auch die Vollmechanisierung im
Gange, die in den großen Waldge-
bieten Skandinaviens und Nord-
amerikas entwickelt wurde.

Gerade in den Gebieten in
denen Orkane oder Tomados für

Holz-Forwarder.

schwere Waldschäden sorgten, werden vorzugsweise aus Sicherheits-
gründen Holzvollernter eingesetzt.

Diese extrem robust gebauten Maschinen sind für Einsätze in schwierigem Gelände ausgelegt, verfügen über zuverlässige Harvestaggregate
und können zur Durchforstung oder für Endnutzungshiebe eingesetzt
werden.

Dabei erfasst der Greiferarm mit dem Harvester den Baum, sägt
diesen ab, schält und entastet ihn längt auf vorgegebene Maße ab und

stapelt die Stämme zur Abho-
lung mit einem LKW oder For-
warder, bezw. Rückezügen. Dazu
sind diese Holzvollernter mit
modernster Informationstechno-
logie ausgestattet.

Holz-Harvester.

Harvesteraggregat mit 4 Vorschubwalzen.

Holzeinschlag 2002*			
USA Total	375,2	Mio m3	
Kanada	196,3	Mio m3	
EU-15	224,8	Mio m3	
Davon			
Finnland + Schweden	105,1	Mio m3	=46,7%
Deutschland + Frankreich	67,3	Mio m3	=29,9%
Spanien, Österreich, Portugal	32,3	Mio. m3	=14,4%

*beinhaltet
Quelle: US statistics: National Forrest Products ASSDC. Canadian Statistics from Statitics Canada, ECE/FAD
Agriculture and Timbes Division, Genf

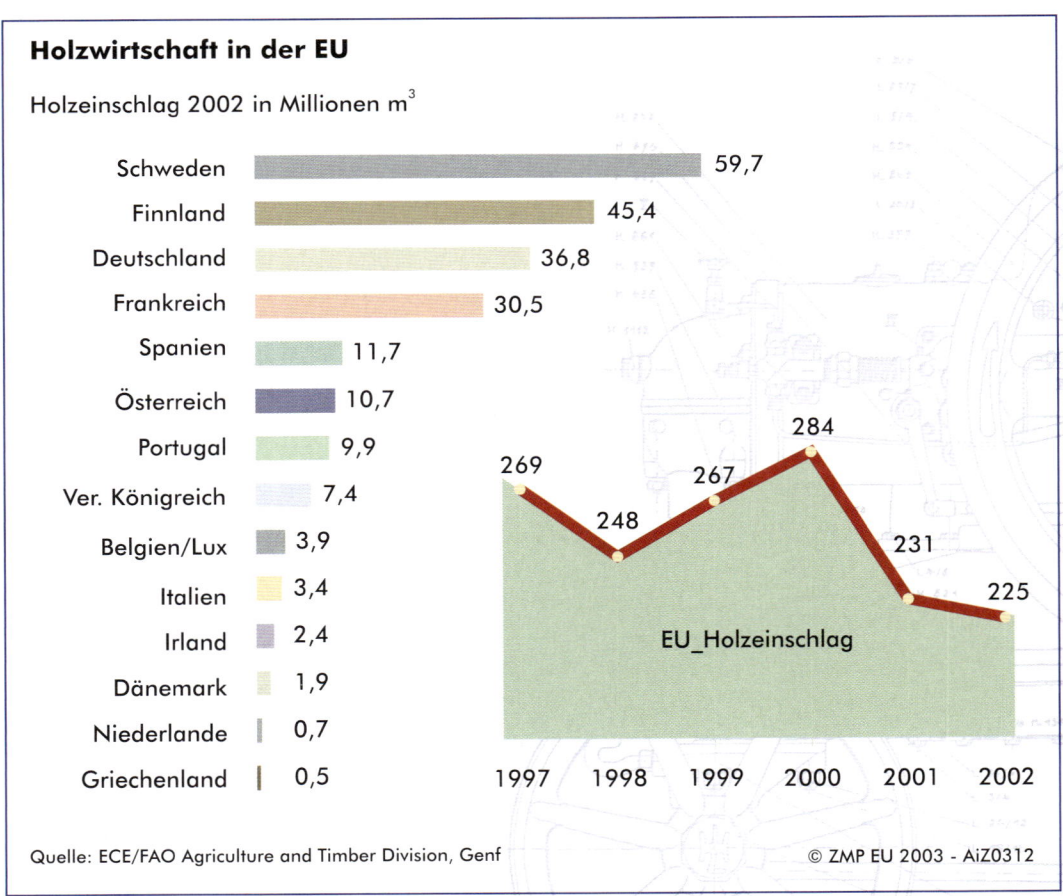

Holzwirtschaft in der EU

Holzeinschlag 2002 in Millionen m^3

Schweden	59,7
Finnland	45,4
Deutschland	36,8
Frankreich	30,5
Spanien	11,7
Österreich	10,7
Portugal	9,9
Ver. Königreich	7,4
Belgien/Lux	3,9
Italien	3,4
Irland	2,4
Dänemark	1,9
Niederlande	0,7
Griechenland	0,5

EU_Holzeinschlag

269 248 267 284 231 225
1997 1998 1999 2000 2001 2002

Quelle: ECE/FAO Agriculture and Timber Division, Genf

© ZMP EU 2003 - AiZ0312

Milchgewinnung

Die Welterzeugung von Kuhmilch beträgt 2002 500,5 Millionen Tonnen, Davon entfallen 25 Prozent auf die 15 EU-Länder, 19,4 Prozent auf Nordamerika, 14 Prozent auf Asien und 13 Prozent auf die GUS sowie der Rest auf die übrigen Kontinente.

Das arbeitsaufwendige Melken von Hand ist schon immer schwere Handarbeit und Einschränkung an Freizeit gerade an Sonn- und Feiertagen gewesen.

Bereits 1860 hat L. O. Colvin eine handbetätigte Melkmaschine erfunden damit die Arbeit erleichtert werden kann. Zwischenzeitlich ist das Handmelken durch die Melkmaschinen verdrängt worden. Trotzdem bleibt das Melken an den Sonn- und Feiertagen eine mühevolle, die Freizeit einschränkende Arbeit.

1992 wurde mit der Entwicklung begonnen und seit 1995 sind die Melkroboter im Einsatz, Das Pionierunternehmen hierbei ist LELY aus den Niederlanden. Es hat seit Sommer 2007 weltweit rund 4.500 Melkroboter mit dem Einzelboxsystem, das einen Marktanteilvon ca. 80 bis 90 Prozent hat, im Einsatz. Daneben gibt es noch ein Mehrboxensystem. Eine Integration in ein rotierendes Melkkarusell ist noch nicht erfolgt.

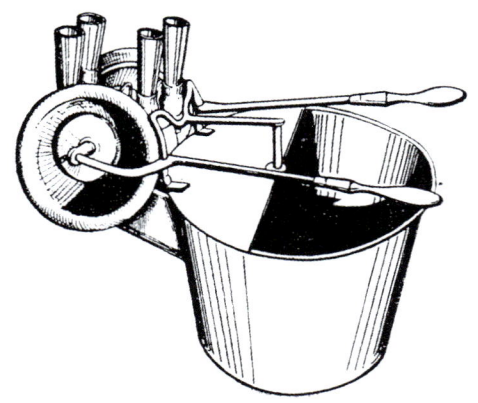

Handbetätigte Melkmaschine von L. O. Colvin, 1860.

Wettbewerb der Kühe

Durchschnittliche Milchleistung je Kuh im Jahr 2003 in Kilogramm

Kanada*	9 511
USA	8 504
Schweden	8 073
Dänemark	7 889
Japan	7 500
Niederlande	7 494
Finnland	7 469
Großbritannien	6 766
Deutschland	6 537
Luxemburg	6 380
Portugal	6 252
Ungarn*	6 173
Belgien	5 950
Frankreich	5 948
Tschechien*	5 861
Italien	5 680
Spanien	5 640
Schweiz	5 600
Österreich	5 593
Slowakei	5 180
Estland	5 176
Irland	4 823
Australien	4 630
Griechenland	4 597
China	4 550
Lettland	4 261
Polen	4 088
Litauen	4 003
Russland	2 600
Mexko	1 450

Quelle: ZMP   * 2001/2002

Durch den Einsatz von Melkrobotern bestimmt die Kuh selbst,
wann sie zum Melken geht. Man
hat beobachtet, daß sich einzelne
Kühe bis zu sechsmal täglich
vom Roboter melken lassen und
dabei naturgemäß auch mehr
Milch geben.

Natürlich tragen Sensorik und
moderne Kommunikationstech-
nik zur Qualitätskontrolle bei der Fleisch- und Milcherzeugung bei.
Ein LED-Sensor prüft die Milch bei den automatischen Melksystemen

Absauganlage mit Filtergerät

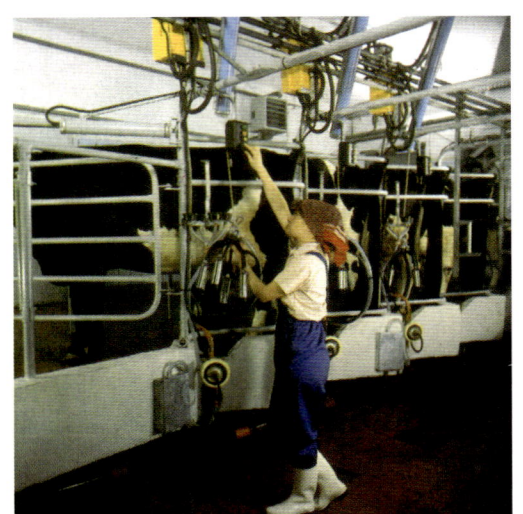

und sondert sofort fehlerhafte
Milch oder Milch von kranken
Tieren aus. Gleichzeitig erfolgt
eine Gesundheitsüberwachung
der Kühe durch regelmäßiges
Wiegen, oder auch ein inteligen-
tes Halsband, das die Wieder-
käugeräusche aufzeichnet und
mit einer Analysesoftware dem
PC des Landwirts meldet.

Die Melkroboter werden besonders in den Niederlanden, Dänemark, Frankreich, Schweden

Fischgrätenmelkstand

und Deutschland eingesetzt. In Dänemark werden bereits 10 Prozent
der Kühe automatisch gemolken. Deutschland mit dem größten Milch-
kuhbestand hinkt hier hinterher.

Astronaut-A3-Melkroboter.

Moderne Bodenbearbeitung

Nicht nur Kosten-, Zeit- und Kraftstoff-
einsparung führen dazu.

Pflugsaat – Mulchsaat – Direktsaat.

Schon sehr früh erkannte man, dass die gleichzeitige Unterbringung
der Saat und ihre bessere Verteilung im Boden nutzbringender ist.
Außerdem ist eine Einsparung an Zeit möglich.

**Sembrader-Säpflug
von Locatelli, 1663.**

Als beachtenswerte Erfindung auf diesem Gebiet gilt der Säpflug
„Sembrador" von Locatelli schon 1663. Es handelt sich dabei um einen
Pflug mit Saatkasten, dessen Säwalze von einem Bodenrad angetrie-
ben wurde.

1994 stellte Kverneland auf der
Smithfield-Show in London erstmalig den „Packomat-Seeder"
vor, der in einem Arbeitsgang den
Boden pflügt, krümelt, rückver-
festigt und gleichzeitig das Saatgut ausbringt.

Säpflug-Kombination

Fräsradmaschine

Bodenzerstörung durch Boden-
erosion und Versalzung, zunehmende Verschlechterung der
Wasserqualität durch Einträge
von Dünger und Pflanzenschutzmitteln sowie zunehmender
Humusabbau durch intensive
Bodenbearbeitung und damit
verbundener Freisetzung von
CO_2, fordern einen Wechsel von
konventioneller hin zu konser-
vierender Landwirtschaft.

Mulchsaatmaschine von Cantone, 1970.

Von 1990 bis 1997 hat sich die konservierend bearbeitete Fläche inklusive der Direktsaat weltweit von etwa 45 Mio. ha auf 180 Mio. ha vervierfacht. Das sind jetzt mehr als 17 Prozent der nutzbaren Gesamtfläche.

Begonnen hat das bereits in den frühen 70er-Jahren mit der Frässaat. Dies hat man dann verbessert, in dem man das Saatgut zusammen mit dem Erdstrom ablegte.

Schon 1970 gab es in Italien eine sehr leistungsfähige Maschine für die Mulchsaat von der Firma Cantone mit 4,20 m Arbeitsbreite. Sie erledigte in einem Arbeitsgang die Bodenbearbeitung, Düngung, Pflanzenschutz und Ausbringung des Saatgutes. Weil damals noch keine geeigneten starken Traktoren zur Verfügung standen hat ein 12-Zylinder, luftgekühlter Deutz-Motor mit 340 PS das Ganze angetrieben. Der Traktor war nur für die Vorwärtsbewegung zuständig. Dieses System ermöglichte in der Po-Ebene zwei Ernten im Jahr.

Direktsaatmaschine.

Heute stehen für die Mulchsaat oder Direktsaat, bei der das Saatgut auf unvorbereiteten Böden nur in einer aufgeritzten Furche abgelegt wird, die verschiedensten Maschinen und Ausrüstungen für alle Anwendungen zur Verfügung.

Direktsaatmaschine für Einzelkorn.

Weltweit

Die weltweite Hochkonjunktur führte die Landtechnikindustrie zu einer Produktionsteigerung um 5 % von 47 Mrd. Euro in 2005 auf 50 Mrd. Euro in 2006.

Sie ist damit ebenso groß wie zum Beispiel die BASF-Gruppe mit mit einem Gesamtumsatz in 2006 von 52,8 Mrd. Euro, oder die FIAT SpA mit 51,7, oder die BMW-Group mit 49,0 Mrd. Euro. Von diesen 50,0 Mrd. Euro entfallen auf den stärksten Markt.

Allein die Landtechnik-Umsätze der ganz großen der Branche, die bekannten und weltweit operierenden Long-Liner sowie zwei Futterernte- und Bodenbearbeitungsspezialisten erreichen dabei fast 50 % des gesamten Umsatzes.

John Deere	8.220
CNH	6.247
Agco	4.348
Claas	2.164
SDF-Gruppe	1.037
Argo-Gruppe	835
Kuhn	495
Kverneland	475

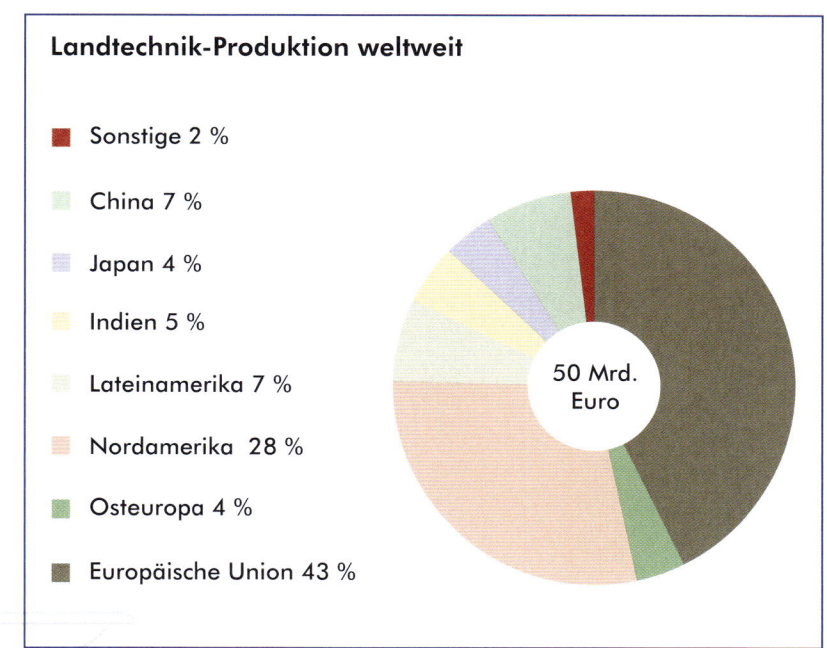

Landtechnik-Produktion weltweit

- Sonstige 2 %
- China 7 %
- Japan 4 %
- Indien 5 %
- Lateinamerika 7 %
- Nordamerika 28 %
- Osteuropa 4 %
- Europäische Union 43 %

50 Mrd. Euro

2005 wurden weltweit über 870.00 Traktoren gebaut, davon jedoch rund 360.000 in den Produktionsstandorten Indien, China und Südkorea. Dort werden Traktoren mit geringer Leistung und sehr einfacher Technik hergestellt, die auch hauptsächlich in diesen Ländern und einigen Schwellenländern eingesetzt werden. Auch die Länder Japan, USA und Europa sind hierin mit ihren Kompakttraktoren vertreten.

Produktion Traktoren

Produktion	1970	1975	1980	1985	1990	1995	2000	2005
Deutschland	97.488	114.396	96.072	66.917	77.338	50.361	44.975	54.590
Frankreich	65.816	57.572	40.510	32.415	32.680	26.746	19.900	27.280
Italien	84.846	103.059	129.418	76.375	71.700	70.720	89.990	86.400
Großbritanien	143.322	185.083	116.397	73.882	84.290	68.037	48.086	26.685
Spanien	20.750	38.285	29.229	19.794	10.498	2.971	1.500	600
Finnland	2.920	3.143	3.870	2.300	4.351	5.900	8.988	9.945
Österreich	8.604	9.583	9.957	5.771	7.557	5.006	7.940	8.922
Brasilien	14.002	60.000	69.993	38.815	26.848	21.044	27.546	28.636
Türkei		33.781	.	32.065	30.712	44.068	37.434	34.907
Japan	42.611	215.000	239.954	180.000	157.554	153.819	163.543	199.581
Indien						214.000	240.000	246.693
USA	171.782	225.993						
NAFTA		225.993	159.973				150.905	183.725

Traktorenabsatz in ausgewählten Märkten

Jahr	Kanada	Mexiko	Südafrika	Australien
1991	12.987	9.064	2.959	5.814
1993	13.391	6.088	2.876	5.922
1995	13.473	3.417	4.203	7.069
1997	16.103	10.674	6.073	8.702
2001	15.338	8.929	2.732	6.671

Mähdrescherabsatz in ausgewählten Märkten

Jahr	Kanada	Mexiko	Südafrika	Australien
1991	1.501	85	104	218
1993	2.077	100	126	417
1995	1.970	40	185	731
1997	3.281	57	269	1.366
2001	1.211	102	103	756

Quellen: Länderstatistiken, Firmenangaben

DAEDONG-KIOTI-Traktoren aus Südkorea
stellt Kleintraktoren von 21 bis 30 PS zur
Rasen- und Grundstückspflege her, sowie
Landwirtschaftstraktoren von 45 bis 90 PS.

Dongfeng, Changzhou, Jiangsu/China
stellt Traktoren von 20 bis 60 PS her.

Rostselmash, ACROS-Reihe,
Trommelbreite 1.500 mm
Trommeldurchmesser 800 mm
Korntank 9.000 l
250/260-PS-Motor

Moderner russischer SF-Feldhäcksler von
Rostselmash. 8 Zylinder, 400-PS-Motor,
hydrostaischer Antrieb.
Häcksler-Trommel 700 x 630 mm.

Deutschland

Damit man ein Gefühl für die Wertigkeit der einzelnen Maschinenarten bekommt, ist als Beispiel die Entwicklung in Deutschland nachstehend aufgeführt:

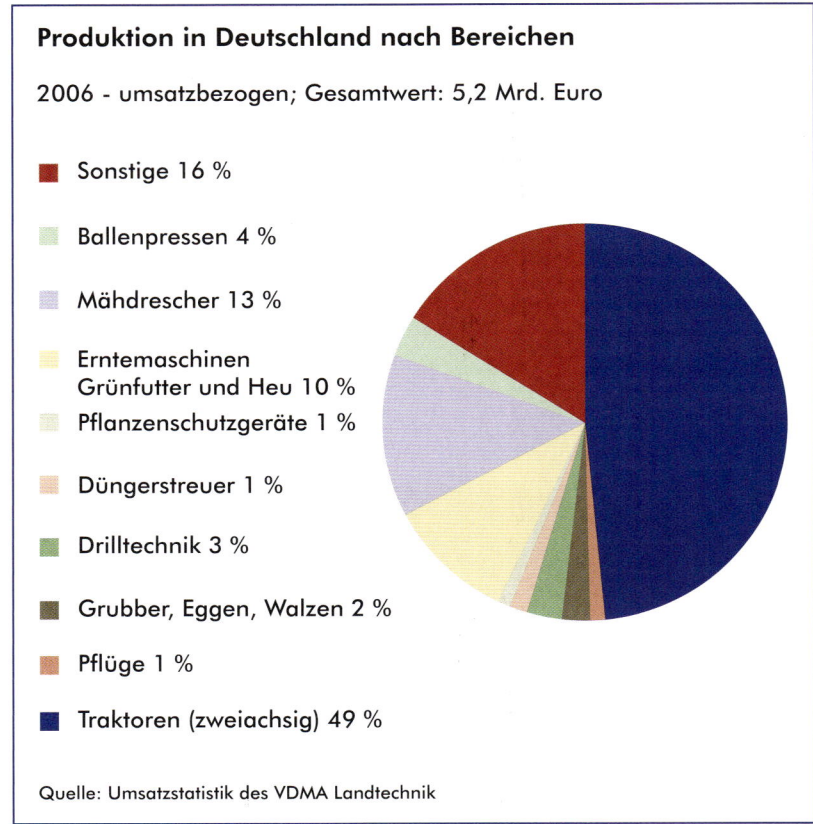

Produktion in Deutschland nach Bereichen

2006 - umsatzbezogen; Gesamtwert: 5,2 Mrd. Euro

- Sonstige 16 %
- Ballenpressen 4 %
- Mähdrescher 13 %
- Erntemaschinen Grünfutter und Heu 10 %
- Pflanzenschutzgeräte 1 %
- Düngerstreuer 1 %
- Drilltechnik 3 %
- Grubber, Eggen, Walzen 2 %
- Pflüge 1 %
- Traktoren (zweiachsig) 49 %

Quelle: Umsatzstatistik des VDMA Landtechnik

In Deutschland sind daran 204 Betriebe mit über 20 Beschäftigten und einer Gesamtanzahl von 25.048 Mitarbeitern beteiligt.

Die erste Landmaschinenfabrik wurde in Deutschland 1821 mit der „Erste Ackergerätefabrik" in Hohenheim gegründet. Ab Mitte des 19. Jahrhunderts gründeten sich unzählige Firmen, aus denen dann sehr bedeutende hervorgingen. Als Beispiele sind hier die Firmen Gebrüder Eberhardt in Ulm, Rudolph Sack in Leipzig, Heinrich Lanz in Mannheim, W. Platz & Söhne in Frankenthal, Johann Georg Fahr in Gottmadingen, Amazonen- werke H. Dreyer in Gaste und H. Niemeyer & Söhne in Hörstel.

Damit das Ganze in geordneten Bahnen verläuft hat man bereits 1897 den „Verein der Fabrikanten Landwirtschaftlicher Maschinen" gegründet, deren Nachfolger die „Landmaschinen und Ackerschleppervereinigung" wurde und die heute im VDMA Fachgruppe „Landtechnik" organisiert ist.

Erste Ackergerätefabrik Hohenheim.

Schon immer war die Landtechnik-Branche von Übernahmen und Zusammenschlüssen einzelner Firmen gekennzeichnet. Dieses beginnt schon in der Zeit vor dem ersten Weltkrieg in der Phase der ersten Mechanisierungsansätze. Zwischen den beiden Kriegen sind es die ersten technologischen Entwicklungen mit den tiergezogenen Maschinen und der Elektrifizierung der Landwirtschaft. Nach dem zweiten Weltkrieg beginnt der Wiederaufbau der europäischen Nationen und deren Wirtschaft mit Hilfe des Marshallplanes sowie deren späterer Zusammenschluss. Die Mechanisierung beschleunigt sich mit der Ablösung der Zugtiere durch den Traktor mit den Anbau- und den zapfwellenangetriebenen Geräten. Die Landtechnikindustrie verändert sich.

Die Entwicklung des Landmaschinenbaus in Ostdeutschland

Nach dem Kriege befand sich etwa ein Drittel der deutschen Landmaschinenhersteller im Osten Deutschlands. Mit Ausnahme der Firma Sack in Leipzig waren das kleinere Unternehmen mit allerdings langer Tradition im Landmaschinenbau.

1948 entstand eine erste Vereinigung von zentral geleiteten Betrieben. Diese hatte die Aufgabe, neue Maschinen zu entwickeln, um den Bedarf der entstehenden landwirtschaftlichen Großbetriebe und den MTS (Maschinenausleihstationen), die für den überbetrieblichen Maschineneinsatz zuständig waren, besser zu bedienen. Zu dieser Vereinigung zählten auch Bau- und Holzbearbeitungsmaschinenhersteller, die bereits 1952 28.000 Mitarbeiter in 38 Betrieben – davon 15 reine Landmaschinenbetriebe – beschäftigten.

Ab Mitte der 50er-Jahre sollte der angestrebte Strukturwandel durch die Bereitstellung entsprechender Maschinen unterstützt werden. Das war gleichzeitig der Start für die Entwicklung und Produktion von Großmaschinen wie Mähdrescher (auf sowjetischen Konzeptionen aufbauend), Feldhäcksler, Aufsammelpressen sowie Kartoffel- und Zuckerrübenerntemaschinen.

1956 wurde der Traktorenbau mit dem Landmaschinenbau zusammengeführt. 1958 existierten 25 Landmaschinen- und drei Traktorenbetriebe mit 25.000 Beschäftigen, die in der Folgezeit zunehmend auf die einzelnen Produktgruppen spezialisiert wurden.

Ende der 60er, Anfang der 70er-Jahre wurden umfangreiche Kooperationsbeziehungen mit Partnern in den RGW-Ländern, verbunden mit einer Exportoffensive, aufgebaut. Dieses führte zu Großserienfertigung bei einzelnen Maschinenarten. So wurden in den 80er-Jahren bei Feldhäckslern bzw. Schwadmähern jährlich zwischen 7.300 bzw. 7.700 Einheiten gebaut, hinzu kamen 4.000 MD. Exportanteile von mehr als 90 Prozent waren deshalb keine Seltenheit. Auf der anderen Seite mußte die Produktion bestimmter Maschinen und Geräte aufgegeben werden, die dann von RGW-Partnern bezogen wurden.

Im Laufe der Zeit wurden sehr beachtliche Umsätze erzielt, was den ostdeutschen Landmaschinenbau zu einer Vorreiterrolle innerhalb des RGW verhalf. Der höchste Produktionsumsatz wurde 1985 mit einem Wert über 5.800 Mrd. erreicht.

1978 hatte das Kombinat Fortschritt etwa 61.000 Beschäftigte in 79 Produktions-, Ingenieur- und Handelsbetrieben und zählte damit zu den größten Industrieunternehmen in der damaligen DDR. Von den hergestellten Maschinen waren bis zu 70 Prozent für den Export in osteuropäische Länder bestimmt. Dabei hatte das Unternehmen enorme Stückzahlen von ausgewählten Landmaschinen in osteuropäische Länder und die VR China geliefert. 20 Prozent gingen an die heimische Landwirtschaft und zehn Prozent nach Westeuropa und in Entwicklungsländer. Den Exportbemühungen in westliche Länder in den 80 Jahren war aus mehreren Gründen nur ein relativ geringer Erfolg beschieden.

1990 stellte das Kombinat Fortschritt seine Tätigkeit ein. Zu diesem Zeitpunkt beschäftigte es noch etwa 58.000 Mitarbeiter in 39 Fertigungs-, Ingenieur- und Handelsbetrieben. Danach wurden die einzelnen Unternehmen in marktwirtschaftsgerechte Unternehmensformen, vor allem GmbHs und Aktiengesellschaften, umgewandelt, deren Anteile zunächst die Berliner Treuhandgesellschaft hielt. Die Privatisierung der ostdeutschen Landtechnikindustrie war eine der schwierigsten Aufgaben, die die Treuhandanstalt zu lösen hatte. Über 60 Unternehmen wurden dabei privatisiert, darunter 21 der Handelsgesellschaft „Agrotechnic", und sieben liquidiert.

Europa

1956 wurde Lanz, Mannheim von John Deere übernommen. In den 60er-Jahren geben die Firmen Hanomag, Güldner, MAN und Porsche auf. In den 70er-Jahren endet die erste Mechanisierungswelle und es entsteht ein Bedarf an neuen und leistungsfähigeren Maschinen. Aber zwei Ölkriesen führen zu einer zwölf Jahre andauernden Rezession was zu einer Restrukturierung der Landtechnik-Industrie in der ganzen Welt führt. In den 80er-Jahren müssen so bedeutende, internationale Konzerne wie die IHC, Massey Ferguson und andere aufhören.

Der Analyst John E. McGinty von der First Boston Corp. beschreibt in seinem Bericht „Landmaschinenindustrie, Konsolidierung oder Katastrophe" sehr zutreffend die gesamte Situation. Die Masse der Firmen verlieren richtig Geld. Außerdem steht in Nordamerika eine ganze Jahresproduktion unverkauft auf Lager. Weltweit gibt es eine Überkapazität von über 50 %.

Von 1977 bis 1984 gehen die Traktorzulassungen in der Bundesrepublik Deutschland von 64.000 auf 35.000 um 45 % zurück. In Westeuropa im gleichen Zeitraum von 276.000 auf 179.000 um 35 % und in Notdamerika von 1979 bis 1984 von 188.000 auf 117.000, also um 38 % zurück.

Der nordamerikanische Mähdreschermarkt bricht von 1984 auf 1985 um ein Drittel nämlich von 15.000 auf 10.000 Einheiten ein. Hinzu kommt noch der lange Streik der amerikanischen Automobil-Arbeiter-Gewerkschaft.

In den 90er-Jahren werden dann nach diesen spektakulären Insolvenzen der international bekannten und traditionsreichen Hersteller die Karten für diese Sparte noch einmal neu gemischt.

Mit Zusammenschlüssen und Übernahmen, bei bewusster Vernichtung von Fertigungskapazitäten entwickelten sich neue Gruppierungen.

Nur der größte Hersteller, John Deere, bleibt bei profitablem inneren Wachstum und nur vorsichtigen strategischen Übernahmen nach seiner getroffenen Entscheidung in den 70er-Jahren allein sehr stark.

Agco, aus dem Rest des Deutz Amerika-Abenteuers hervorgegangen, sammelt um Allis Chalmers und White hintereinander die Firmen Massey Ferguson, Fendt und Valtra und bildet seit kurzem ein Joint Venture mit der Argo-Gruppe für Mähdrescher und Futtererntemaschinen.

Fiat, Eigner von Ford/New Holland übernimmt Case IH mit Steyr und gründet die CNH, Case New Holland.

Same mit Lamborghine und Hürlimann übernimmt Deutz-Fahr und wird damit zur Same-Deutz-Fahr-Group.

Die Argo-Gruppe mit den Firmen Landini und Valpadana bedient sich der, durch Wettbewerbsbehörden bestimmten zwangsweise von CNH abgegebenen Firmen Mc Cormick und Laverda, sowie Produkten aus der Case-IH-Fertigung.

Claas, der bedeutende Erntemaschinenhersteller schließt seine offene Flanke durch die Übernahme des französischen Traktorenherstellers Renault.

Landtechnik in der Europäischen Union 2006

Produktion	Werte in Mio €	
Landtechnik Gesamt	21.333,0	100 %
Traktoren	7.646,0	35,8 %
Erntemaschinen	3.600,0	16,9 %
Säen, Düngen,Pflanzenschutz	1.188,0	5,5 %
Bodenbearbeitungsgeräte	995,0	4,7 %
Transport und Anhänger	692,0	3,2 %
Sonstige Landtechnik und Teile	7.213,0	33,8 %
Quellen: Eurorat, VDMA (incl. Schätzungen) CEMA		

Landtechnik in der Europäischen Union 2006 (25)

Marktvolumen	Werte in Mio €	
Landtechnik, Gesamt	19.138,0	100,0 %
Frankreich	3.334,0	17,4
Deutschland	3.285,0	17,2
Italien	2.338,2	12,2
Großbritanien	1.821,7	9,5
Spanien	1.096,3	5,7
Dänemark	901,2	4,7
Niederlande	824,9	4,3
Österreich	788,7	4,1
Polen	755,6	3,9
Finnland	511,4	2,7
Übrige	3.502,3	18,3
Quellen: Eurostart, VDMA (incl.Schätzungen) CEMA		

Traktorenzulassungen nach Leistungsklassen 2006 ausgewählter Länder

Land	-40 PS	40 – 100 PS	100 + PS	Zusammen	davon Landwirtschaft
Frankreich	4.795	11.983	19.601	36.379	27.357
Deutschland	3.668	9.047	16.296	29.011	28.689
Italien	2.452	19.244	7.969	29.665	29.579
Spanien	1.667	9.965	5.036	16.668	16.353
Großbritanien	1.015	3.,485	10.441	14.941	14.924
Zusammen	**13.597**	**53.724**	**54.209**	**126.664**	**116.902**

USA

Die laufenden Anpassungen der amerikanischen Landtechnikindustrie werden vor dem Hintergrund der Entwicklung der US-Landwirtschaft verständlicher.

1949 gab es noch 3,7 Mio. gewerbsmäßig betriebene Farmen, sogenannte „Commercial Farms", in den USA, von denen zehn Jahre später nur noch 2,7 Mio. vorhanden waren.

Heute gibt es noch 2,16 Mio landwirtschaftliche Betriebe mit einer Duchschnittgröße von 177 ha, die eine Nutzfläche von 382 Mio. ha bearbeiten, darunter derzeit 176.950 Mio Ackerland. 23,2 % davon wird mit Mais, 23 % mit Sojabohnen, 18,7 % mit Weizen und 5 % mit Baumwolle bepflanzt. Der Produktionswert beträgt 223 Mrd. US \$.

Von diesen Betrieben hatten 54 % oder 1,17 Mio Einnahmen von weniger als 10.000 \$ im Jahr. Weitere 30 % bzw. 0,64 Mio. Betriebe erzielten Einnahmen zwischen 10.000 und 1000.000 \$, 9 % bezw. 0,19 Mio. Betriebe erreichten 100.000 bis 250.000 \$, 4,1 % kamen auf ein Einkommen zwischen 500.000 und 1,0 Mio, nur etwa 1,2 % der Farmen verkauften für über 1,0 Mio. US \$.

Die zehn landwirtschaftlich stärksten Bundesstaaten sind: Kalifornien mit 12 %, Texas 7 %, Iowa 5,7 %, Nebraska 4,5 % Kansas 4,0%, Minnesota 3,8 %, North Carolina 3,7 %, Illinois 3,6 %, Florida 3,4 %, Wisconsin 2,8 %, sie erzielen zusammen mehr als die Hälfte des landwirtschaftlichen Umsatzes.

Bereits 1972 erwirtschafteten etwa 560.000 Farmen, mit Umsätzen zwischen 40.000 und 50.000 US-Dollar, rund 60 Prozent der gesamten Farmumsätze und kauften gleichzeitig 70 Prozent der Landmaschinen und Traktoren von der amerikanischen Industrie. Hier liegt der Schlüssel zum Erfolg von John Deere. Seit Ende des Zweiten Weltkrieges setzte der Konzern auf dieses wachsende Segment der landwirtschaftlichen Betriebe. Mit dieser Strategie wurde John Deere Marktführer bei großen Traktoren und Landmaschinen, dem Segment, in dem die höchsten Margen erzielt wurden. 1981 tätigten nur ein Prozent der US-Farmer mit großen Umsätzen ein Viertel der gesamten landwirtschaftlichen Nahrungsmittelverkäufe.

Traktorenzulassungen nach Leistungsklassen in den USA

Jahr	- 40 PS	40 – 100 PS	100 + PS	4-RAD-Traktoren	Zusammen
1980	29.642	28.479	50.328	10.887	119.336
1985	57.259	37.842	17.700	2.912	115.713
1990	42.061	38.421	22.791	5.102	108.375
1995	48.491	39.671	20.537	4.344	108.034
2000	82.974	50.021	15.647	3.081	151.723
2005	127.240	75.781	19.831	3.655	226.507

Quelle: AEM (Agricultural Equipment Manufacturrer)

Vereinigte Staaten

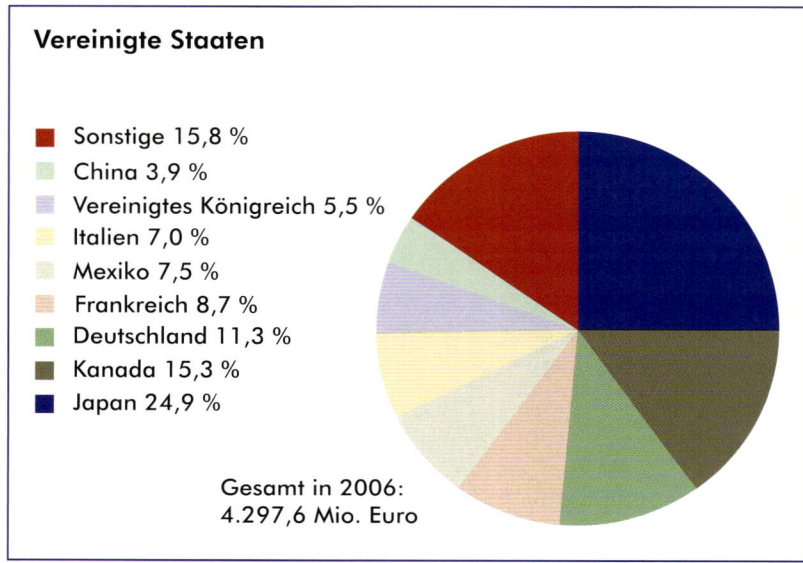

- Sonstige 15,8 %
- China 3,9 %
- Vereinigtes Königreich 5,5 %
- Italien 7,0 %
- Mexiko 7,5 %
- Frankreich 8,7 %
- Deutschland 11,3 %
- Kanada 15,3 %
- Japan 24,9 %

Gesamt in 2006:
4.297,6 Mio. Euro

Landtechnik-Produktion USA

in Mrd. US-Dollar

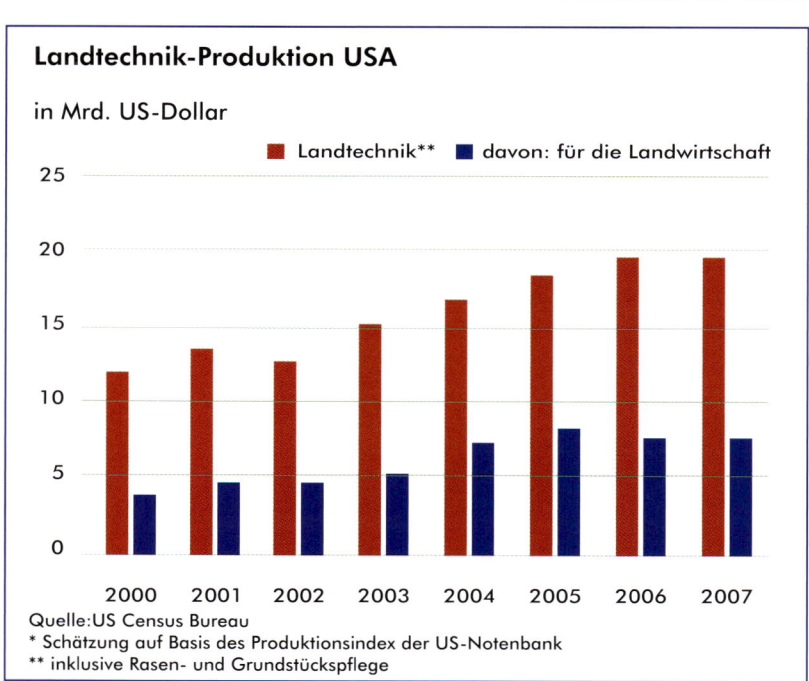

Landtechnik**   davon: für die Landwirtschaft

Quelle:US Census Bureau
* Schätzung auf Basis des Produktionsindex der US-Notenbank
** inklusive Rasen- und Grundstückspflege

Die amerikanische Landtechnikindustrie erzielte 2006 einen Gesamtumsatz von 19,0 Mrd. US $. Mehr als die Hälfte davon ist Umsatz mit Geräten für den Garten- und Landschaftsbau. Der Löwenanteil des Branchenumsatzes entfällt auf die drei größten Hersteller John Deere, Case New Holland CNH und Agco, die jeweils mehrere Produktionsstätten in den USA haben. Der weltweite Umsatz dieser drei Unternehmen belief sich im Jahr 2006 auf 18,8 Mrd. Euro, was damit etwa 38 % des weltweiten Produktionsvolumen entspricht.

Diesen Gesamtumsatz von 19,0 Mrd. US $ erwirtschaften etwa 1.200 Fabriken, wovon nur 384 Unternehmen mehr als 20 Beschäftigte haben mit insgesamt 53.800 Beschäftigten.

Über 200 Firmen gehören dem Landmaschinenfachverband EMI (Equipment Manufacturers Institut) an.

Argentinien

Argentiniens Landwirtschaft bewirtschaftet rund 38 Mio. ha davon etwa 4,5 Mio. ha mit zwei Ernten. 12,9 Mio. ha entfallen auf Ölsaaten, 10,0 Mio. ha auf Getreide und 12,2 Mio. ha auf Futtermittel.

Die Viehwirtschaft hat einen Bestand von 48 Mio. Rindern, 12,4 Mio. Schafen, 4,0 Mio. Ziegen und 2,0 Mio. Schweinen.

Die durchschnittliche Betriebsgröße liegt bei 539 ha. Wobei im Norden die mittleren Betriebe bis 250 bis 300 ha liegen in der südlichen Region Patagonien haben die betriebe eine Größe von etwa 3.500 ha.

Der Gesamtmarkt für Landtechnik beträgt in 2003 wieder 813 Mio. US $ nachdem seit 1997 mit 913 Mio. US $ mehrere Jahre eine Durststrecke mit gewaltigen Rückgängen zu überwinden war. 25 % des Umsatzes fallen auf Traktoren.

In Argentinien besteht ein beträchtlicher Nachholbedarf an agrartechnischer Ausrüstung. Der vorhandene Maschinenbestand ist stark überaltert, was nach Meinung von Fachleuten hohe Ernte- und Effizienzverluste zur Folge hat. Die exportorientierte argentinische Landwirtschaft bedarf daher des Einsatzes moderner Technologie zur Erhöhung ihrer Produktivität.

Die Entwicklung des Traktoren- und Mähdreschermarktes		
Jahr	**Traktoren**	**Mähdrescher**
1980	6.820	-
1991	3.952	698
1995	3.692	806
2000	2.121	530
2005	6.542	-

Gut 250 Betriebe beschäftigen sich mit der Produktion von Landtechnik. Davon zwei große, nämlich AGCO mit den Betrieben von ehemals Deutz-Argentina SA und Massey Ferguson sowie John Deere. Danach folgen etwa 110 mittlere der Rest entfällt auf kleinere Betriebe.

Die geringe Bedeutung der Ausfuhr könnte evtl. durch einen wachsenden Austausch innerhalb des gemeinsamen Marktes Mercosur wieder zunehmen.

Brasilien

Die Landwirtschaft gilt als der große Hoffnungsträger des Landes, denn seit 1995 wächst dieser Bereich mit jährlichen Raten von durchschnittlich 10 %. Zwischen 1990 und 2003 wurde die landwirtschaftliche Fläche Brasiliens um 24,3 % ausgeweitet.

Noch nicht genutzte Flächen bieten ein hohes Potenzial.

Die Landwirtschaft nutzt derzeit 851 Mio. ha das sind etwa 33 % der gesamten Landesfläche. 220 Mio. ha werden von der Viehzucht belegt und auf 62 Mio. ha werden Agrarprodukte angebaut. 463 Mio. ha sind nicht nutzbar. (Naturreservate, Flüsse, Überschwemmungsgebiete, Regenwald, Wiederaufforstungsprojekte, Straßen oder Städte.)

Übrig bleiben nach Einschätzung des brasilianischen Agrarministeriums noch 106 Mio. ha fruchtbaren Bodens der landwirtschaftlich genutzt werden könnte. Davon 90 Mio. ha Neuland und 16 Mio. ha bereits genutze, aber derzeit brachliegende Fläche.

1995 gab es 23.788 Agrarbetriebe gegenüber 35.040 in 1985.

Davon hatten

bis 10 ha	16,7 %	aber nur	0,5 % der Fläche
10 bis 100 ha	57,4 %		20,7 %
100 bis 1.000 ha	24,6 %		39,2 %
1.000 bis 10.000 ha	1,2 %		22,2 %
über 10.000 ha	0,1 %		17,4 %

Hauptanbaufrüchte sind:

Soja	18,5	Mio. ha etwa 1 Drittel der Weltproduktion
Mais	13,2	
Zuckerrohr	5,3	
Bohnen	4,4	
Reis	3,2	
Baumwolle	0,7	soll erheblich ausgeweitet werden.

Der Umsatz der Landwirtschaft beträgt 59.4 Mrd. Euro, davon entfallen 23,9 Mrd. Euro auf die Viehwirtschaft und liegt damit deutlich über dem Brutto-Inlands-Produkt. BIP

Das größte Marktpotenzial für Traktoren und Landmaschinen in Brasilien steckt sicher in der noch unzureichenden Mechanisierung der Agrarwirtschaft. Das lässt in Zukunft ein großes Marktvolumen erwarten, da Brasiliens Landwirtschaft bei einigen Erzeugnissen zu den weltweit führenden Produzenten gehört.

Die Entwicklung des Traktoren- und Mähdreschermarktes		
Jahr	Traktoren	Mähdrescher
1980	64.855	-
1991	12.806	1.338
1995	20.830	2.177
2000	23.123	3.461
2005	17.543	-

In der brasilianischen Landtechnikindustrie arbeiten 24.700 Beschäftigte in 340 Betrieben, wovon etwa die Hälfte der ABIMAQ-Fachgemeinschaft angehörten. Darunter finden sich kleine und größere Familienunternehmen sowie Tochtergesellschaften multinationaler Großkonzerne.

Sie erwirtschafteten 2006 einen Umsatz von über 1,0 Mrd. Euro. Davon stammen mittlerweile hohe Anteile aus dem Export.

Die größten Lieferländer von Landmaschinen und Traktoren sind die USA und einige Staaten der EU. Die brasilianischen Exporte von Landtechnik gehen dagegen vorrangig in die Nachbarländer.

Der Marktführer bei Traktoren ist AGCO do Brasil (MF) mit 5.881 Einheiten und dazu Valtra do Brasil mit 5.369 also Total 11.250 also 64,1 % Marktanteil gefolgt von New Holland mit 15,6 % und John Deere mit 9,3 %.

Bei Erntemaschinen ist dagegen mit 41 % CNH Case New Holland unumstrittener Marktführer vor John Deere mit 30 % und Agco mit 22 %.

Japan

Die japanische Landmaschinenindustrie wuchs sehr stark trotz der extrem kleinstrukturierten heimischen Landwirtschaft – mit einem bevorzugten, intensiven Reisanbau – erst nach Ende des Zweiten Weltkrieges. 1968 beispielsweise existierten 5.351 Mio. landwirtschaftliche Betriebe, von denen 67,5 Prozent über eine Nutzfläche von weniger als 1 ha verfügten. Nur 416 Betriebe bewirtschafteten damals mehr als 2 ha.

Bis 1990 reduzierte sich die Anzahl landwirtschaftlicher Betriebe auf 3.830 Mio. bei einer landwirtschaftlichen Nutzfläche von 5,3 Mio. ha, was etwa 14 Prozent der Gesamtfläche Japans entspricht.

Noch heute bewirtschaften 69 Prozent der Betriebe weniger als 1 ha und neun Prozent mehr als 2 ha. Nur rund 25.000 Betriebe, das sind 6,5 Prozent, verfügen über fünf und mehr ha landwirtschaftliche Nutzfläche. Das Gebiet mit den größeren landwirtschaftlichen Betrieben liegt auf Hokaido.

Entwicklungsabschnitte der Mechanisierung der japanischen Landwirtschaft

1945–1955

In dieser Zeit wurden die ersten motorangetriebenen Dreschmaschinen, Reisschälmaschinen und -mahlanlagen sowie die Mäher entwickelt und eingeführt. Damals waren etwa 25.000 Motorfräsen im Einsatz, die von nur 1,5 Prozent der Bauern ver- 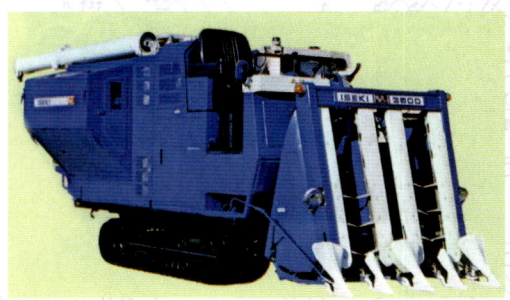 wendet wurden. Ebenso setzten nur 2,6 Prozent Rice Paddies ein und nur 0,7 Prozent der Hochland-Reisfelder waren mechanisiert.

1955–1965

Die Entwicklung dieses Zeitabschnittes ist durch die Markteinführung motorgetriebener Spritz- und Stäubegeräte, verbesserter Bodenfräsen und automatischer Dreschmaschinen gekennzeichnet. 9,5 Prozent der Landwirte nutzten in diesen Jahren Bodenfräsen. Es waren rund 750.000 Belüftungstrockner installiert.

1965–1975

Reispflanzer, Reisbinder, Mähdrescher und mit einer Kabine ausgerüstete Traktoren waren die gefragten Maschinen dieser Periode. Zum Ende der 60er-Jahre waren mehr als drei Mio. Bodenfräsen und 24.000 Kabinentraktoren im Einsatz.

1975 bis heute

Nach 1975 ging die Entwicklung in Richtung PS-stärkere und kabinenausgerüstete Traktoren, mehrreihige mit Kabine ausgerüstete Reispflanzer sowie Ergänzung der handgeführten durch selbstfahrende Mähdrescher, die wahlweise mit Gummibandantrieb oder Rädern geliefert werden konnten.

In den 80er-Jahren waren bereits 1,89 Mio. Reispflanzer, 920.000 Mähdrescher und 1,63 Mio. handgeführte Bindemäher im Einsatz.

Der Bestand an Kabinentraktoren verdoppelte sich von 720.000 im Jahre 1976 auf 1,41 Mio. 1993 betrug der Traktoren-Gesamtbestand 2.041.000 Einheiten. Der Reisanbau war nunmehr zu 92 Prozent mechanisiert und die Reiskörner wurden zu 96 Prozent maschinell geerntet.

Heute gleicht das landtechnische Angebot, von den Spezialmaschinen für den Reisanbau, -ernte und -verarbeitung einmal abgesehen, den uns bekannten Landmaschinen. Mehrere japanische Firmen bauen in Lizenz westlicher Hersteller Kreiselmähwerke, Kreiselzettwender und Kreiselschwadrechen, dazu Rollpressen sowie angebaute und gezogene Feldhäcksler. Unter diesen Voraussetzungen ist es verständlich, dass die japanische Landmaschinenindustrie, die ja vorwiegend die Bedürfnisse des Inlandmarktes befriedigt, sehr stark mit der Produktion kleinerer Maschinen beschäftigt ist.

Umsätze nach Maschinenarten				
Maschinenart	Stück	€	Yen	
Traktoren f. LW	224.953	1.812.8	8.059,0	1.812,8
Motorgeräte, handgeführt	258.938	223,5	863,0	86,0
Mähdrescher	53.627	689,2	12.852,0	
Reispflanzen	51.787,0	308,2	5.951	
LW-Trockner	49.672,0	230,6	4.643,0	
Ersatzteile für LW		1.300,0	-	
Ersatzteile für Traktoren		448,2	-	
andere Pflanzmaschinen		638,0		
andere Erntemaschinen		466,6		
	Yen	**Euro**	**1 EU=136.9 Yen**	
	1.025.924,0	**7.493.966.3**	**=7.494.0 Mrd €**	

In der Landtechnikindustrie arbeiten eine geringe Anzahl sehr leistungsfähiger Hersteller mit einer breiten Produktpalette, die zugleich mehrere Standbeine in anderen Branchen haben.

Hinzu kommen noch etwa 250 spezialisierte Kleinbetriebe. Insgesamt gibt es fast 30.000 Beschäftigte.

Marktanteile wichtiger Maschinen:

Traktoren: hier haben Kubota 43 %, Yanmar Diesel 16 % und Iseki mit 10 % fast 70 % des Marktes.

Mähdrescher: Kubota 34 %, Mitsubishi 21 % und Seirei mit 13 % ebenso fast 70 % des Marktes.

Reispflanzer: Kubota 31 %, Iseki 24 % Kanzaki 22 % rund 80 % des Gesamtmarktes.

Der größte Teil der japanischen Produktion wird nach den USA exportiert. wie die Angaben für 2002 ausweisen:

Traktoren	bis 30 PS	105.695
	30 bis 50 PS	63.171
	über 50 PS	21.886
zusammen		190.752

Danach folgen die asiatischen Länder vor der EU.

Die JFMMA erwartet in absehbarer Zeit Roboter für die Obst und Gemüseernte, wie schon bei Melkrobotern.

	Traktorenproduktion und Export – Japan					
Jahr	Total	Bis 30 PS	+ 30 PS	Total	- 30 PS	+ 30 PS
1990	155.939	129.951	25.988	65.413	50.791	14.622
1995	153.890	115.551	38.339	81.463	61.190	20.273
2000	163.536	105.130	58.406	119.420	78.765	40.625
2005	213.170	124.766	88.404	190.764	105.700	85.064

Quellen: Maschinery Statistics, Ministery of Economy, Trade and Custom Statistics, Ministery of France, Japan (Industrie, Import and Export)

Die wichtigen japanischen Landtechnikproduzenten:

Der größte Hersteller ist der 1890 gegründete Industriekonzern Kubota Corp. in Osaka. Die Hauptprodukte sind Traktoren bis 150 PS. Handgeführte und selbstfahrende Mähdrescher, Mähbinder und Reispflanzer sowie Einachstraktoren, Motorhacken, Gartenmaschinen, Rasen- und Aufsitzmäher, Gemüseerntemaschinen, Melkroboter und anderes.

Kubota verfügt über 20 Fabriken in Japan sowie Fertigungsstätten in Brasilien, Deutschland, Indonesien, auf den Philippinen, in Spanien, Taiwan, Thailand und in den USA.

Der nächstgrößere Produzent ist Yanmar in der Hauptsache mit Traktoren. Hier besteht seit Mitte der 70er-Jahre eine sehr enge und erfolgreiche Zusammenarbeit im Bereich Klein- und Kommunaltraktoren sowie Motoren mit John Deere. Gleichzeitig ist die Yanmar Agricultural Equipment der Vermarkter aller John-Deere-Produkte in Japan.

Danach folgt Iseki, 1926 gegründet, vorzugsweise auf Landmaschinen und Traktoren konzentriert, mit einem sehr breit gefächerten Angebot für die japanische Landwirtschaft. Seit 1994 liefert Massey Ferguson aus dem französischen Werk in Beauvais Traktoren zwischen 88 und 125 PS aus der Serie 3000 und Nachfolger in der kristallblauen Farbe an Iseki nach Japan. Diese Traktoren werden aber auch von Massey Ferguson im Original auf dem japanischen Markt angeboten.

Die Mitsubishi Agricultural Machinery Co. Ud. wurde 1980 durch die Übernahme der 1914 gegründeten Satoh Agricultural Machine Mfg. Co. gegründet.

Ein weiterer Hersteller ist die Ishikawa Jimashibaura Machinery Co. Itd. mit einem breiten Traktorenangebot. Diese Firma arbeitet seit Jahrzehnten mit Ford und jetzt New Holland auf dem Sektor Kleintraktoren zusammen. Shibaura hat auch ein eigenes Verkaufsbüro in den Niederlanden. Seit Mitte des Jahres 1991 arbeiten die Firmen Shibaura und Yanmar auf dem japanischen Markt eng zusammen.

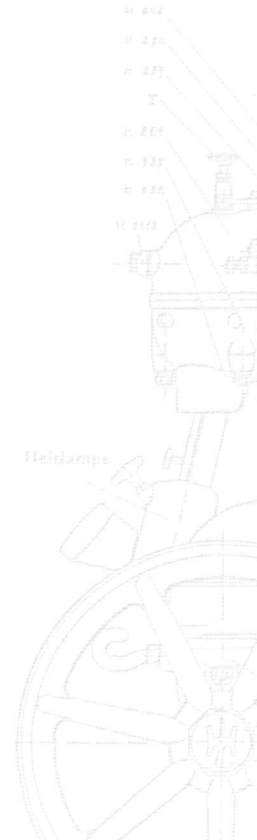

Indien

Trotz des „High-Tech-Boom" bleibt in Indien der Agrarsektort das Rückgrad der wirtschaftlichen Entwicklung des Landes.

Ein Großteil der Bevölkerung arbeitet in der Landwirtschaft, die den stolzen Anteil von 29 % am Brutto-Inlands-Produkt BIP erwirtschaftet. Deshalb kann man die Meinung der führenden Agrar-ökonomen verstehen, dass nur durch eine bessere Mechanisierung höhere Erträge zu erzielen und die ständig wachsende Bevölkerung besser zu ernähren ist.

Immerhin beträgt die landwirtschaftliche Nutzfläche 295,0 Mio. ha davon sind 165 Mio. ha oder 56 % Ackerland, was der gesamten landwirtschaftlichen Nutzfläche der 27 EU Länder entspricht. 68 Mio. ha gleich 23 % sind Forst und Gehölze, 12 Mio. ha sind Dauerweiden und 3 Mio. ha entfallen auf Dauerkulturen.

Die Hauptanbaufrüchte in 1.000 ha sind:

Reis	32.800
Weizen	25.000
Baumwolle	8.740
Mais	6.600
Sojabohnen	5.500
Zuckerrohr	4.050
Sonnenblumen	1.780

Es gibt derzeit 96.900 landwirtschaftliche Betriebe, vorwiegend klein strukturiert.

Bis 1 ha	56,0	22,0 Mio. Ackerland
1 bis 2 ha	18,0	26,0
2 bis 4 ha	12,5	36,5
4 bis 10 ha	8,0	47,1
über 10 ha	2,4	33,4
Von diesen		165,0 ha Ackerland sind ein Drittel bewässert.

Die Betriebe über 5 ha sind die potenziellen Abnehmer von Traktoren und anderen Landmaschinen.

Die Entwicklung des Traktorenmarktes	
Jahr	**Traktoren**
1980	16.840
1991	85.000
1995	214.000
2000	238.000
2005	262.621

Die größten Hersteller sind:

Mahindra & Mahindra	29,7 %
T AFE + Eicher	23,7 %
Punjab Tractors	11,7 %
Escorts	9,2 %
NH India	4,4 %
John Deere	3,5 %

Von der Gesamtproduktion werden 30.337 Einheiten exportiert, daran hat John Deere einen Anteil von 36 %.

Die Hauptabsatzregionen in 2002 waren:

Uttar Pradesh	68.354
Punjab	24.397
Madhya Pradesh	23.099
Bihar	18.031
Haryana	17.978
Andhra Pradesh	17.958
Maharashtra	16.733
Rajesthan	15.447
Gujarat	12.365
Karnataka	11.801

das sind zusammen 86 % des Inlandsabsatzes.

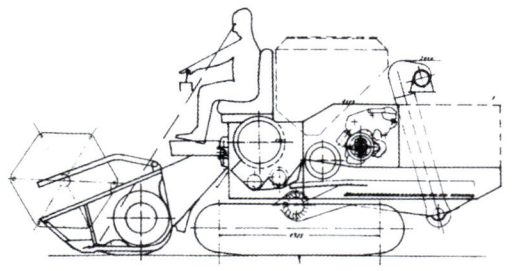

Schon 1960 verfügte die indische Regierung einen Importstopp für Traktoren. Damit zwang sie interessierte ausländische Firmen, aus diesem Markt auszuscheiden oder mit ihren Importeuren eine Produktion aufzubauen. Im Spätherbst 1960 lief bereits der erste Traktor vom Band und im darauffolgenden Jahr waren es schon 880 Traktoren.

Damit ist Indien nach Stückzahlen der größte Traktorenmarkt der Welt.

Mähdrescher werden nur von einer kleinen Anzahl Firmen mit veralteter Technik hergestellt. Dieses hat sich geändert, weil die Lizenzproduktion eines speziell für diesen Markt von Claas entwickelten Mähdreschers bei Claas India Ltd. in Faridabad seit Jahren hergestellt und erfolgreich vermarktet wird und ein neues Werk für ein größeres Modell derzeit entsteht.

Daneben werden mehr oder weniger kleine Geräte hergestellt, die auch für den Anbau an die im Lande hergestellten eher kleindimensionierten Traktoren geeignet sind.

Getreideanbauflächen der Welt 2002			Getreideernten der Welt 2002/03	
Getreideart	**1000 ha**	**Anteil %**	**1000 Lo**	**Anteil %**
Weizen	210,8	31,8	569,5	28,2
Reis (Paddy)	146,0	22,0	588,8	29,2
Mais	138,9	20,9	590,5	29,3
Hirse/Sergohim	78,9	11,9	51,5	2,6
Gerste	54,0	8,1	132,2	6,6
Anderes Getreide	34,9	5,3	85,8	4,1
Insgesamt	**663,5**	**100,0**	**2.018,3**	**100,0**

Quelle: FAO,USDA,IGC,ZNP

Weizenproduktion und Import: Die fünfzehn größten Länder						
			Fläche			**Gesamt Inland**
Rang	**Land**	**Geerntet**	**Ertrag**	**Produktion**	**Export**	**Verbrauch**
1	China	25.000,0	3,7	94.000,0	500,0	113.000,0
2	Indien	25.000,0	2,7	68.500,0	3.000,0	68.100,0
3	USA	19.689,0	2,7	53.278,0	27.896,0	33.937,0
4	Russland	23.800,0	1,9	44.500,0	2.000,0	37.500,0
5	Frankreich	4.825,0	6,6	32.000,0	14.600,0	20.650,0
6	Deutschland	2.900,0	7,9	22.800,0	6.600,0	17.472,0
7	Australien	12.000,0	1,8	22.000,0	17.500,0	5.500,0
8	Ukraine	7.100,0	3,0	21.000,0	4.000,0	13.850,0
9	Kanada	11.000,0	1,9	20.700,0	15.500,0	8.200,0
10	Pakistan	8.300,0	2,3	19.000,0	1.000,0	20.400,0
11	Argentinien	6.700,0	2,5	17.000,0	12.500,0	4.600,0
12	Türkei	8.600,0	1,7	15.000,0	3.500,0	4.965,0
13	Kasachstan	10.400,0	1,3	13.000,0	3.500,0	4.965,0
14	Großbritannien	1.663,0	7,2	12.000,0	3.000,0	12.400,0
15	Polen	2.650,0	3,5	9.400,0	150,0	9.400,0
	Welt	214.654,0	2,7	575.083,0	128.811,0	595.566,0
Top 15	**% von Welt**	**79%**	**NM**	**81%**	**87%**	**65%**

(Wirtschaftsjahr – Tausende von ha,Tonnen pro ha, und tausende Tonnen)   Quelle USDA

Mais-/Sojabohnenproduktion und Import: Die fünfzehn größten Länder

Mais		Fläche				Gesamt Inland
Rang	Land	Geerntet	Ertrag	Produktion	Export	Verbrauch
1	USA	28.001,0	8,7	242.467,0	52.072,0	198.891,0
2	China	23.500,0	2,8	36.000,0	1.000,0	36.000,0
3	Brasilien	12.8000,0	2,8	19.000,0	15,0	8.450,0
5	Frankreich	1.850,0	8,9	16.500,0	8.500,0	8.450,0
6	Argentinien	2.500,0	5,6	14.000,0	9.000,0	5.000,0
7	Indien	6.600,0	1,8	12.000,0	200,0	10.800,0
8	Italien	1.113,0	9,0	10.000,0	1.500,0	7.800,0
9	Republik von Afrika	3.500,0	2,6	9.000,0	1.500,0	7.800,0
10	Rumänien	3.00,0	2,8	8.400,0	800,0	6.500,0
11	Kanada	1.210,0	6,2	7.500,0	300,0	10.615,0
12	Ungarn	1.200,0	5,8	7.000,0	1.500,0	5.100,0
13	Ehemaliges Jugoslawien	1.300,0	4,8	6.200,0	50,0	6.150,0
14	Serbien	1.300,0	4,8	6.200,0	50	6.150,0
15	Indonesien	3.000,0	2,0	6.00,0	100,0	7.350,0
	Welt	136.820,0	4,3	586.774,0	81.229,0	614.971,0
Top 15	% von Welt	72%	NM	87%	97%	76%

Sojabohnen		Fläche				Gesamt Inland
Rang	Land	Geerntet	Ertrag	Produktion	Export	Verbrauch
1	USA	30.002,0	2,7	79.549	26.671,0	50.073,0
2	Brasilien	15.500,0	2,5	41.500,0	16.900,0	25.040,0
3	Argentinien	11.000,0	2,5	28.000,0	8.000,0	20.290,0
4	China	9.000,0	1,7	15.300,0	220,0	29,700,0
5	Indien	5.800,0	1,0	5.600,0	-	5.600,0
6	Paraguay	1.300,0	2,6	3.400,0	2.520,0	880,0
7	Kanada	1.010,0	2,0	2.050,0	800,0	2.100,0
8	Indonesien	1.00,0	1,2	1.200,0	-	2.802,0
9	Bolivien	600,0	1,8	1.100,0	230,0	870,0
10	Italien	250,0	3,5	875,0	5,0	1.795,0
11	Nord Korea	310,0	1,1	350,0	-	400,0
12	Russland	450,0	0,8	350,0	20,0	440,0
13	Thailand	230,0	1,4	330,0	-	1.930,0
14	Frankreich	120,0	2,7	320,0	10,0	1.150,0
15	Ehemaliges Jugoslawien	110,0	2,2	240,0	-	240,0
	Welt	78.171,0	2,3	182.446,0	56.694,0	180.744,0
Top 15	% von Welt	98%	NM	99%	98%	79%

Anbaufläche Tonnen Erntemenge in 1.000 ha/ha in 1.000 T

(Wirtschaftsjahr – Tausende von ha, Tonnen pro ha, und tausende Tonnen)   Quelle USDA

Quellen- und Literaturnachweise

ASAE American Society of Agricultural Engineers: **John Deere Tractors** 1918 – 1987, 1987.

bfai Bundesagentur für Außenwirtschaft, Köln: **Diverse Publikationen**

Broehl, Wayne G. jr.: **John Deere's Company** A History of John Deere and its Times, Doubleday, 1984.

Condie, Allant: **The Ferguson Album** 1990.

DBV Deutscher Bauernverband, Bonn: **Situationsberichte**

Lars Döhrmann, Jost Niemeyer: **Das große UNIMOG Buch** Heel Verlag, 1992

Fischer, Gustav: **Landmaschinenkunde** Verlag Eugen Ulmer, Stuttgart, 1928.

Fischer: **Die Entwicklung des Landwirtschaftlichen Maschinenwesens** DLG 1910. Zum 25jährigen Jubiläum.

Franz, Günther (Hrsg.): **Die Geschichte der Landtechnik im 20. Jahrhundert** DLG-Verlag, Frankfurt/Main, 1969.

Gerstner, John S.: **Genuine Value** The John Deere Journey, 2000.

Goldbeck, Gustav: **Kraft für die Welt 1964 – 1964** Klöckner-Humboldt-Deutz AG., Düsseldorf-Wien 1964.

Gommel, Wilhelm Prof. Dr. Ing. (Hrsg.): **Angewandte Landtechnik** Verlag Eugen Ulmer, Stuttgart, mehrere Bände.

Hack, Volker: **Geschichte der John-Deere-Werke** Mannheim 1979.

Holmes, Michael S.: **Case, die ersten 150 Jahre** 1992.

Krischka, Karl: **Steyr, Meilenstein mit Zukunft** Ökoregio, 1994.

Leffingwell, Randy: **Amerikanische Traktoren** Motorbuchverlag, Stuttgart 1994.

Matthies Prof. Dr.-Ing. Dr.-Ing. E.h. H.J., Meier, Dr. F., (Hrsg.): **Jahrbuch Agrartechnik** CAV-VDMA, mehrere Bände.

Macmillan, Don: **John Deere Tractors World Wide** A Century of Progress 1893 – 1993. 1994.

Max Eyth-Gesellschaft für Agrartechnik (Hrsg.): **Miterlebte Landtechnik**
Band 1–2, Darmstadt, 1981/1985.
Band 3, DLG-Verlag, Frankfurt/Main, 2005.

Meier, Friedhelm/Herrmann, **Ein Jahrhundert für die Landtechnik Industrie**
Klaus/Krombholtz Klaus: Die Geschichte des Verbandes
Vom Verein der Fabrikanten zur LAV. Frankfurt, 1997.

Mitchel, John: **JCB Die ersten 50 Jahre 1945 – 1995**
1995.

Morgenegg, Franz: **Hürlimann-Traktoren**
Goldach, 1993.

Niskannen, Hannu: **From Munktell to Valtra**
1999.

Niskannen, Hannu: **Swords to Ploughs**
1989.

Nola, Di Massimo: **Durch Allrad zum Erfolg**
Geschichte der Same Traktoren, 1988.

Sack, Walter: **Eicher Traktoren und Landmaschinen**
Brilon, 1996.

Salvat, Bernard: **Tracteurs Agricoles Renault 1917 – 1997**
80 ans d'histoire. Editions E/P/A, 1996.

Trac-Vertriebsgesellschaft TTVG: **MB Trac 1972 – 1991**
Gaggenau, 1991.

TUM Technische Universität München **Landtechnik**
Weihenstephan, Wissenschaftszentrum.

Vermoesen, Karl/Bruns, Michael: **Alle Traktoren von Deutz**
2 Bände.

VDI-MEG: **Tagung Landtechnik**
Mehrere Berichtbände.

VDI: **25 Jahre VDI-Fachgruppe Landtechnik**

Williams, Michael: **Ford & Fordson Tractors**
Farming Press 1985.

ZMP Zentrale Markt- **Statistisches Jahrbuch über Ernährung,**
und Preisberichtstelle, Bonn: **Landwirtschaft und Forsten**
Herausgeber: Bundesministerium für Ernährung,
Landwirtschaft und Verbraucherschutz.
Mehrere Jahrgänge. Landwirtschaftsverlag GmbH,
Münster-Hiltrup.

Zeitschriften:

Agrartechnik, mit H.A.G.-Intern, BLV Verlag, München

AMJ Agricultural Machinery Journal, Großbritanien

DLG-Mitteilungen, Deutsche Landwirtschafts-Gesellschaft, Frankfurt/Main

DLZ Die landwirtschaftliche Zeitschrift, BLV Verlag, München

Eilbote, Das Magazin für das Landmaschinenwesen, Boomgaarden Verlag, Winsen/Luhe

Farm Equipment, Johnson Hill Press, USA

Farm Mechanisation, Großbritanien

Implement & Tractor, USA

Landbouwmechanisatie, Niederlande

Landmaschinenmarkt, Vogel Verlag, Würzburg

Landtechnik, Fachzeitschrift für Agrartechnik, Wolfratshausen/Lehrte/Düsseldorf/Münster

Motorisation et technique Agricole, Frankreich

M & A, Maccine & Motori Agricoli, Italien

Power Farming, Großbritanien

Profi, Magazin für Agrartechnik, Münster-Hiltrup

Tracteurs Machines Agricoles, Frankreich

Trekker & Werktuig, Niederlande

Topagrar, Das Magazin für moderne Landwirtschaft, Münster-Hiltrup

Firmenangaben
Presse-Informationen, Geschäftsberichte, Broschüren, Prospekte der Unternehmen

Tageszeitungen
FAZ, Handelsblatt, Financial Times

Bildernachweis
Werkfotos. Verfasser. Deutsches Landwirtschaftsmuseum, Hohenheim. FAHR-Schlepper-Freunde e.V. Gottmadingen. TU – München, Lehrstuhl für Landtechnik, Garching sowie Institut für Landtechnik, Freising-Weihenstephan. Hans Butenschön.

Der Verfasser
Dipl.-Ing. (FH) **Georg Bauer**,
geboren 1929 in Kaplitz, Böhmerwald. Landwirtschaftliche Praxis und Ausbildung an den höheren Lehranstalten Triesdorf. 1951 Eintritt in die Landmaschinen-Industrie. In leitenden Positionen namhafter Hersteller und als Mitgeschäftsführer der größten deutschen Landmaschinen-Händlerkooperation tätig gewesen. Selbständiger Berater für Marketing und Kommunikation.